同济数学系列丛书
TONGJISHUXUEXILIECONGSHU

运筹数学方法基础

朱经浩　殷俊锋　编著

同济大学出版社
TONGJI UNIVERSITY PRESS

内 容 提 要

本书是作者根据多年讲授应用数学专业的“运筹学”课程讲义编写而成。全书的主要内容有线性规划方法基础、非线性规划的K-T最优性条件、二次规划、无约束最优化及约束最优化问题的罚函数法等。

本书思路新颖，文字浅显易懂，适用面广，可作为综合大学、师范院校的应用数学专业以及管理学科相关专业的教材或参考书。

图书在版编目(CIP)数据

运筹数学方法基础 / 朱经浩，殷俊锋编著. -- 上海：同济大学出版社，2014. 12

ISBN 978-7-5608-5687-2

Ⅰ. ①运… Ⅱ. ①朱…②殷… Ⅲ. ①运筹学—数学方法 Ⅳ. ①O22

中国版本图书馆 CIP 数据核字(2014)第 266873 号

同济数学系列丛书

运筹数学方法基础

朱经浩 殷俊锋 编著

责任编辑 李小敏 责任校对 徐春莲 封面设计 潘向蓁

出版发行 同济大学出版社 www.tongjipress.com.cn

(地址：上海市四平路 1239 号 邮编：200092 电话：021－65985622)

经 销 全国各地新华书店

印 刷 大丰科星印刷有限责任公司

开 本 787mm×960mm 1/16

印 张 11.5

印 数 1—2 100

字 数 230 000

版 次 2014 年 12 月第 1 版 2014 年 12 月第 1 次印刷

书 号 ISBN 978-7-5608-5687-2

定 价 29.00 元

前　言

本书是作者根据多年讲授应用数学专业“运筹学”课程讲义编写而成。主要包含线性规划方法基础、非线性规划的 K-T 最优性条件、二次规划、无约束最优化及约束最优化问题的罚函数法等内容。在选材上，本书既注重运筹数学理论和方法的传授，又强调计算技能的训练，并引导证明能力的培养，做到既方便学生使用，又方便教师的教学。在编写上，本书思路新颖，考虑到运筹学的教学恰逢学生学完数学分析和高等代数，在编写中紧密联系分析和代数的思想方法，例如，在线性规划写作上尝试以基矩阵为红线，把单纯形法和对偶方法以及线性规划的应用串联成一个有机整体，易于对纷扰繁杂的线性规划内容的思想有一个基本的理解和较长久的记忆。另外，在编写中也加入了部分作者的最新科研成果，例如，在二次规划部分给出了球约束下的二次规划的完整的求解理论和方法。

在编写过程中，承蒙同济大学濮定国教授和上海大学邬冬华教授对初稿提出许多宝贵意见和建议，在此表示由衷的感谢。本书得到同济大学出版社和同济大学数学系的大力支持，同济大学出版社责任编辑李小敏老师为本书的出版付出了辛勤的劳动，我的研究生朱礼冬也为本书的形成做了大量电脑应用方面的工作。他们的努力使本书得以顺利出版，谨向他们致以诚挚的谢意。

作者

2014 年 11 月于同济大学

目　录

第 1 章　引　　论

运筹学是应用数学和管理科学中一个十分活跃的分支，在运筹数学的发展中不断萌发卓越的新理论，在运筹管理科学的应用实践中不断涌现新方法和新成果. 所谓运筹，就是在实现一个行动前及其过程中的谋划，从众多方案中选出最好或最可行的方案. 众所周知，谋定而动，方可立于不败之地. 简而言之，即要求最优化，其思想和运作可追溯到古代的生产和科学实践. 在工业化的近代和科学大发展的现代，运筹学的应用更是随处可见. 但是运筹方法千变万化不离其宗，从各种优化思想的实现到运筹方法的更新，都离不开数学的理论框架和计算工具. 本课程正是涉及运筹数学方法的一些理论基础和算法实践.

本章讲最优化的方法结构和作为运筹学重要工具的数学凸分析的初步理论.

1.1　最优化问题的数学形式

运筹学所研究的最优化问题的一般数学形式是

$$\begin{aligned} &P\text{—}\ \min f(x) \\ &\text{s. t.}\ \ x \in X \subset \mathbf{R}^n, \end{aligned} \tag{1.1}$$

其中，$x \in \mathbf{R}^n$ 称为决策变量或可行点，$f(x)$称为目标函数，$X \subset \mathbf{R}^n$ 称为约束集合或可行集.

例 1.1.1　设 $\mathbf{A} \in \mathbf{R}^{n\times n}$，$\mathbf{A}=\mathbf{A}^{\mathrm{T}}$，$\mathbf{A}>\boldsymbol{O}$，$\boldsymbol{b} \in \mathbf{R}^n$. 求解

$$\begin{aligned} &\min f(\boldsymbol{x}) = \frac{1}{2}\boldsymbol{x}^{\mathrm{T}}\mathbf{A}\boldsymbol{x} - \boldsymbol{b}^{\mathrm{T}}\boldsymbol{x}, \\ &\text{s. t.}\ \ \boldsymbol{x} \in \mathbf{R}^n. \end{aligned} \tag{1.2}$$

解　这个问题的目标函数是正定二次函数，这个问题称为一个无约束的二次规划，可行集为 $X=\mathbf{R}^n$. 由初等微积分，先考虑梯度为零的点，求解$\nabla f(\boldsymbol{x})=\mathbf{A}\boldsymbol{x}-\boldsymbol{b}=\mathbf{0}$，得到唯一解 $\boldsymbol{x}^*=\mathbf{A}^{-1}\boldsymbol{b}$，再由 Hessen 矩阵

$$\nabla^2 f(\boldsymbol{x}) = \boldsymbol{A} > \boldsymbol{O},$$

可判断 $\boldsymbol{x}^* = \boldsymbol{A}^{-1}\boldsymbol{b}$ 为无约束的二次规划式(1.2)的最优解. 而最优值为

$$f(\boldsymbol{x}^*) = \frac{1}{2}(\boldsymbol{A}^{-1}\boldsymbol{b})^{\mathrm{T}}\boldsymbol{A}(\boldsymbol{A}^{-1}\boldsymbol{b}) - \boldsymbol{b}^{\mathrm{T}}\boldsymbol{A}^{-1}\boldsymbol{b} = \frac{-1}{2}\boldsymbol{b}^{\mathrm{T}}\boldsymbol{A}^{-1}\boldsymbol{b}.$$

注： 这里，可以回顾微积分中关于$\nabla f(\boldsymbol{x})$，$\nabla^2 f(\boldsymbol{x})$的求法. 由于 $\boldsymbol{A}=\boldsymbol{A}^{\mathrm{T}}$，对每分量 x_i，有

$$\begin{aligned}\frac{\partial f}{\partial x_i} &= \frac{1}{2}\frac{\partial(\boldsymbol{x}^{\mathrm{T}}\boldsymbol{A}\boldsymbol{x})}{\partial x_i} - b_i = \frac{1}{2}\Big[\Big(\sum_{j=1}^{n} a_{ij}x_j\Big) + \Big(\sum_{j=1}^{n} a_{ji}x_j\Big)\Big] - b_i \\ &= \frac{1}{2}\Big[2\Big(\sum_{j=1}^{n} a_{ij}x_j\Big)\Big] - b_i = \Big(\sum_{j=1}^{n} a_{ij}x_j\Big) - b_i.\end{aligned} \tag{1.3}$$

所以$\nabla f(\boldsymbol{x}) = \boldsymbol{A}\boldsymbol{x} - \boldsymbol{b}$. 而由式(1.3)得到

$$\frac{\partial^2 f}{\partial x_i \partial x_j} = \frac{\partial\Big(\Big(\sum_{k=1}^{n} a_{ik}x_k\Big) - b_k\Big)}{\partial x_i} = a_{ij},$$

所以，$\nabla^2 f(\boldsymbol{x}) = \boldsymbol{A}$.

例 1.1.2 设 $\boldsymbol{G}\in\mathbf{R}^{n\times n}$，$\boldsymbol{G}=\boldsymbol{G}^{\mathrm{T}}$，$\boldsymbol{G}>\boldsymbol{O}$，$\boldsymbol{g}\in\mathbf{R}^n$，$\boldsymbol{A}\in\mathbf{R}^{m\times n}$，$\boldsymbol{H}\in\mathbf{R}^{l\times n}$，$\boldsymbol{b}\in\mathbf{R}^m$，$\boldsymbol{d}\in\mathbf{R}^l$. 考虑优化问题

$$\begin{aligned}&\min f(\boldsymbol{x}) = \frac{1}{2}\boldsymbol{x}^{\mathrm{T}}\boldsymbol{G}\boldsymbol{x} - \boldsymbol{g}^{\mathrm{T}}\boldsymbol{x}, \\ &\text{s. t. } \boldsymbol{A}\boldsymbol{x} \leqslant \boldsymbol{b},\ \boldsymbol{H}\boldsymbol{x} = \boldsymbol{d}.\end{aligned}$$

这个问题的目标函数也是正定二次函数，但是约束条件由线性函数构成，这个问题称为一个有约束的正定二次规划，可行集为

$$X = \{\boldsymbol{x}\in\mathbf{R}^n \mid \boldsymbol{A}\boldsymbol{x} \leqslant \boldsymbol{b},\ \boldsymbol{H}\boldsymbol{x} = \boldsymbol{d}\}.$$

例 1.1.3 设 $\boldsymbol{A}\in\mathbf{R}^{m\times n}$，$\boldsymbol{b}\in\mathbf{R}^m$，$\boldsymbol{c}\in\mathbf{R}^n$. 考虑优化问题

$$\begin{aligned}&\min f(\boldsymbol{x}) = \boldsymbol{c}^{\mathrm{T}}\boldsymbol{x}, \\ &\text{s. t. } \boldsymbol{A}\boldsymbol{x} = \boldsymbol{b},\ \boldsymbol{x} \geqslant \boldsymbol{0}.\end{aligned}$$

这个问题的目标函数和约束条件都由线性函数构成，这个问题称为一个线性规划.

1.2 运筹数学方法的基本框架

假设目标函数 $f(x)$是连续可微的，如果可行集 $X=\mathbf{R}^n$，最优化问题(1.1)称为

一个无约束优化问题，这类问题的理论和方法框架是由初等微积分奠定的. 1.1节的例1.1.1便是一个典型的无约束优化问题. 这里需要引入以下极值点的基本定义和回顾初等微积分中的一些众所周知的结论.

定义 1.2.1 最优化问题(1.1)的局部极小点 $\bar{\boldsymbol{x}}$ 是指满足如此分析表达式的点：$\bar{\boldsymbol{x}} \in X$，存在 $\delta>0$，对于 $\forall \boldsymbol{x} \in X \cap O_\delta(\bar{\boldsymbol{x}})$，$f(\boldsymbol{x}) \geqslant f(\bar{\boldsymbol{x}})$.（这里 $O_\delta(\bar{\boldsymbol{x}})$ 表示以 δ 为半径，$\bar{\boldsymbol{x}}$ 为中心的开球）. 最优化问题(1.1)的全局极小点（或最优点）$\boldsymbol{x}^*$ 是指满足如次分析表达式的点：$\boldsymbol{x}^* \in X$，对于 $\forall \boldsymbol{x} \in X$，$f(\boldsymbol{x}) \geqslant f(\boldsymbol{x}^*)$.

运筹数学源自微积分和高等代数，可直接叙述一些初等结论如次. 一阶必要条件：若最优化问题(1.1)的局部极小点 $\bar{\boldsymbol{x}} \in \operatorname{int} X$，则 $\nabla f(\bar{\boldsymbol{x}})=0$. 二阶必要条件：若最优化问题(1.1)的局部极小点 $\bar{\boldsymbol{x}} \in \operatorname{int} X$，且 $f(\boldsymbol{x})$ 是二阶连续可微的，则 $\nabla f(\bar{\boldsymbol{x}})=0$，$\nabla^2 f(\bar{\boldsymbol{x}}) \geqslant 0$. 二阶充分条件：设 $f(x)$ 是二阶连续可微的，若 $\bar{\boldsymbol{x}} \in \operatorname{int} X$，$\nabla f(\bar{\boldsymbol{x}})=0$，$\nabla^2 f(\bar{\boldsymbol{x}})>0$，则 $\bar{\boldsymbol{x}}$ 是严格局部极小点. 1.1节的例1.1.1便是一个典型的满足这些结论的无约束最优化问题.

而对于一般的最优化问题(1.1)，例如1.1节的例1.1.2和例1.1.3，则别指望可以简单应用以上这些理想的最优性条件而得到全局极小点或局部极小点. 而且在更深入的理论研究和实际问题中，有时甚至没有可微性条件，此时寻求最优点一般就只有遵循最原始的搜索思想. 直观而言，即从一个不是最优的可行点出发去搜寻下一个更好的可行点. 这里需要做三件事：①判断出发点是否为最优点，若是则无需再搜索；②检验目标值是否严格下降；③建立由一个可行点出发得到下一个可行点的算法. 本节介绍沿着直线进行搜索的思想，从而引入运筹数学方法的基本框架. 这里需要给出以下线搜索（也称为一维搜索）的基本知识点.

1.2.1 可行方向和下降方向

设 $\hat{\boldsymbol{x}} \in X$，$\hat{\boldsymbol{x}}$ 处的可行方向 $\boldsymbol{p} \neq \mathbf{0}$ 是指满足如下分析表达式的向量：

$$\exists \alpha>0, \text{ s.t. } \{\boldsymbol{x} \mid \boldsymbol{x}=\hat{\boldsymbol{x}}+t\boldsymbol{p},\ 0 \leqslant t \leqslant \alpha\} \subset X.$$

设 $\hat{\boldsymbol{x}} \in X$，$\hat{\boldsymbol{x}}$ 处的下降方向 $\boldsymbol{p} \neq \mathbf{0}$ 是指满足如下分析表达式的向量：

$$\exists \alpha>0,\ \forall t \in (0, \alpha],\ f(\hat{\boldsymbol{x}}+t\boldsymbol{p})<f(\hat{\boldsymbol{x}}).$$

为了后面叙述的方便，不妨称 α 为一个下降步长因子.

设 $\hat{\boldsymbol{x}} \in X$，$\hat{\boldsymbol{x}}$ 处的下降可行方向 $\boldsymbol{p} \neq \mathbf{0}$ 是指满足如下分析表达式的向量：

$$\exists \alpha>0, \{\boldsymbol{x} \mid \boldsymbol{x}=\hat{\boldsymbol{x}}+t\boldsymbol{p},\ 0 \leqslant t \leqslant \alpha\} \subset X, \text{且 } \forall t \in (0, \alpha],\ f(\hat{\boldsymbol{x}}+t\boldsymbol{p})<f(\hat{\boldsymbol{x}}).$$

例 1.2.1 考虑优化问题

$$\begin{aligned} &\min f(x) = x_1^2 + x_2, \\ &\text{s. t. } -x_1 - x_2 + 1 \geqslant 0, \\ &\quad\quad x_1^2 + x_2^2 - 9 \leqslant 0. \end{aligned} \tag{1.4}$$

验证 $\hat{\boldsymbol{x}} = (0, -3)^{\mathrm{T}}$ 是一个可行点,试证:$\hat{\boldsymbol{x}}$ 处的任一可行方向 $\boldsymbol{p} \neq \boldsymbol{0}$ 都不是下降方向.

证明 显然 $\hat{\boldsymbol{x}} = (0, -3)^{\mathrm{T}}$ 同时满足两个约束不等式,所以 $\hat{\boldsymbol{x}} = (0, -3)^{\mathrm{T}}$ 是一个可行点.

目标函数 $f(\boldsymbol{x}) = x_1^2 + x_2$ 的等位线 $x_1^2 + x_2 = c$ 是直角坐标系中的一族开口向下的抛物线:$x_2 = -x_1^2 + c$,其顶点坐标是$(0, c)^{\mathrm{T}}$. 目标函数在可行集上的最小化也就是这族抛物线的位于可行集上的顶点坐标的第二个分量的最小化. 易见,在可行集上,要使得参数 c 取最小值 $\hat{c}$,抛物线的顶点是 $\hat{\boldsymbol{x}} = (0, -3)^{\mathrm{T}}$, $\hat{c} = -3$,且 $\hat{\boldsymbol{x}}$ 位于可行集的边界上. 几何上易见抛物线 $x_2 = -x_1^2 - 3$ 与可行集仅有唯一的交点 $\hat{\boldsymbol{x}}$. 这样就发现 $\hat{\boldsymbol{x}} = (0, -3)^{\mathrm{T}}$ 是目标函数 $f(x) = x_1^2 + x_2$ 在可行集上的最小点. 由平面解析几何可知,可行集是一个有界闭区域,因而 $\hat{\boldsymbol{x}}$ 处的任一可行方向 $\boldsymbol{p}$ 指向可行区域内部,而通过可行区域内部的抛物线 $x_2 = -x_1^2 + c$ 必满足 $c > -3$,从而目标函数在可行方向 $\boldsymbol{p}$ 位于可行集内的一段上的取值都大于 $\hat{c} = -3$,则 $\boldsymbol{p}$ 就不是下降方向.

注:以上的观察方法称为求解最优化问题的等位线法.

1.2.2 下降迭代法思想

简而言之,下降迭代即由某点 $\boldsymbol{x} \in X$ 出发寻找下一点 $\boldsymbol{x}' \in X$ 使得 $f(\boldsymbol{x}) > f(\boldsymbol{x}')$. 这个过程一般得到一列可行点:

$$\boldsymbol{x}_0, \boldsymbol{x}_1, \boldsymbol{x}_2, \cdots, \boldsymbol{x}_n, \cdots,$$

使得

$$f(\boldsymbol{x}_0) > f(\boldsymbol{x}_1) > f(\boldsymbol{x}_2) > \cdots > f(\boldsymbol{x}_n) > \cdots.$$

数学工作者的任务是试图证明,有一点 $\boldsymbol{x}^* \in X$,使得 $\lim\limits_{n\to\infty} \| \boldsymbol{x}_k - \boldsymbol{x}^* \| = 0$. 这是建立某个下降迭代算法的基本要求(一般试图说明 $\boldsymbol{x}^*$ 是$\{x_k\}$的一个聚点).

1.2.3 下降算法的基本结构

(i) 确定初始点:$\boldsymbol{x}_0$.

(ii) $k\geqslant 0$,确定下降可行方向:$\boldsymbol{d}_k$.

(iii) 确定步长因子:$\alpha_k>0$.

(iv) 计算 $\boldsymbol{x}_{k+1}=\boldsymbol{x}_k+\alpha_k\boldsymbol{d}_k$,验证 $\boldsymbol{x}_{k+1}$ 是否满足某种终止条件.决定 $\boldsymbol{x}_{k+1}$ 为近似最优点,或 $k=k+1$,返回(ii).

1.2.4 收敛速度和算法的终止准则

收敛速度是一个下降迭代序列趋近于极小点的快慢的指标,也是评判一个算法优劣的标准.若有 $\alpha>0$, $q\geqslant 0$,使得$\lim\limits_{n\to\infty}\dfrac{\|\boldsymbol{x}_{k+1}-\boldsymbol{x}^*\|}{\|\boldsymbol{x}_k-\boldsymbol{x}^*\|^{\alpha}}=q$,有以下收敛速度标准的分类:

(i) $\alpha=1$, $0<q<1\Rightarrow\{\boldsymbol{x}_k\}$有线性收敛速度;

(ii) $1<\alpha<2$, $q>0$ 或 $\alpha=1$, $q=0\Rightarrow\{\boldsymbol{x}_k\}$有超线性收敛速度;

(iii) $\alpha=2, q>0$, $\{\boldsymbol{x}_k\}$有二阶收敛速度.

显然,在以上收敛速度标准的分类中,一般而言,满足二阶收敛速度的算法是最好的.

终止准则决定算法的完成自然也非常重要.以下三项之一都分别可作为算法的终止准则:

(i) $0\leqslant f(\boldsymbol{x}_k)-f(\boldsymbol{x}_{k+1})\leqslant\varepsilon$.

(ii) $\|\boldsymbol{x}_k-\boldsymbol{x}_{k+1}\|\leqslant\varepsilon$.

(iii) $\|\nabla f(\boldsymbol{x}_k)\|\leqslant\varepsilon$.

这里(i),(ii)两条准则在数学分析中很重要,但是在运筹数学中却不很实用,经常出现如次情形:$\|\boldsymbol{x}_k-\boldsymbol{x}_{k+1}\|$很小时,$f(\boldsymbol{x}_k)-f(\boldsymbol{x}_{k+1})$却很大;而 $f(\boldsymbol{x}_k)-f(\boldsymbol{x}_{k+1})$很小时,$\|\boldsymbol{x}_k-\boldsymbol{x}_{k+1}\|$反而变大.本书讲的运筹数学也可称为光滑运筹学,即所涉函数都是可微的,因而比较实用的是准则(iii).但是大家都知道,梯度为零的点可能只是局部极小点,甚至是极大点,所以要判断是否为最优点还需要结合其他手段进行分析.

例 1.2.2 对于最优化问题 $\min f(x)=|x|$, s.t. $x\in\mathbf{R}^1$,显然全局最优点是 $x^*=0$.建立下列迭代序列,

$$x_{k+1}=\begin{cases}\dfrac{x_k}{2}, & x_k\leqslant 1,\\[2ex] \dfrac{(x_k-1)}{2}+1, & x_k>1.\end{cases}\tag{1.5}$$

对以下三种初始可行点 x_0 的选取方式,观察$\{x_k\}$是否为下降迭代序列:

(i) $0<x_0\leqslant 1$,则 $x_k>0$, $\forall k$,且有 $x_k>x_{k+1}\to 0=x^*$,从而有 $f(x_k)>f(x_{k+1})\to 0$.

(ii) $x_0>1$,则 $x_k>0$, $\forall k$,且有 $x_{k+1}=\dfrac{x_k+1}{2}=\dfrac{x_0+2^{k+1}-1}{2^{k+1}}\to 1\neq x^*$ $(k\to\infty)$,从而有 $f(x_k)\to 1$. 但是,由于 $f(x_k)=|x_k|=x_k>1\Rightarrow 2x_k>x_k+1$,有

$$f(x_k)=|x_k|=x_k>\frac{x_k+1}{2}=x_{k+1}=|x_{k+1}|=f(x_{k+1}).$$

(iii) $x_0\leqslant 0$,则 $x_k\leqslant 0$, $\forall k$,且有 $x_k\leqslant x_{k+1}\to 0=x^*$,从而有 $f(x_k)>f(x_{k+1})\to 0$.

注: 可见对任何初始点,此迭代公式构建了下降序列. 但当且仅当初始点不大于 1 时,迭代序列趋于最优点,即构成一个下降迭代算法. 当初始点不大于 1 且不为零时,算法具有线性收敛速度,这是因为

$$\lim_{n\to\infty}\frac{\|x_{k+1}-x^*\|}{\|x_k-x^*\|}=\lim_{n\to\infty}\frac{\left|\dfrac{x_k}{2}\right|}{|x_k|}=\frac{1}{2}.$$

由于本题的目标函数不是处处可微的, 所以就不能用第(iii)个终止准则. 这里可用终止准则(i)或(ii). 容易看到,当初始点不大于 1 时,$\|x_k-x_{k+1}\|$ 和 $f(x_k)-f(x_{k+1})$同时都很小.

1.3 一维搜索及其两个常用算法

对于最优化问题(1.1),所谓线搜索(也称为一维搜索)的概念由三个要素和一个一维优化问题组成:一个出发点(可行点)x_0,一个下降可行方向 d 和一个正数(步长因子)α_0,满足 $f(x_0+\alpha_0 d)=\min\limits_{\alpha\geqslant 0}f(x_0+\alpha d)$. 这个一元函数 $\varphi(\alpha):=f(x_0+\alpha d)$在正实轴$(0, +\infty)$内的优化过程称为一维搜索. 一维搜索也就是求解最优化问题

$$\begin{aligned}&\min\varphi(\alpha),\\ &\text{s.t. }\alpha\geqslant 0.\end{aligned}\tag{1.6}$$

由于 d 为下降可行方向,最优化问题(1.6)的最优点在$(0, +\infty)$内. 由于下降可行方向往往是一个局部概念,一般在$(0, +\infty)$内的一个合适的单峰区间$[a, b]$($\subset(0, \delta)$)上进行优化工作,即求解最优化问题

$$\min \varphi(\alpha), \tag{1.7}$$
$$\text{s.t. } \alpha \in [a, b].$$

这也称为进行近似的一维搜索(或不精确线搜索). 若得到 $\alpha_0 \in [a, b]$,使得 $\varphi(\alpha_0) = \min\limits_{\alpha \in [a, b]} \varphi(\alpha)$,令 $x_1 = x_0 + \alpha_0 d$,则因 d 为下降可行方向,有

$$f(x_0) > \varphi(a) \geqslant \varphi(\alpha_0) = f(x_0 + \alpha_0 d) = f(x_1). \tag{1.8}$$

这样通过不精确一维搜索就从可行点 x_0 出发沿着下降可行方向 d 而得到下一个可行点 x_1,满足 $f(x_0) > f(x_1)$,完成了一次下降迭代.

函数 $\varphi(\alpha)$ 的单峰区间 $[a, b]$ 意指,存在 $\alpha^* \in (a, b)$,使得在 $[a, \alpha^*]$ 上 $\varphi(\alpha)$ 严格单调递减,而在 $[\alpha^*, b]$ 上严格单调递增. 由此可知,在下降可行方向 d 上选取一个步长因子 α_0,可首先在 $(0, +\infty)$ 内获取一个单峰区间 $[a, b]$,由于可微函数 $\varphi(\alpha)$ 在一个单峰区间内存在最小点,接下来的工作就是寻求 $\varphi(\alpha)$ 在 $[a, b]$ 上的最小点. 这个单峰区间 $[a, b]$ 也称为一个搜索区间.

下面介绍在 $(0, +\infty)$ 内获取搜索区间 $[a, b]$ 的一个方法,称为进退法. 其基本思路是设想自变元从某个选定点向左或向右按一定步长进行移动,希望出现使得函数值呈现"高—低—高"的三个位置点. 所谓进退就是,若朝一个方向移动不成功,就退回来,再朝相反的方向寻找理想的位置点. 具体而言,即对于给定初始点 α_0 和初始步长 $h_0 > 0$,若 $\varphi(\alpha_0) > \varphi(\alpha_0 + h_0)$,则下一步从 $\alpha_0 + h_0$ 出发,加大步长或仍记为 h_0,继续向前搜索,直到 $\varphi(\alpha)$ 的值上升为止. 而若 $\varphi(\alpha_0) < \varphi(\alpha_0 + h_0)$,则下一步从 $\alpha_0 + h_0$ 出发朝相反方向以步长 $2h_0$,行至位置点 $\alpha_0 - h_0$,若继续有 $\varphi(\alpha_0 - h_0) < \varphi(\alpha_0)$,则前往位置点 $\alpha_0 - 2h_0$,直到 $\varphi(\alpha)$ 的值上升为止.

1.3.1 进退法

步 1:取定出发点 α_0 和步长 $h_0 > 0$,计算 $\varphi(\alpha_0)$,转到步 2.

步 2:$\alpha_1 = \alpha_0 + h_0$ 计算 $\varphi(\alpha_1)$,若 $\varphi(\alpha_1) < \varphi(\alpha_0)$,转到步 3,否则,转到步 5.

步 3:$h_0 = 2h_0$, $\alpha_2 = \alpha_1 + h_0$,计算 $\varphi(\alpha_2)$. 若 $\varphi(\alpha_2) > \varphi(\alpha_1)$,则得到 $[\alpha_0, \alpha_2]$ 为初始区间,停;若 $\varphi(\alpha_2) < \varphi(\alpha_1)$,转到步 4.

步 4:$\alpha_0 = \alpha_1$, $\alpha_1 = \alpha_2$, $\varphi(\alpha_0) = \varphi(\alpha_1)$, $\varphi(\alpha_1) = \varphi(\alpha_2)$, 转到步 3.

步 5:$h_0 = 2h_0$, $\alpha_2 = \alpha_1 - h_0$,计算 $\varphi(\alpha_2)$. 若 $\varphi(\alpha_0) \leqslant \varphi(\alpha_2)$,则得到 $[\alpha_2, \alpha_1]$ 为初始区间,停;若 $\varphi(\alpha_0) > \varphi(\alpha_2)$,则转到步 6.

步 6:$\alpha_1 = \alpha_0$, $\alpha_0 = \alpha_2$, $\varphi(\alpha_1) = \varphi(\alpha_0)$, $\varphi(\alpha_0) = \varphi(\alpha_2)$, 转到步 5.

例 1.3.1 求一维搜索 $\min\limits_{\alpha > 0} \varphi(\alpha) = \alpha^4 - \alpha + 1$ 的搜索区间,取初始点 $\alpha_0 = 0$,初始步长 $h_0 = 0.5$.

解 由于当 $\alpha\in(0,4^{\frac{-1}{3}})$，$\varphi(\alpha)=\alpha^4-\alpha+1$ 单调下降，而当 $\alpha\geqslant 4^{\frac{-1}{3}}$，$\varphi(\alpha)=\alpha^4-\alpha+1$ 单调上升，所以，由初等微分学可知，单峰区间的存在性是明显的. 若直接应用上述进退法算，借助 MATLAB，对于初始点 $\alpha_0=0$，初始步长 $h_0=0.5$，可得到搜索区间 $[0,1]$.

应用进退法可得到函数值呈现“高—低—高”的三个位置点，而以下的三点二次插值法（抛物线法）正是借助这三个位置点在搜索区间上寻求 $\varphi(\alpha)$ 的最小点的数值方法. 为清楚起见，对于 $\varphi(\alpha)$ 的自变量，以下用字母 x 代替 α.

1.3.2 三点二次插值法（抛物线法）

(i) 给出 $x_1<x_0<x_2\in\mathbf{R}^1$，计算 $\varphi_1=\varphi(x_1)$，$\varphi_0=\varphi(x_0)$，$\varphi_2=\varphi(x_2)$.

(ii) 若 $\varphi_1>\varphi_0$，$\varphi_0<\varphi_2$，由三点 (x_1,φ_1)，(x_0,φ_0)，(x_2,φ_2) 作二次插值函数：

$$\begin{aligned}q(x)&=\frac{(x-x_0)(x-x_2)}{(x_1-x_0)(x_1-x_2)}\varphi_1+\frac{(x-x_1)(x-x_2)}{(x_0-x_1)(x_0-x_2)}\varphi_0+\frac{(x-x_0)(x-x_1)}{(x_2-x_0)(x_2-x_1)}\varphi_2\\&=ax^2+bx+c,\end{aligned}$$

其中，$a=\dfrac{-[(x_0-x_2)\varphi_1+(x_2-x_1)\varphi_0+(x_1-x_0)\varphi_2]}{(x_1-x_0)(x_0-x_2)(x_2-x_1)}$. 可见若 $|a|$ 很小，则 $q(x)$ 近似一直线段. 并得到 $q'(x)=2ax+b$.

(iii) 解 $q'(x)=0$，得到唯一极小点：

$$\bar{x}=\frac{1}{2}\,\frac{(x_2^2-x_0^2)\varphi_1+(x_1^2-x_2^2)\varphi_0+(x_0^2-x_1^2)\varphi_2}{(x_2-x_0)\varphi_1+(x_1-x_2)\varphi_0+(x_0-x_1)\varphi_2}.$$

则 $x_1<x_0\leqslant\bar{x}<x_2\in\mathbf{R}^1$ 或 $x_1<\bar{x}\leqslant x_0<x_2\in\mathbf{R}^1$. 若

$$|(x_0-x_2)\varphi_1+(x_2-x_1)\varphi_0+(x_2-x_1)\varphi_2|<\varepsilon,$$

则取 $\alpha^*=x_0$（因 $\varphi(x)$ 近似一直线）.

(iv) 若 $|\bar{x}-x_0|<\varepsilon_2$ 取 $\varphi(x)$ 在 $[x_1,x_2]$ 上的最小点 $x^*=x_0$，否则，比较 $\varphi(\bar{x})$ 与 φ_0 的大小，区分以下三种情形：

(1) $\varphi_0<\varphi(\bar{x})$，(i) $x_0<\bar{x}$，取 $x_1=x_1$，$x_0=x_0$，$x_2=\bar{x}$；(ii) $x_0>\bar{x}$，取 $x_1=\bar{x}$，$x_0=x_0$，$x_2=x_2$；返回(i).

(2) $\varphi_0>\varphi(\bar{x})$，(i) $x_0>\bar{x}$，取 $x_1=x_1$，$x_0=\bar{x}$，$x_2=x_0$；(ii) $x_0<\bar{x}$，取 $x_1=x_0$，$x_0=\bar{x}$，$x_2=x_2$；返回(i).

(3) $\varphi_0=\varphi(\bar{x})$，(i) $x_0<\bar{x}$，取 $x_1=x_0$，$x_2=\bar{x}$，$x_0=\dfrac{1}{2}(x_1+x_2)$；(ii) $x_0>\bar{x}$，取 $x_1=\bar{x}$，$x_2=x_0$，$x_0=\dfrac{1}{2}(x_1+x_2)$；返回(i).

由三点二次插值法产生的迭代序列具有很好的收敛性，这里仅介绍以下定理：

定理 1.3.1 设 $\varphi(\alpha)$ 存在四阶连续导数，α^* 满足 $\varphi'(\alpha^*)=0$，$\varphi''(\alpha^*)\neq 0$，则抛物线法产生的序列 $\{\alpha_k\}$ 收敛到 α^*，且有收敛速度为 1.32(超线性收敛).

1.4 数学凸分析的初步理论

欧氏空间 $\mathbf{R}^n$ 上的凸分析是运筹数学的基础，本节介绍一些数学凸集和凸函数的基本知识.

1.4.1 凸集

欧氏空间 $\mathbf{R}^n$ 中的凸集是这样的集合，其中任意两个点所连成的线段含于这个集合中.

定义 1.4.1 如果 $\forall \boldsymbol{x}, \boldsymbol{y}\in D\subset \mathbf{R}^n$，$\forall \alpha\in[0, 1]$，有 $(1-\alpha)\boldsymbol{x}+\alpha\boldsymbol{y}\in D$，则称 D 是一个凸集.

数学上经常使用函数 $l(\alpha)=\alpha\boldsymbol{x}+(1-\alpha)\boldsymbol{y}$，$\alpha\in[0, 1]$ 表示连接 $\boldsymbol{x}, \boldsymbol{y}$ 的线段.

例 1.4.1 设 $\boldsymbol{a}\in \mathbf{R}^n$，$b\in \mathbf{R}$，集合 $H=\{\boldsymbol{x}\in \mathbf{R}^n \mid \boldsymbol{a}^{\mathrm{T}}\boldsymbol{x}=b\}$，$H^+=\{\boldsymbol{x}\in \mathbf{R}^n \mid \boldsymbol{a}^{\mathrm{T}}\boldsymbol{x}\geqslant b\}$，$B=\{\boldsymbol{x} \mid \|\boldsymbol{x}\|\leqslant r\}$ 依次表示欧氏空间 $\mathbf{R}^n$ 中的超平面，半空间和闭球，它们都是凸集.

与其他许多数学分支不同，运筹数学认定以下记号：

$$\boldsymbol{x}=(x_1, x_2, \cdots, x_n)^{\mathrm{T}}\in \mathbf{R}^n,\ \boldsymbol{x}\geqslant \boldsymbol{0} \Leftrightarrow x_i\geqslant 0,\ i=1, 2, \cdots, n.$$

例 1.4.2 $\{\boldsymbol{x}\in \mathbf{R}^n \mid \boldsymbol{x}\geqslant \boldsymbol{0}\}$ 是凸集集合.

证明 任意给定 $\boldsymbol{x}, \boldsymbol{y}\geqslant \boldsymbol{0}$，显然有 $l(\alpha)=\alpha\boldsymbol{x}+(1-\alpha)\boldsymbol{y}\geqslant \boldsymbol{0}$，$\alpha\in[0, 1]$，由此得证.

以下罗列凸集的若干性质：

(1) 若干凸集的交集是凸集.

(2) 凸集的数乘是凸集.

(3) 若干凸集的和集是凸集. 若干凸集的并集未必是凸集.

这些性质都可直接由凸集的定义结合集合论知识导出，除了关于第(3)条需指出，欧氏空间 $\mathbf{R}^n$ 中两个集合的和集的元素由任意选自各集合的元素的相加而形成.

以下是关于凸集定义在数学上的一些拓展.

凸组合的定义：给定 $\boldsymbol{x}_i\in \mathbf{R}^n$，$\lambda_i\geqslant 0$，$i=1, 2, \cdots, m$，$\sum\limits_{i=1}^{m}\lambda_i=1$，称 $\boldsymbol{y}=$

$\sum_{i=1}^{m}\lambda_i \boldsymbol{x}_i$ 为一个凸组合. 对给定 $\boldsymbol{x}_i \in \mathbf{R}^n$, $i=1, 2, \cdots, m$, 定义以下凸组合形成的集合:

$$E=\{\boldsymbol{y}=\sum_{i=1}^{m}\lambda_i \boldsymbol{x}_i \Big| \boldsymbol{\lambda}=(\lambda_1, \cdots, \lambda_m)^{\mathrm{T}} \in \mathbf{R}^m, \lambda \geqslant 0, \sum_{i=1}^{m}\lambda_i=1\}.$$

直接由凸集的定义可证明:凸组合形成的集合 E 是凸集.

例 1.4.3 设 D 为凸集,则

(1) 对于任给的 $x_i \in D$, $i=1, 2, \cdots, m$ 和任给的 $\boldsymbol{\lambda}=(\lambda_1, \cdots, \lambda_m)^{\mathrm{T}} \in \mathbf{R}^m$, $\boldsymbol{\lambda} \geqslant \mathbf{0}$, $\sum_{i=1}^{m}\lambda_i=1$,有 $\boldsymbol{y}=\sum_{i=1}^{m}\lambda_i \boldsymbol{x}_i \in D$;

(2) 给定 $\boldsymbol{x}_i \in \mathbf{R}^n$, $i=1, 2, \cdots, m$, E 是包含$\{x_i, i=1, 2, \cdots, m\}$的最小凸闭集(凸包).

证明 (1) 当 $m=2$,结论由凸集定义得到. 进行数学归纳,设结论对于 $m=k$ 是正确的.

要证明:当 $m=k+1$ 时,对于任给的 $\boldsymbol{x}_i \in D$, $i=1, 2, \cdots, m$, $\boldsymbol{\lambda}=(\lambda_1, \cdots, \lambda_m)^{\mathrm{T}} \in \mathbf{R}^m$, $\boldsymbol{\lambda} \geqslant \mathbf{0}$, $\sum_{i=1}^{m}\lambda_i=1$,有 $\boldsymbol{y}=\sum_{i=1}^{m}\lambda_i \boldsymbol{x}_i \in D$.

事实上,因 $\boldsymbol{\lambda} \geqslant \mathbf{0}$, $\sum_{i=1}^{k+1}\lambda_i=1$,若 $\lambda_{k+1}=0$,则回到 $m=k$ 情形,而若 $\lambda_{k+1}=1$,则 $\boldsymbol{y}=\boldsymbol{x}_{k+1} \in D$. 所以考虑 $0<\lambda_{k+1}<1$ 的情形,于是 $1-\lambda_{k+1}>0$,令 $\mu_i=\dfrac{\lambda_i}{1-\lambda_{k+1}}$, $i=1, 2, \cdots, k$,因 $\sum_{i=1}^{k}\mu_i=\sum_{i=1}^{k}\dfrac{\lambda_i}{1-\lambda_{k+1}}=\dfrac{\sum_{i=1}^{k}\lambda_i}{1-\lambda_{k+1}}=1$,由数学归纳法假设可知, $y=\sum_{i=1}^{k}\mu_i x_i \in D$. 注意到 $0<\lambda_{k+1}<1$,由凸集定义得到,

$$\sum_{i=1}^{k+1}\lambda_i \boldsymbol{x}_i=(1-\lambda_{k+1})\sum_{i=1}^{k}\mu_i \boldsymbol{x}_i+\lambda_{k+1}\boldsymbol{x}_{k+1}=(1-\lambda_{k+1})\boldsymbol{y}+\lambda_{k+1}\boldsymbol{x}_{k+1} \in D.$$

(2) 设 D 为包含 $\boldsymbol{x}_i \in \mathbf{R}^n$, $i=1, 2, \cdots, m$ 的凸集,由已证得的结论(1)可知, $E \subset D$. 又由数学分析可知,E 为闭集. 而由凸集定义又易知 E 是凸集. 所以 E 是包含$\{\boldsymbol{x}_i, i=1, 2, \cdots, m\}$的最小凸闭集,也称为包含$\{\boldsymbol{x}_i, i=1, 2, \cdots, m\}$的凸包.

例 1.4.4 设 $\boldsymbol{A} \in \mathbf{R}^{m \times n}$, $\boldsymbol{b} \in \mathbf{R}^m$, $\boldsymbol{c} \in \mathbf{R}^n$. 考虑以下线性规划

$$\begin{aligned} &\min f(\boldsymbol{x})=\boldsymbol{c}^{\mathrm{T}}\boldsymbol{x}, \\ &\text{s.t. } \boldsymbol{A}\boldsymbol{x}=\boldsymbol{b}, \ \boldsymbol{x} \geqslant \mathbf{0}. \end{aligned} \tag{1.9}$$

设 $\boldsymbol{x}^{(1)}$，$\boldsymbol{x}^{(2)}$ 是上述线性规划的两个相异的可行点，满足 $\boldsymbol{c}^{\mathrm{T}}\boldsymbol{x}^{(1)}>\boldsymbol{c}^{\mathrm{T}}\boldsymbol{x}^{(2)}$，试证：$\boldsymbol{p}=\boldsymbol{x}^{(2)}-\boldsymbol{x}^{(1)}$ 是 $\boldsymbol{x}^{(1)}$ 处的下降可行方向.

证明 因 $\boldsymbol{x}^{(1)}\neq\boldsymbol{x}^{(2)}$，可见 $\boldsymbol{p}=\boldsymbol{x}^{(2)}-\boldsymbol{x}^{(1)}\neq\boldsymbol{0}$. 容易证明可行集 $D=\{\boldsymbol{Ax}=\boldsymbol{b},\ \boldsymbol{x}\geqslant\boldsymbol{0}\}$ 是凸集. 因 $\boldsymbol{x}^{(1)}$，$\boldsymbol{x}^{(2)}\in D$，所以对于 $0\leqslant\alpha\leqslant1$，有 $\boldsymbol{x}^{(1)}+\alpha\boldsymbol{p}=(1-\alpha)\boldsymbol{x}^{(1)}+\alpha\boldsymbol{x}^{(2)}\in D$，可见 $\boldsymbol{p}=\boldsymbol{x}^{(2)}-\boldsymbol{x}^{(1)}$ 是 $\boldsymbol{x}^{(1)}$ 处的可行方向. 又因 $\boldsymbol{c}^{\mathrm{T}}\boldsymbol{x}^{(1)}>\boldsymbol{c}^{\mathrm{T}}\boldsymbol{x}^{(2)}$，对于任意的 $0<\alpha\leqslant1$，有

$$\begin{aligned}\boldsymbol{c}^{\mathrm{T}}\boldsymbol{x}^{(1)}&=(1-\alpha)\boldsymbol{c}^{\mathrm{T}}\boldsymbol{x}^{(1)}+\alpha\boldsymbol{c}^{\mathrm{T}}\boldsymbol{x}^{(1)}>(1-\alpha)\boldsymbol{c}^{\mathrm{T}}\boldsymbol{x}^{(1)}+\alpha\boldsymbol{c}^{\mathrm{T}}\boldsymbol{x}^{(2)}\\&=\boldsymbol{c}^{\mathrm{T}}((1-\alpha)\boldsymbol{x}^{(1)}+\alpha\boldsymbol{x}^{2})=\boldsymbol{c}^{\mathrm{T}}(\boldsymbol{x}^{(1)}+\alpha\boldsymbol{p}).\end{aligned}$$

所以，$\boldsymbol{p}=\boldsymbol{x}^{(2)}-\boldsymbol{x}^{(1)}$ 是 $\boldsymbol{x}^{(1)}$ 处的下降方向. 总之，$\boldsymbol{p}=\boldsymbol{x}^{(2)}-\boldsymbol{x}^{(1)}$ 是 $\boldsymbol{x}^{(1)}$ 处的下降可行方向.

1.4.2 凸函数

所谓凸函数（严格凸函数）可定义如下：设 $D(\subset\mathbf{R}^n)$ 为凸集，函数 $f(\boldsymbol{x})$ 定义在 D 上，$\forall\,\boldsymbol{x},\ \boldsymbol{y}\in D$，满足

$$f(\alpha\boldsymbol{x}+(1-\alpha)\boldsymbol{y})\leqslant\alpha f(\boldsymbol{x})+(1-\alpha)f(\boldsymbol{y}),\ \forall\,\alpha\in[0,1],\tag{1.10}$$

则称 $f(\boldsymbol{x})$ 是定义在 D 上的凸函数，若 $\boldsymbol{x}\neq\boldsymbol{y}$ 时式(1.10)中的不等号是严格的，则称 $f(\boldsymbol{x})$ 是定义在 D 上的严格凸函数.

容易明白：设 D 为凸集，则 $f(\boldsymbol{x})$ 为定义在 D 上的凸函数的充要条件是，对于 $\forall\,\boldsymbol{x},\ \boldsymbol{y}\in D$，$\Phi(t)=f(t\boldsymbol{x}+(1-t)\boldsymbol{y})$ 为定义在 $[0,1]$ 上的凸函数. 又有以下须知或结论：

(1) 若 $f(\boldsymbol{x})$ 为凸函数，则 $-f(\boldsymbol{x})$ 称为凹函数.

(2) 凸函数的线性组合为凸函数.

(3) 线性函数为凸函数，也是凹函数.

(4) 凸函数 $f(\boldsymbol{x})$ 的水平集 $S(f,\beta)=\{\boldsymbol{x}\mid\boldsymbol{x}\in D,\ f(\boldsymbol{x})\leqslant\beta\}$ 为凸集.

证明 对于 $\forall\,\boldsymbol{x},\ \boldsymbol{y}\in S(f,\beta)\subset D$，$\forall\,\alpha\in[0,1]$，有 $f(\boldsymbol{x})\leqslant\beta$，$f(\boldsymbol{y})\leqslant\beta$，且 $\alpha\boldsymbol{x}+(1-\alpha)\boldsymbol{y}\in D$，因 $f(\boldsymbol{x})$ 为凸函数，所以，

$$f(\alpha\boldsymbol{x}+(1-\alpha)\boldsymbol{y})\leqslant\alpha f(\boldsymbol{x})+(1-\alpha)f(\boldsymbol{y})\leqslant\alpha\beta+(1-\alpha)\beta=\beta,$$

由此得到 $\alpha\boldsymbol{x}+(1-\alpha)\boldsymbol{y}\in S(f,\beta)$，从而可知凸函数 $f(\boldsymbol{x})$ 的水平集为凸集.

(5) 设 $f(\boldsymbol{x})$ 在凸区域 D 内一阶连续可微，则 $f(\boldsymbol{x})$ 为凸函数的充分必要条件为 $f(\boldsymbol{y})\geqslant f(\boldsymbol{x})+\nabla f(\boldsymbol{x})^{\mathrm{T}}(\boldsymbol{y}-\boldsymbol{x})$，$\forall\,\boldsymbol{x},\ \boldsymbol{y}\in D$.

证明 必要性：对任意 $\boldsymbol{x},\ \boldsymbol{y}\in D$，$0<\alpha<1$，有

$$\alpha[f(\boldsymbol{y})-f(\boldsymbol{x})] \geqslant f(\alpha\boldsymbol{y}+(1-\alpha)\boldsymbol{x})-f(\boldsymbol{x}) = f(\boldsymbol{x}+\alpha(\boldsymbol{y}-\boldsymbol{x}))-f(\boldsymbol{x})$$
$$= \alpha \nabla f(\boldsymbol{x})^{\mathrm{T}}(\boldsymbol{y}-\boldsymbol{x})+\boldsymbol{o}(\|\alpha(\boldsymbol{y}-\boldsymbol{x})\|),$$

从而有

$$f(\boldsymbol{y})-f(\boldsymbol{x}) \geqslant \nabla f(\boldsymbol{x})^{\mathrm{T}}(\boldsymbol{y}-\boldsymbol{x})+\frac{\boldsymbol{o}(\|\alpha(\boldsymbol{y}-\boldsymbol{x}\|)}{\alpha},$$

令 $\alpha \to +0$,得到 $f(\boldsymbol{y})-f(\boldsymbol{x}) \geqslant \nabla f(\boldsymbol{x})^{\mathrm{T}}(\boldsymbol{y}-\boldsymbol{x})$.

充分性:由充分性条件可知,对于 $\forall \boldsymbol{x},\ \boldsymbol{y} \in D,\ 0 \leqslant \alpha \leqslant 1$,有 $\boldsymbol{z}=\alpha\boldsymbol{x}+(1-\alpha)\boldsymbol{y} \in D$,且有

$$f(\boldsymbol{x})-f(\boldsymbol{z}) \geqslant \nabla f(\boldsymbol{z})^{\mathrm{T}}(\boldsymbol{x}-\boldsymbol{z}), \tag{1.11}$$

及

$$f(\boldsymbol{y})-f(\boldsymbol{z}) \geqslant \nabla f(\boldsymbol{z})^{\mathrm{T}}(\boldsymbol{x}-\boldsymbol{z}). \tag{1.12}$$

由式(1.11),式(1.12)得到

$$\alpha f(\boldsymbol{x})+(1-\alpha)f(\boldsymbol{y})-f(\boldsymbol{z}) \geqslant \nabla f(\boldsymbol{z})^{\mathrm{T}}[\alpha\boldsymbol{x}+(1-\alpha)\boldsymbol{y}-\boldsymbol{z}]=0,$$

从而有

$$f(\alpha\boldsymbol{x}+(1-\alpha)\boldsymbol{y}) \leqslant \alpha f(\boldsymbol{x})+(1-\alpha)f(\boldsymbol{y}),$$

所以,$f(\boldsymbol{x})$为凸函数.

(6) 设 $f(\boldsymbol{x})$在凸区域 D 内二阶连续可微,则 $f(\boldsymbol{x})$为凸函数的充分必要条件为$\nabla^2 f(\boldsymbol{x}) \geqslant 0,\ \forall \boldsymbol{x} \in D$. 若$\nabla^2 f(\boldsymbol{x})>0,\ \forall \boldsymbol{x} \in D$,则 $f(\boldsymbol{x})$为严格凸函数.

证明 因 D 为凸区域,对于任意给定 $\boldsymbol{x} \in D$,对 $\forall \boldsymbol{y} \in \mathbf{R}^n,\ \exists \varepsilon>0,\ \alpha \in [0,\varepsilon]$,有

$$\boldsymbol{x}+\alpha\boldsymbol{y} \in D.$$

又因 $f(\boldsymbol{x})$在凸区域 D 内二阶连续可微,由 Taylor 公式有

$$f(\boldsymbol{x}+\alpha\boldsymbol{y})=f(\boldsymbol{x})+\alpha \nabla f(\boldsymbol{x})^{\mathrm{T}}\boldsymbol{y}+\frac{1}{2}\alpha^2\boldsymbol{y}^{\mathrm{T}}\nabla^2 f(\boldsymbol{x})\boldsymbol{y}+\boldsymbol{o}(\alpha^2),$$

从而当 $f(\boldsymbol{x})$为凸函数时,有

$$\frac{1}{2}\alpha^2\boldsymbol{y}^{\mathrm{T}}\nabla^2 f(\boldsymbol{x})\boldsymbol{y}+\boldsymbol{o}(\alpha^2)=f(\boldsymbol{x}+\alpha\boldsymbol{y})-[f(\boldsymbol{x})+\alpha \nabla f(\boldsymbol{x})^{\mathrm{T}}\boldsymbol{y}] \geqslant \mathbf{0},$$

令 $\alpha \to +0$,得到 $\boldsymbol{y}^{\mathrm{T}}\nabla^2 f(\boldsymbol{x})\boldsymbol{y} \geqslant 0$,由 $\boldsymbol{y}$ 的任意性可知$\nabla^2 f(\boldsymbol{x}) \geqslant 0,\ \forall \boldsymbol{x} \in D$.

反过来,若$\nabla^2 f(\boldsymbol{x}) \geqslant 0,\ \forall \boldsymbol{x} \in D$,对于任意 $\boldsymbol{x},\ \boldsymbol{y} \in D$,由中值定理,存在 α:0<

$\alpha<1$,有

$$f(\boldsymbol{y}) = f(\boldsymbol{x}) + \nabla f(\boldsymbol{x})^{\mathrm{T}}(\boldsymbol{y}-\boldsymbol{x}) + \frac{1}{2}(\boldsymbol{y}-\boldsymbol{x})^{\mathrm{T}} \nabla^2 f(\xi)(\boldsymbol{y}-\boldsymbol{x})$$
$$\geqslant f(\boldsymbol{x}) + \nabla f(\boldsymbol{x})^{\mathrm{T}}(\boldsymbol{y}-\boldsymbol{x}),$$

其中,$\xi=\alpha\boldsymbol{x}+(1-\alpha)\boldsymbol{y}\in D$.

例 1.4.5 n 元二次正定函数 $f(\boldsymbol{x})=\frac{1}{2}\boldsymbol{x}^{\mathrm{T}}\boldsymbol{A}\boldsymbol{x}+\boldsymbol{b}^{\mathrm{T}}\boldsymbol{x}$ 是 $\mathbf{R}^n$ 上的严格凸函数.

证明 因为$\nabla^2 f(\boldsymbol{x})=\boldsymbol{A}>0$,所以,$f(\boldsymbol{x})=\frac{1}{2}\boldsymbol{x}^{\mathrm{T}}\boldsymbol{A}\boldsymbol{x}+\boldsymbol{b}^{\mathrm{T}}\boldsymbol{x}$ 是 $\mathbf{R}^n$ 上的严格凸函数.

1.4.3 凸规划

以下的最优化问题称为凸规划:

$$\begin{aligned} &\min f(\boldsymbol{x}), \\ &\text{s. t. } \boldsymbol{x} \in D \subset \mathbf{R}^n. \end{aligned} \tag{1.13}$$

其中,D 为凸集,$f(\boldsymbol{x})$为凸函数. 关于凸规划可罗列以下须知或结论:

(1) $f(\boldsymbol{x})$为凸集 D 上的可微凸函数,$\boldsymbol{x}^*\in\operatorname{int} D$,则 $\boldsymbol{x}^*$ 为 $f(\boldsymbol{x})$在 D 上的全局极小点的充分必要条件是$\nabla f(\boldsymbol{x}^*)=0$.

证明 必要性可直接由微积分学得到. 充分性可由 1.4.2 节的第(5)款给出的不等式得到,即当$\nabla f(\boldsymbol{x}^*)=0$,有

$$\forall\, \boldsymbol{y}\in D,\ f(\boldsymbol{y})\geqslant f(\boldsymbol{x}^*)+\nabla f(\boldsymbol{x}^*)^{\mathrm{T}}(\boldsymbol{y}-\boldsymbol{x}^*)=f(\boldsymbol{x}^*).$$

(2) 凸规划式(1.13)的局部极小点必为全局极小点.

证明 设 $\boldsymbol{x}^*$ 是凸规划(1.13)的局部极小点,则 $\exists\varepsilon>0$, $\forall\,\boldsymbol{y}\in D\cap O(\boldsymbol{x}^*,\varepsilon)$, $f(\boldsymbol{y})\geqslant f(\boldsymbol{x}^*)$. 从而对于$\forall\,\boldsymbol{y}\in D$, $\exists\alpha\in(0,1)$, 使得$(1-\alpha)\boldsymbol{x}^*+\alpha\boldsymbol{y}\in D\cap O(\boldsymbol{x}^*,\varepsilon)$,满足

$$f(\boldsymbol{x}^*)\leqslant f((1-\alpha)\boldsymbol{x}^*+\alpha\boldsymbol{y})\leqslant(1-\alpha)f(\boldsymbol{x}^*)+\alpha f(\boldsymbol{y}),$$

即有 $f(\boldsymbol{x}^*)\leqslant f(\boldsymbol{y})$, $\forall\,\boldsymbol{y}\in D$.

(3) 当 $f(\boldsymbol{x})$为严格凸函数,凸规划的全局极小点是唯一的.

证明 设 $\hat{\boldsymbol{x}}\neq\boldsymbol{x}^*$ 都是凸规划式(1.13)的全局极小点,则有 $f(\hat{\boldsymbol{x}})=f(\boldsymbol{x}^*)$,又因 D 为凸集,有 $\boldsymbol{z}=\frac{1}{2}\hat{\boldsymbol{x}}+\frac{1}{2}\boldsymbol{x}^*\in D$. 于是得到

$$f(\boldsymbol{z}) = f\left(\frac{1}{2}\hat{\boldsymbol{x}} + \frac{1}{2}\boldsymbol{x}^*\right) < \frac{1}{2}f(\hat{\boldsymbol{x}}) + \frac{1}{2}f(\boldsymbol{x}^*) = f(\boldsymbol{x}^*),$$

这与 $\boldsymbol{x}^*$ 为全局极小点矛盾.

1.4.4 Farkas 引理

下面的 Farkas 引理和 Farkas-Gordan 引理在本书第 3 章讲 K-T 定理时至关重要.

定理 1.4.1(点与凸集分离定理) 设 D 为 $\mathbf{R}^n$ 中的非空闭凸集. 设 $\xi \notin D$,则存在 $\boldsymbol{c} \in \mathbf{R}^n$,以及实数 β,使得

$$\boldsymbol{c}^{\mathrm{T}}\boldsymbol{x} \geqslant \beta > \boldsymbol{c}^{\mathrm{T}}\boldsymbol{\xi},\ \forall\, \boldsymbol{x} \in D.$$

证明 任取 $z \in D$, 因 $\boldsymbol{\xi} \notin D$, 有 $\| z - \boldsymbol{\xi} \| > 0$, 作闭球 $Z = \left\{\boldsymbol{x} \in D \,\middle|\, \| \boldsymbol{x} - \boldsymbol{\xi} \| \leqslant \| z - \boldsymbol{\xi} \| \right\}$. $\| \boldsymbol{x} - \boldsymbol{\xi} \|$ 为关于 $\boldsymbol{x}$ 的连续函数,在 Z 上一点 $\hat{\boldsymbol{x}}$ 处取得最小值,由于 Z 含所有 D 的点 $\boldsymbol{x}$ 使得 $\| \boldsymbol{x} - \boldsymbol{\xi} \| \leqslant \| z - \boldsymbol{\xi} \|$,即有,$D$ 的不在 Z 上的点处有 $\| \boldsymbol{x} - \boldsymbol{\xi} \| > \| z - \boldsymbol{\xi} \|$,因 $Z \subset D$,所以 $\| \boldsymbol{x} - \boldsymbol{\xi} \|$ 在 D 上的最小点必在 Z 上,从而有

$$\| \hat{\boldsymbol{x}} - \boldsymbol{\xi} \| = \min_{x \in Z} \| \boldsymbol{x} - \boldsymbol{\xi} \| = \min_{x \in D} \| \boldsymbol{x} - \boldsymbol{\xi} \|.$$

因 $\hat{\boldsymbol{x}} \in D$, $\boldsymbol{\xi} \notin D$,有 $\| \hat{\boldsymbol{x}} - \boldsymbol{\xi} \| > 0$,令 $\boldsymbol{c} = \hat{\boldsymbol{x}} - \boldsymbol{\xi}$, $\beta = \boldsymbol{c}^{\mathrm{T}}\hat{\boldsymbol{x}}$,从而有

$$\beta - \boldsymbol{c}^{\mathrm{T}}\boldsymbol{\xi} = \boldsymbol{c}^{\mathrm{T}}\hat{\boldsymbol{x}} - \boldsymbol{c}^{\mathrm{T}}\boldsymbol{\xi} = \boldsymbol{c}^{\mathrm{T}}(\hat{\boldsymbol{x}} - \boldsymbol{\xi}) = (\hat{\boldsymbol{x}} - \boldsymbol{\xi})^{\mathrm{T}}(\hat{\boldsymbol{x}} - \boldsymbol{\xi}) > 0. \tag{1.14}$$

另一方面,任意给定 $\boldsymbol{x} \in D$,由于 D 是凸集,对任意的实数 $\alpha \in (0, 1)$,有 $\alpha\boldsymbol{x} + (1 - \alpha)\hat{\boldsymbol{x}} \in D$,也有

$$\| \hat{\boldsymbol{x}} - \boldsymbol{\xi} \| = \min_{x \in D} \| \boldsymbol{x} - \boldsymbol{\xi} \| \leqslant \| \alpha\boldsymbol{x} + (1 - \alpha)\hat{\boldsymbol{x}} - \boldsymbol{\xi} \|,$$

上式两头平方后,整理得到

$$\alpha^2 \| \boldsymbol{x} - \hat{\boldsymbol{x}} \|^2 + 2\alpha(\boldsymbol{x} - \hat{\boldsymbol{x}})^{\mathrm{T}}(\hat{\boldsymbol{x}} - \boldsymbol{\xi}) \geqslant 0, \tag{1.15}$$

上式两边各加项除以 2α 后,再令 $\alpha \to 0^+$,得到

$$(\boldsymbol{x} - \hat{\boldsymbol{x}})^{\mathrm{T}}(\hat{\boldsymbol{x}} - \boldsymbol{\xi}) \geqslant 0,$$

按照 $\boldsymbol{c}$,β 的规定,即有

$$\boldsymbol{c}^{\mathrm{T}}\boldsymbol{x} - \beta = (\hat{\boldsymbol{x}} - \boldsymbol{\xi})^{\mathrm{T}}(\boldsymbol{x} - \hat{\boldsymbol{x}}) \geqslant 0. \tag{1.16}$$

由式(1.14),式(1.16),定理得证.

定理 1.4.2(Farkas,1902) 设 $\boldsymbol{A}\in\mathbf{R}^{m\times n}$, $\boldsymbol{b}\in\mathbf{R}^n$. 对于以下两条命题:

(i) $\exists\,\boldsymbol{x}\in\mathbf{R}^n$, $\boldsymbol{Ax}\leqslant\boldsymbol{0}$, $\boldsymbol{b}^{\mathrm{T}}\boldsymbol{x}>0$;

(ii) $\exists\,\boldsymbol{y}\in\mathbf{R}^m$, $\boldsymbol{A}^{\mathrm{T}}\boldsymbol{y}=\boldsymbol{b}$, $\boldsymbol{y}\geqslant0$,

有:(i)不成立当且仅当(ii)成立.

证明 充分性:要证明,当(ii)成立时,(i)不成立. 设 $\boldsymbol{y}\in\mathbf{R}^m$,满足 $\boldsymbol{A}^{\mathrm{T}}\boldsymbol{y}=\boldsymbol{b}$, $\boldsymbol{y}\geqslant\boldsymbol{0}$. 又设 $\boldsymbol{x}\in\mathbf{R}^n$ 满足 $\boldsymbol{Ax}\leqslant\boldsymbol{0}$,则由于 $\boldsymbol{y}\geqslant\boldsymbol{0}$, $\boldsymbol{Ax}\leqslant\boldsymbol{0}$,有

$$\boldsymbol{b}^{\mathrm{T}}\boldsymbol{x}=\boldsymbol{y}^{\mathrm{T}}\boldsymbol{Ax}\leqslant 0.$$

即当(ii)成立时,(i)不成立.

必要性:要证明,当(i)不成立时,(ii)成立. 或证明当(ii)不成立时,(i)成立. 记

$$C=\{\boldsymbol{\xi}\in\mathbf{R}^n\mid\boldsymbol{\xi}=\boldsymbol{A}^{\mathrm{T}}\boldsymbol{y},\ \boldsymbol{y}\geqslant\boldsymbol{0},\ \boldsymbol{y}\in\mathbf{R}^m\}.$$

易见 C 是 $\mathbf{R}^n$ 中的非空闭凸集(注意到 C 的元素总可表成 $\boldsymbol{A}^{\mathrm{T}}$ 的线性无关列向量的非负线性组合). (ii)不成立时,就有 $\boldsymbol{b}\notin C$. 由点与凸集分离定理(定理 1.4.2)知,存在 $\boldsymbol{c}\in\mathbf{R}^n\backslash\{0\}$,使得对 $\boldsymbol{\xi}\in C$ 有 $\boldsymbol{c}^{\mathrm{T}}\boldsymbol{\xi}>\boldsymbol{c}^{\mathrm{T}}\boldsymbol{b}$,即对任意 $\boldsymbol{y}\geqslant\boldsymbol{0}$, $\boldsymbol{y}\in\mathbf{R}^m$ 有

$$\boldsymbol{c}^{\mathrm{T}}\boldsymbol{A}^{\mathrm{T}}\boldsymbol{y}>\boldsymbol{c}^{\mathrm{T}}\boldsymbol{b}.\tag{1.17}$$

在式(1.17)中,分别取 $\boldsymbol{y}=(0,\cdots,0,y_j,0,\cdots,0)^{\mathrm{T}}$, $j=1,2,\cdots,m$,由于上述不等式(1.17)对任意 $\boldsymbol{y}\geqslant\boldsymbol{0}$, $\boldsymbol{y}\in\mathbf{R}^m$ 都成立,取 y_j 为充分大的正数,要保证不等式(1.17)成立,唯有 $\boldsymbol{c}^{\mathrm{T}}\boldsymbol{A}^{\mathrm{T}}\geqslant\boldsymbol{0}$;另一方面,取 $\boldsymbol{y}=\boldsymbol{0}$,又得到 $\boldsymbol{c}^{\mathrm{T}}\boldsymbol{b}<0$. 这表明 $\hat{\boldsymbol{x}}=-\boldsymbol{c}$ 满足 $\boldsymbol{A}\hat{\boldsymbol{x}}\leqslant\boldsymbol{0}$, $\boldsymbol{b}^{\mathrm{T}}\hat{\boldsymbol{x}}>0$,即(i)成立.

定理 1.4.3(Farkas-Gordan 引理) 设 $\boldsymbol{A}\in\mathbf{R}^{m\times n}$, $\boldsymbol{B}\in\mathbf{R}^{m\times n}$. 对于以下两条命题

(i) $\exists\,\boldsymbol{x}\in\mathbf{R}^n$, $\boldsymbol{Ax}<\boldsymbol{0}$, $\boldsymbol{Bx}=\boldsymbol{0}$,

(ii) $\exists\,\boldsymbol{u},\boldsymbol{v}\in\mathbf{R}^m$, $\boldsymbol{u}\geqslant\boldsymbol{0}$, $\boldsymbol{u}\neq\boldsymbol{0}$, $\boldsymbol{A}^{\mathrm{T}}\boldsymbol{u}+\boldsymbol{B}^{\mathrm{T}}\boldsymbol{v}=\boldsymbol{0}$,

有:(i)不成立当且仅当(ii)成立.

证明 必要性:记

$$\overline{\boldsymbol{A}}=\begin{pmatrix}\boldsymbol{A} & -\boldsymbol{e}\\ \boldsymbol{B} & \boldsymbol{0}\\ -\boldsymbol{B} & \boldsymbol{0}\end{pmatrix},\ \overline{\boldsymbol{b}}=\begin{pmatrix}0\\0\\ \vdots\\0\\-1\end{pmatrix}.$$

(i) 不成立等价于不存在 $\alpha<0$ 和 $\boldsymbol{x}\in\mathbf{R}^n$ 满足 $\boldsymbol{Ax}\leqslant\alpha\boldsymbol{e}$, $\boldsymbol{Bx}\leqslant\boldsymbol{0}$, $-\boldsymbol{Bx}\leqslant\boldsymbol{0}$(这里 $\boldsymbol{e}$ 是分量全为 1 的向量). 也等价于不存在$\begin{pmatrix}\boldsymbol{x}\\ \alpha\end{pmatrix}\in\mathbf{R}^{n+1}$满足

$$\text{(iii)}:\ \bar{\boldsymbol{A}}\begin{pmatrix}\boldsymbol{x}\\ \boldsymbol{\alpha}\end{pmatrix}\leqslant 0,\quad \bar{\boldsymbol{b}}^{\mathrm{T}}\begin{pmatrix}\boldsymbol{x}\\ \alpha\end{pmatrix}>0.$$

这需说明如下：由(iii)的定义可知，若 $\alpha\geqslant 0$ 则上式显然不满足(不管 x 为何)，而当 $\alpha<0$ 则因(i)不成立，由前述知，(iii)不成立. 应用 Farkas 引理，由(iii)无解可推知下述关系式有解：

$$\bar{\boldsymbol{A}}^{\mathrm{T}}\boldsymbol{y}=\bar{\boldsymbol{b}},\ \boldsymbol{y}\geqslant \boldsymbol{0}.$$

记

$$\boldsymbol{y}=\begin{pmatrix}u\\ w\\ z\end{pmatrix},\ u,\ w,\ z\in\mathbf{R}^m.$$

有

$$\begin{pmatrix}\boldsymbol{A}^{\mathrm{T}} & \boldsymbol{B}^{\mathrm{T}} & -\boldsymbol{B}^{\mathrm{T}}\\ -\boldsymbol{e}^{\mathrm{T}} & \boldsymbol{O} & \boldsymbol{O}\end{pmatrix}\begin{pmatrix}u\\ w\\ z\end{pmatrix}=\begin{pmatrix}0\\ 0\\ -1\end{pmatrix},\ \begin{pmatrix}u\\ w\\ z\end{pmatrix}\geqslant 0\Rightarrow\begin{cases}\boldsymbol{A}^{\mathrm{T}}u+\boldsymbol{B}^{\mathrm{T}}w-\boldsymbol{B}^{\mathrm{T}}z=0,\\ \boldsymbol{e}^{\mathrm{T}}u=1,\\ u,\ w,\ z\geqslant 0;\end{cases}$$

$$\boldsymbol{e}^{\mathrm{T}}u=1\Rightarrow u\neq 0.$$

再令

$$v=w-z\Rightarrow\boldsymbol{A}^{\mathrm{T}}u+\boldsymbol{B}^{\mathrm{T}}v=\boldsymbol{0},$$
$$u\geqslant 0,\ u\neq 0.$$

即证得(ii)成立.

充分性：只要证(i)，(ii)不同时成立，否则，存在 $\exists\,\hat{x},\ \hat{u},\ \hat{v}$，使得

$$\boldsymbol{A}\hat{\boldsymbol{x}}<0,\ \boldsymbol{B}\hat{\boldsymbol{x}}=0,$$
$$\boldsymbol{A}^{\mathrm{T}}\hat{u}+\hat{\boldsymbol{B}}\hat{v}=0,\ \hat{u}\geqslant 0,\ \hat{u}\neq 0.$$

这就推出

$$0=\hat{\boldsymbol{x}}^{\mathrm{T}}\boldsymbol{A}^{\mathrm{T}}\hat{u}+\hat{\boldsymbol{x}}^{\mathrm{T}}\hat{\boldsymbol{B}}^{\mathrm{T}}\hat{v}=\hat{\boldsymbol{x}}^{\mathrm{T}}\boldsymbol{A}^{\mathrm{T}}\hat{u}+0^{\mathrm{T}}\hat{v}=\hat{\boldsymbol{x}}^{\mathrm{T}}\boldsymbol{A}^{\mathrm{T}}\hat{u}<0$$
$$(\text{因为 }\hat{u}\geqslant 0,\ \hat{u}\neq 0,\ \boldsymbol{A}\hat{\boldsymbol{x}}<0),$$

得到矛盾.

习题 1

1. 设 $\boldsymbol{A}\in\mathbf{R}^{n\times n}$，$\boldsymbol{A}=\boldsymbol{A}^{\mathrm{T}}$，$\boldsymbol{A}>\boldsymbol{0}$，$\boldsymbol{b}\in\mathbf{R}^n$. 考虑以下最优化问题：

$$\min f(\boldsymbol{x}) = \frac{1}{2}\boldsymbol{x}^{\mathrm{T}}\boldsymbol{A}\boldsymbol{x}-\boldsymbol{b}^{\mathrm{T}}\boldsymbol{x},$$
$$\text{s. t. } \boldsymbol{x}\in\mathbf{R}^n.$$

(1) 设 $\boldsymbol{b}=\boldsymbol{e}_1=(1, 0, \cdots, 0)^{\mathrm{T}}$，给出 $f(\boldsymbol{x})=\frac{1}{2}\boldsymbol{x}^{\mathrm{T}}\boldsymbol{A}\boldsymbol{x}-\boldsymbol{b}^{\mathrm{T}}\boldsymbol{x}$ 在原点的下降方向.

(2) 对于非零向量 $\boldsymbol{p}$，$\boldsymbol{x}_0\in\mathbf{R}^n$，证明：$\boldsymbol{p}$ 为 $f(\boldsymbol{x})=\frac{1}{2}\boldsymbol{x}^{\mathrm{T}}\boldsymbol{A}\boldsymbol{x}-\boldsymbol{b}^{\mathrm{T}}\boldsymbol{x}$ 在 $\boldsymbol{x}_0$ 原点处的下降方向$\Leftrightarrow$ $\boldsymbol{p}^{\mathrm{T}}(\boldsymbol{A}\boldsymbol{x}_0-\boldsymbol{b})<0$.

2. 给出一维搜索

$$\min_{\alpha>0}\phi(\alpha)=\frac{1}{3}\alpha^3-\frac{3}{2}\alpha^2+2\alpha$$

的一个搜索区间.

3. 证明：$f(x)=\mathrm{e}^{(x-1)^2}$ 在$(-\infty, \infty)$存在唯一的极小点，给出 $x=2$ 处的一个下降方向，并给出一个下降算法的迭代点列，研究其收敛性和收敛速度.

4. 证明：

(1) $x_k=2q^k(|q|<1)$为线性收敛；

(2) $x_k=\left(\frac{1}{k}\right)^k$ 为超线性收敛；

(3) $x_k=q^{2^k}(|q|<1)$为二阶收敛.

5. 用抛物线法求 $f(x)=\frac{x^4}{4}-\frac{4x^3}{3}+\frac{5x^2}{2}-2x$ 的极小点.

(提示：由高等数学可得到：$f'(x)=x^3-4x^2+5x-2=x(x-2)^2+(x-2)=(x-2)(x-1)^2$，

$f''(x)=3x^2-8x+5=(x-1)(3x-5)$，$f'''(x)=6x-8$. 由于

$$f'(1)=f'(2)=0,\ f''(2)>0,\ f''(1)=0,\ f'''(1)\neq 0,$$

可见 $x=2$ 为 $f(x)$的唯一的全局极小点. 用抛物线法，可取初始三点：$x_1=-1$，$x_0=0$，$x_2=3$.)

6. 用进退法求 $f(x)=\frac{x^4}{4}-\frac{4x^3}{3}+\frac{5x^2}{2}-2x$ 的一个搜索区间.

7. 证明：若干凸集的和集是凸集.

8. 证明：对于正整数 m，给定 $\boldsymbol{x}_i\in\mathbf{R}^n$，$i=1, 2, \cdots, m$，$E$ 是包含$\{x_i, i=1, 2, \cdots, m\}$最小凸闭集(凸包).

9. 证明：连续凸函数 $f(\boldsymbol{x})$的水平集 $S(f, \beta)=\{\boldsymbol{x}:\boldsymbol{x}\in D, f(\boldsymbol{x})\leqslant\beta\}$为凸闭集.

10. $f(\boldsymbol{x})$为凸集 D 上的可微凸函数，$\boldsymbol{x}^*\in\operatorname{int}D$，则 $\boldsymbol{x}^*$ 为全局极小点的充要条件为$\nabla f(\boldsymbol{x}^*)=0$.

11. 设 $f(\boldsymbol{x})$为凸集 D 上的可微凸函数，$\boldsymbol{x}$，$\boldsymbol{y}\in D$，若 $f(\boldsymbol{x})>f(\boldsymbol{y})$，则$\nabla f(\boldsymbol{x})^{\mathrm{T}}(\boldsymbol{y}-\boldsymbol{x})<0$.

第 2 章　线性规划方法基础

数学的发展历史是一部从线性科学到非线性科学的历史，运筹学作为数学的一个分支，或融数学于其中的一门管理科学，也是在线性优化科学实践中打下扎实的基础，从而在非线性理论和应用中开花结果的. 本章讲运筹学的线性数学方法，称为线性规划方法.

2.1　线性规划及其标准型

线性规划源自科学实践和人类生活的各领域. 谨以下述工业生产中的简单例子说明线性规划的数学模型及其标准型.

例 2.1.1　某车间有甲、乙两台机床可加工三种工件，这两台机床可用台时数分别为 800 和 900，三种工件数分别为 400，600 和 500，且表 2-1 已知，问怎样分配任务，使满足加工工件要求，加工费用最低.

表 2-1

车床类型	单位工件所需加工台时数			可用台时数	单位工件加工费用		
	工件 1	工件 2	工件 3		工件 1	工件 2	工件 3
甲	0.4	1.1	1.0	800	13	9	10
乙	0.5	1.2	1.3	900	11	12	8

对于这个简单的生产实际问题建立数学模型，其线性代数形式如下：

设在甲车床上加工工件 1，2，3 的数量分别为 x_1，x_2，x_3，在乙车床上加工工件 1，2，3 的数量分别为 x_4，x_5，x_6. 可建立以下线性优化问题：

$$\begin{aligned} \min z = {} & 13x_1 + 9x_2 + 10x_3 + 11x_4 + 12x_5 + 8x_6, \\ \text{s.t.}\ & x_1 + x_4 = 400, \\ & x_2 + x_5 = 600, \\ & x_3 + x_6 = 500, \end{aligned}$$

$$0.4x_1 + 1.1x_2 + x_3 \leqslant 800,$$
$$0.5x_4 + 1.2x_5 + 1.3x_6 \leqslant 900,$$
$$x_i \geqslant 0,\ i = 1, 2, \cdots, 6.$$

以上线性优化问题称为一个线性规划. 容易抽象出一般线性规划的数学形式：

$$\begin{aligned} &\max(\min) z = c_1x_1 + c_2x_2 + \cdots + c_nx_n, \\ &\text{s. t. } a_{11}x_1 + a_{12}x_2 + \cdots + a_{1n}x_n \leqslant (=, \geqslant) b_1, \\ &\qquad a_{21}x_1 + a_{22}x_2 + \cdots + a_{2n}x_n \leqslant (=, \geqslant) b_2, \\ &\qquad \vdots \\ &\qquad a_{m1}x_1 + a_{m2}x_2 + \cdots + a_{mn}x_n \leqslant (=, \geqslant) b_m, \\ &\qquad x_1, x_2, \cdots, x_n \geqslant 0. \end{aligned}$$

为了数学处理的需要，把上述一般形式的线性规划写成标准型：

$$\begin{aligned} &LP\text{—} \min z = c_1x_1 + c_2x_2 + \cdots + c_nx_n, \\ &\text{s. t. } a_{11}x_1 + a_{12}x_2 + \cdots + a_{1n}x_n = b_1, \\ &\qquad a_{21}x_1 + a_{22}x_2 + \cdots + a_{2n}x_n = b_2, \\ &\qquad \vdots \\ &\qquad a_{m1}x_1 + a_{m2}x_2 + \cdots + a_{mn}x_n = b_m, \\ &\qquad x_1, x_2, \cdots, x_n \geqslant 0. \end{aligned} \tag{2.1}$$

其中，$b_1, b_2, \cdots, b_m \geqslant 0$. 任何线性代数形式的线性规划都可以转化为标准型，分述如下.

情形一　对于一般形式的线性规划的目标为 $\max z = c_1x_1 + c_2x_2 + \cdots + c_nx_n$，可代之以 $\min w = -c_1x_1 - c_2x_2 - \cdots - c_nx_n$，即 $w = -z$. 类似地，若对于某个约束条件式 $a_{k1}x_1 + a_{k2}x_2 + \cdots + a_{kn}x_n \leqslant (\geqslant, =) b_k$，$1 \leqslant k \leqslant m$ 有 $b_k < 0$，则可代之以

$$-a_{k1}x_1 - a_{k2}x_2 - \cdots - a_{kn}x_n \geqslant (\leqslant, =) -b_k.$$

情形二　对于一般形式的线性规划的某个约束不等式为

$$a_{k1}x_1 + a_{k2}x_2 + \cdots + a_{kn}x_n \leqslant (\geqslant) b_k,\ 1 \leqslant k \leqslant m,$$

则可引入变量 $y_k \geqslant 0$，转化为约束等式

$$a_{k1}x_1 + a_{k2}x_2 + \cdots + a_{kn}x_n + (-) y_k = b_k.$$

这里所引入的非负变量 y_k，称为松弛变量.

情形三　如果对某个决策变量 x_i，$1 \leqslant i \leqslant n$，未有非负性限制，也称之为自由

变量，换言之，其在一般形式的线性规划的非负性约束不等式 $x_1, x_2, \cdots, x_n \geqslant 0$ 中缺席，则可引入变量 $u_i, v_i \geqslant 0$，在一般形式的线性规划中令 $x_i = u_i - v_i$.

注 1：以上三种情形在转换为标准型的过程中可视具体情况择序进行. 而情形二、三可使所得到的标准型表示更高维数的空间中的线性规划.

注 2：一般形式的线性规划与其标准型在刻画原数学模型上是等价的，原决策变量的实际意义不变，而在标准型中所引入的松弛变量(情形二)和额外非负性变量(情形三)则仅在数学过程中起到桥梁作用，一般在最终结果数据中不出现.

例 2.1.2 把下列一般形式的线性规划转换成标准型：

$$\begin{aligned} &\max x_1 - 2x_2 + 3x_3, \\ &\text{s. t. } -2x_1 + x_2 + 3x_3 \leqslant 2, \\ &\quad 2x_1 + 3x_2 + 4x_3 \geqslant 10, \\ &\quad x_1 + 7x_2 - 6x_3 = 8, \\ &\quad x_1, x_3 \geqslant 0. \end{aligned} \tag{2.2}$$

解 这个问题要求最大化目标函数可改成以下等价形式

$$\min -x_1 + 2x_2 - 3x_3.$$

增加两个非负松弛变量 x_4, x_5，把约束条件中的前面两个不等式改写成以下等价形式：

$$\begin{aligned} -2x_1 + x_2 + 3x_3 + x_4 &= 2, \\ 2x_1 + 3x_2 + 4x_3 - x_5 &= 10. \end{aligned}$$

右端分量已为正，无需改动. 唯 x_2 是自由变量，须引入变量 $x_2', x_2'' \geqslant 0$，把它改写成 $x_2 = x_2' - x_2''$. 综合这些变化，把一般形式的线性规划(2.2)写成标准型：

$$\begin{aligned} &\min -x_1 + 2x_2' - 2x_2'' - 3x_3, \\ &\text{s. t. } -2x_1 + x_2' - x_2'' + 3x_3 + x_4 = 2, \\ &\quad 2x_1 + 3x_2' - 3x_2'' + 4x_3 - x_5 = 10, \\ &\quad x_1 + 7x_2' - 7x_2'' - 6x_3 = 8, \\ &\quad x_1, x_2', x_2'', x_3, x_4, x_5 \geqslant 0. \end{aligned}$$

作为这一节的小结，进一步给出附加若干数学约定的线性规划的标准型的矩阵形式：

$$\begin{aligned} &LP - \min z = \boldsymbol{c}^{\mathrm{T}} \boldsymbol{x}, \\ &\text{s. t. } \boldsymbol{A}\boldsymbol{x} = \boldsymbol{b}, \ \boldsymbol{x} \geqslant \boldsymbol{0}. \end{aligned} \tag{2.3}$$

$$\boldsymbol{A} \in \mathbf{R}^{m \times n},\ \operatorname{rank}(\boldsymbol{A}) = m < n,\ \boldsymbol{b} \geqslant \mathbf{0},\ \boldsymbol{b} \neq \mathbf{0}. \tag{2.4}$$

注 3:标准型以一个线性函数为目标函数,以一组线性方程的非负解为决策对象,称为可行解,其全体组成的集合称为线性规划的可行集. 为了数学处理的需要和符合逻辑的要求,标准型假设系数矩阵 $\boldsymbol{A} \in \mathbf{R}^{m \times n}$, $m<n$, $\operatorname{rank}(\boldsymbol{A})=m$ 以及 $\boldsymbol{b} \geqslant \mathbf{0}$, $\boldsymbol{b} \neq \mathbf{0}$.

对于某个可行解 $\boldsymbol{x}^*$,若对于任意的可行解 $\boldsymbol{x}$,有 $\boldsymbol{c}^{\mathrm{T}}\boldsymbol{x} \geqslant \boldsymbol{c}^{\mathrm{T}}\boldsymbol{x}^*$,则称 $\boldsymbol{x}^*$ 为线性规划的最优解,而 $z^* = \boldsymbol{c}^{\mathrm{T}}\boldsymbol{x}^*$ 为线性规划的最优值.

2.2　标准型的线性代数

线性规划的目标函数 $f(\boldsymbol{x}) = \boldsymbol{c}^{\mathrm{T}}\boldsymbol{x}$ 是线性函数,当它取不同的实数值时,形成一族超平面:

$$l_z = \{\boldsymbol{x} \in \mathbf{R}^n \mid \boldsymbol{c}^{\mathrm{T}}\boldsymbol{x} = z\},\ z \in \mathbf{R}^1.$$

由于 $\nabla f(\boldsymbol{x}) \equiv \boldsymbol{c}$,这是一族具有相同法向量的超平面,直观地看是互相平行的.

线性规划的约束条件所定义的集合,也称为可行集,记为

$$D = \{\boldsymbol{x} \in \mathbf{R}^n \mid \boldsymbol{A}\boldsymbol{x} = \boldsymbol{b},\ \boldsymbol{x} \geqslant \mathbf{0}\}. \tag{2.5}$$

它是一组线性方程在第一象限的解集. 可行集 D 中的元素称为线性规划的可行解. 从几何上看,可行集是较低维空间中的一个凸多面体.

当 z 变化时,l_z 平行切割可行集 D. 从几何上直观地看,线性规划问题就是寻找这族超平面中触及可行集边界的最佳位置.

下面进一步从系数矩阵的特性深入研究线性规划的可行解. 把系数矩阵写成 $\boldsymbol{A} = (\boldsymbol{p}_1, \cdots, \boldsymbol{p}_n)$,其中 $\boldsymbol{p}_1, \cdots, \boldsymbol{p}_n \in \mathbf{R}^m$, $\operatorname{rank}\boldsymbol{A} = m < n$.

记序号集 $S = \{i_1, \cdots, i_m\} \subset \{1, 2, \cdots, n\}$,使得矩阵 $\boldsymbol{B} = (\boldsymbol{p}_{i_1}, \cdots, \boldsymbol{p}_{i_m})$ 为一个可逆方阵,即向量 $\boldsymbol{p}_{i_1}, \cdots, \boldsymbol{p}_{i_m}$ 线性无关,称 $\boldsymbol{B} = (\boldsymbol{p}_{i_1}, \cdots, \boldsymbol{p}_{i_m})$ 是线性规划的标准型的一个**基矩阵**. 又记序号集

$$T = \{j_1, \cdots, j_{n-m}\} = \{1, 2, \cdots, n\} \setminus S.$$

记 $\boldsymbol{N} = (\boldsymbol{p}_{j_1}, \cdots, \boldsymbol{p}_{j_{n-m}})$ 为 $\boldsymbol{A}$ 的异于 $\boldsymbol{p}_{i_1}, \cdots, \boldsymbol{p}_{i_m}$ 的列向量组成的子矩阵. 同时,把决策变量 $\boldsymbol{x} \in \mathbf{R}^n$ 中对应 S 和 T 的分量分别表 $\boldsymbol{x}_S = (x_{i_1}, \cdots, x_{i_m})^{\mathrm{T}}$(称为基变量),$\boldsymbol{x}_T = (x_{j_1}, \cdots, x_{j_{n-m}})^{\mathrm{T}}$(称为非基变量). 进而把线性方程组 $\boldsymbol{A}\boldsymbol{x} = \boldsymbol{b}$ 写成 $\boldsymbol{B}\boldsymbol{x}_S + \boldsymbol{N}\boldsymbol{x}_T = \boldsymbol{b}$ 并令 $\boldsymbol{x}_T = \mathbf{0}$,由 $\boldsymbol{B}\boldsymbol{x}_S = \boldsymbol{b}$ 解得 $\boldsymbol{x}_S = \boldsymbol{B}^{-1}\boldsymbol{b}$,构建 $\boldsymbol{x}_B \in \mathbf{R}^n$,其对应 S 的分量 $\boldsymbol{x}_S =$

$\boldsymbol{B}^{-1}\boldsymbol{b}$,对应 S 的分量 $\boldsymbol{x}_T=\boldsymbol{0}$. 称 $\boldsymbol{x}_B\in\mathbf{R}^n$ 为对应 $\boldsymbol{B}=(\boldsymbol{p}_{i_1}, \cdots, \boldsymbol{p}_{i_m})$ 的**基本解**.

注:基变量的分量的排序与 $\boldsymbol{B}=(\boldsymbol{p}_{i_1}, \cdots, \boldsymbol{p}_{i_m})$ 中列向量排序一致(相匹配),因而在实际解题时,不计列向量排序,$\boldsymbol{B}=(\boldsymbol{p}_{i_1}, \cdots, \boldsymbol{p}_{i_m})$ 的作用由其列向量组唯一决定.

定义 2.2.1 若 $\boldsymbol{x}_S=\boldsymbol{B}^{-1}\boldsymbol{b}\geqslant\boldsymbol{0}$,称 $\boldsymbol{x}_B=\begin{pmatrix}\boldsymbol{B}^{-1}\boldsymbol{b}\\ \boldsymbol{0}\end{pmatrix}$(方便起见不妨这样表示)为对应 $\boldsymbol{B}=(\boldsymbol{p}_{i_1}, \cdots, \boldsymbol{p}_{i_m})$ 的**基本可行解**. 也称 $\boldsymbol{B}=(\boldsymbol{p}_{i_1}, \cdots, \boldsymbol{p}_{i_m})$ 为一个**可行基矩阵**(或称基矩阵具有可行性). 若 $\boldsymbol{x}_S=\boldsymbol{B}^{-1}\boldsymbol{b}>\boldsymbol{0}$ 称为非退化的,否则称为退化的基本可行解.

引理 2.2.1 一个可行解为基本解的充分必要条件是其正分量所对应的基向量线性无关. 不失一般性,数学上可表述如下:令 $\boldsymbol{x}$ 为一个可行解,即满足 $\boldsymbol{A}\,\bar{\boldsymbol{x}}=\boldsymbol{b}$, $\boldsymbol{x}\geqslant\boldsymbol{0}$,不妨设

$$\bar{\boldsymbol{x}}=(\bar{x}_1, \cdots, \bar{x}_k, 0, \cdots, 0),$$
$$\bar{x}_i>0,\ i=1, 2,\cdots,k,k>1,$$

则 $\bar{\boldsymbol{x}}$ 为基本解的充要条件是 $\boldsymbol{p}_1, \cdots, \boldsymbol{p}_k$ 线性无关.

证明 充分性:因 $\boldsymbol{p}_1, \cdots, \boldsymbol{p}_k$ 线性无关,可知 $k\leqslant m=\operatorname{rank}(\boldsymbol{A})$,在列向量组中把 $\boldsymbol{p}_1, \cdots, \boldsymbol{p}_k$ 扩充为 $\boldsymbol{p}_1, \cdots, \boldsymbol{p}_k, \boldsymbol{p}_{k+1}, \cdots, \boldsymbol{p}_m$ 使得

$$\boldsymbol{B}=(\boldsymbol{p}_1, \cdots, \boldsymbol{p}_k, \boldsymbol{p}_{k+1}, \cdots, \boldsymbol{p}_m)$$

为线性规划的标准型的一个基矩阵. 有

$$\boldsymbol{b}=\boldsymbol{A}\bar{\boldsymbol{x}}=\bar{x}_1\boldsymbol{p}_1+\cdots+\bar{x}_k\boldsymbol{p}_k+0\boldsymbol{p}_{k+1}+\cdots+0\boldsymbol{p}_m+0\boldsymbol{p}_{m+1}+\cdots+0\boldsymbol{p}_n.$$

其中 $\boldsymbol{N}=(\boldsymbol{p}_{m+1}, \cdots, \boldsymbol{p}_n)$ 表示系数矩阵的异于 $\boldsymbol{B}=(\boldsymbol{p}_1, \cdots, \boldsymbol{p}_k, \boldsymbol{p}_{k+1}, \cdots, \boldsymbol{p}_m)$ 的列向量,取

$$\bar{\boldsymbol{x}}_S=(\bar{x}_1, \cdots, \bar{x}_k,\ 0, \cdots, 0)^{\mathrm{T}}\in\mathbf{R}^m,$$
$$\bar{\boldsymbol{x}}_T=(0, \cdots, 0)^{\mathrm{T}}\in\mathbf{R}^{n-m}.$$

则有

$$\begin{aligned}\boldsymbol{b}=\boldsymbol{A}\bar{\boldsymbol{x}}&=\bar{x}_1\boldsymbol{p}_1+\cdots+\bar{x}_k\boldsymbol{p}_k+0\boldsymbol{p}_{k+1}+\cdots+0\boldsymbol{p}_m+0\boldsymbol{p}_{m+1}+\cdots+0\boldsymbol{p}_n\\&=\boldsymbol{B}\bar{\boldsymbol{x}}_S+\boldsymbol{N}\bar{\boldsymbol{x}}_T=\boldsymbol{B}\bar{\boldsymbol{x}}_S.\end{aligned}$$

由基本解的定义可见,$\bar{\boldsymbol{x}}$ 为基本解.(注:由线性代数可知,因 $\boldsymbol{p}_{k+1}, \cdots, \boldsymbol{p}_m$ 一般不唯一,所以 $\boldsymbol{B}=(\boldsymbol{p}_1, \cdots, \boldsymbol{p}_k, \boldsymbol{p}_{k+1}, \cdots, \boldsymbol{p}_m)$ 不是唯一的.)

必要性:令 $\boldsymbol{B}$ 为相应的基矩阵,由基本可行解的定义可知,仅基变量可取正分

量，其所对应的基向量 $\boldsymbol{p}_1, \cdots, \boldsymbol{p}_k$ 为 $\boldsymbol{B}$ 的列向量集合的子向量组，由于 $\boldsymbol{B}$ 可逆，则 $\boldsymbol{p}_1, \cdots, \boldsymbol{p}_k$ 线性无关.

以下讲基本可行解的几何意义.

定义 2.2.2　设 $\boldsymbol{z} \in D$，若其不能充当 D 的任一线段的内点，则称 $\boldsymbol{z}$ 为 D 的一个**极点**（或顶点）. D 的所有极点成一集合，记之为 E.

空间的以两个相异点为端点的一个线段可表示为

$$f(\lambda) = (1-\lambda)\boldsymbol{x} + \lambda\boldsymbol{y},\ \lambda \in [0, 1].$$

若两个相异点 $\boldsymbol{x}, \boldsymbol{y} \in D$，则对任一 $\lambda \in [0, 1]$，有 $\boldsymbol{z} = f(\lambda) = (1-\lambda)\boldsymbol{x} + \lambda\boldsymbol{y} \in D$. 事实上，由

$$\begin{aligned} \boldsymbol{A}\boldsymbol{z} &= (1-\lambda)\boldsymbol{A}\boldsymbol{x} + \lambda\boldsymbol{A}\boldsymbol{y} = (1-\lambda)\boldsymbol{b} + \lambda\boldsymbol{b} = \boldsymbol{b}, \\ \boldsymbol{x},\ \boldsymbol{y} \geqslant \boldsymbol{0},\ \lambda \in [0, 1] &\Rightarrow \boldsymbol{z} = (1-\lambda)\boldsymbol{A}\boldsymbol{x} + \lambda\boldsymbol{A}\boldsymbol{y} \geqslant 0, \end{aligned}$$

可知 $\boldsymbol{z} \in D$.

对于 $\lambda \in (0, 1)$，不妨可设

$$\begin{gathered} \boldsymbol{z} = (1-\lambda)\boldsymbol{x} + \lambda\boldsymbol{y} = (z_1, \cdots, z_k, 0, \cdots, 0)^{\mathrm{T}}, \\ z_1, \cdots, z_k > 0,\ 1 < k \leqslant n. \end{gathered}$$

可见 $x_j = y_j = 0, j = k+1, \cdots, n$.

若 $\boldsymbol{p}_1, \cdots, \boldsymbol{p}_k$ 线性无关，则有

$$\begin{aligned} & x_1\boldsymbol{p}_1 + \cdots + x_k\boldsymbol{p}_k = \boldsymbol{b},\ y_1\boldsymbol{p}_1 + \cdots + y_k\boldsymbol{p}_k = \boldsymbol{b}, \\ & \Rightarrow (x_1 - y_1)\boldsymbol{p}_1 + \cdots + (x_k - y_k)\boldsymbol{p}_k = 0 \Rightarrow x_i = y_i,\ i = 1, \cdots, k, \\ & \Rightarrow \boldsymbol{x} = \boldsymbol{y}. \end{aligned}$$

与 $\boldsymbol{x}, \boldsymbol{y} \in D$ 为两个相异点矛盾.

这说明基本可行解不会是可行集的任一线段的内点. 设 $\boldsymbol{z} \in D$，若其不充当 D 的任一线段的内点，则称 $\boldsymbol{z}$ 为 D 的一个极点（或顶点）. 于是由定义 2.2.2 可知基本可行解是 D 的一个极点（或顶点）.

反之，若 $\boldsymbol{z} \in D$，且为 D 的一个极点. 因 $\boldsymbol{A}\boldsymbol{z} = \boldsymbol{b} \neq \boldsymbol{0}$，不妨设

$$\begin{gathered} \boldsymbol{z} = (z_1, \cdots, z_k, 0, \cdots, 0)^{\mathrm{T}}, \\ z_1, \cdots, z_k > 0,\ 1 < k \leqslant n. \end{gathered}$$

若 $\boldsymbol{p}_1, \cdots, \boldsymbol{p}_k$ 线性相关，则存在 $\alpha_1, \cdots, \alpha_k$ 不全为零，满足 $\alpha_1\boldsymbol{p}_1 + \cdots + \alpha_k\boldsymbol{p}_k = \boldsymbol{0}$. 记向量 $\boldsymbol{\alpha} = (\alpha_1, \cdots, \alpha_k, 0, \cdots, 0)^{\mathrm{T}} \in \mathbf{R}^n$，选取 $\varepsilon \neq 0$，使得

$$z_j \pm \varepsilon\alpha_j > 0,\ j = 1, 2, \cdots, k.$$

构造 $\boldsymbol{x}$，$\boldsymbol{y}$ 满足

$$x_j = z_j + \varepsilon\alpha_j,\ j = 1, 2, \cdots, n,$$
$$y_j = z_j - \varepsilon\alpha_j,\ j = 1, 2, \cdots, n.$$

因为

$$\boldsymbol{Ax} = \boldsymbol{A}(\boldsymbol{z} + \varepsilon\boldsymbol{\alpha}) = \boldsymbol{Az} + \varepsilon\boldsymbol{A\alpha} = \boldsymbol{b} + \boldsymbol{0} = \boldsymbol{b},$$
$$\boldsymbol{Ay} = \boldsymbol{A}(\boldsymbol{z} - \varepsilon\boldsymbol{\alpha}) = \boldsymbol{Az} - \varepsilon\boldsymbol{A\alpha} = \boldsymbol{b} - \boldsymbol{0} = \boldsymbol{b},$$

可见 $\boldsymbol{x}$，$\boldsymbol{y} \in D$，但是有 $\boldsymbol{z} = \frac{1}{2}\boldsymbol{x} + \frac{1}{2}\boldsymbol{y}$，这与 $\boldsymbol{z}$ 为与 D 的一个极点矛盾.综上可得以下结果.

定理 2.2.1 $\boldsymbol{x}$ 为 D 的极点$\Leftrightarrow \boldsymbol{x} \in E$.

例 2.2.1 考察以下线性规划

$$\begin{aligned} &\max z = x_1 + 3x_2, \\ &\text{s.t. } x_1 + x_2 \leqslant 6, \\ &\qquad -x_1 + 2x_2 \leqslant 8, \\ &\qquad x_1 \geqslant 0,\ x_2 \geqslant 0. \end{aligned} \tag{2.6}$$

这个线性规划的标准型是

$$\begin{aligned} &\min w = -x_1 - 3x_2, \\ &\text{s.t. } x_1 + x_2 + x_3 = 6, \\ &\qquad -x_1 + 2x_2 + x_4 = 8, \\ &\qquad x_1,\ x_2,\ x_3,\ x_4 \geqslant 0. \end{aligned} \tag{2.7}$$

注:在以上线性规划的标准型方程(2.7)中，把 x_1，x_2 视为二维平面直角坐标.当取标准型系数矩阵中 $(\boldsymbol{p}_3,\ \boldsymbol{p}_4) = \begin{pmatrix} 1 & 0 \\ 0 & 1 \end{pmatrix}$ 为基矩阵时，非基变量为 $(x_1,\ x_2) = (0,\ 0)$，正好对应图 2-1 中直角坐标原点 O.而取 $(\boldsymbol{p}_1,\ \boldsymbol{p}_4) = \begin{pmatrix} 1 & 0 \\ -1 & 1 \end{pmatrix}$ 为基矩阵时非基变量为 $(x_2,\ x_3) = (0,\ 0)$，由标准型约束方程解得 $x_1 = 6$，此时二维平面直角座标 $(x_1,\ x_2) = (6,\ 0)$，对应图 2-1 中直角坐标中 A 点，类似地，可建立基矩阵与图中直角坐标中的可行域多边形的边线交点的一一对应(当然这依赖于此例中的线性规划的基矩

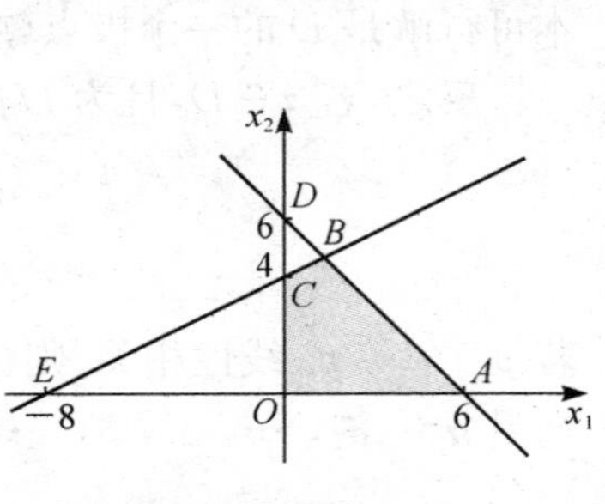

图 2-1

阵具有非退化性)，见表 2-2，其中 O, A, B, C 诸点对应基本可行解，而 D, E 对应非基本可行解.

表 2-2

	O	A	B	C	D	E
基变量	x_3x_4	x_1x_4	x_1x_2	x_2x_3	x_2x_4	x_1x_3
非基变量	x_1x_2	x_2x_3	x_3x_4	x_1x_4	x_1x_3	x_2x_4
$x_i<0$	—	—	—	—	x_4	x_1
基础可行解	是	是	是	是	否	否

2.3 线性规划基本定理

2.3.1 可行集的极点

求解线性规划问题紧密联系于目标函数和约束条件的特性. 正如前述，标准型的目标函数是一族超平面，而可行集是一个凸多面体，线性规划问题就是寻找这族超平面中触及这个凸多面体边界的最佳位置. 在高维空间中，与三维多面体的顶点概念相对应的是凸多面体的边界上的极点. 前面已经给出了极点的定义，以下说明线性规划标准型的可行集的极点个数是有限的. 这需要回顾定理 2.2.1. 那里证明了极点就是基本可行解. 由基本可行解的构造过程可知，一个基本可行解由某个基矩阵完全确定，所以，基本可行解的个数不会多于系数矩阵的 m 阶可逆子矩阵的个数，而后者的个数少于组合数 C_n^m. 以下两节要说明线性规划的最优解若存在则必可在某个极点处找到.

2.3.2 线性规划基本定理及其思想方法

对于如下标准型

$$\begin{aligned} & LP-\min z=\boldsymbol{c}^{\mathrm{T}}\boldsymbol{x}, \\ & \text{s.t. } \boldsymbol{Ax}=\boldsymbol{b},\ \boldsymbol{x}\geqslant\boldsymbol{0}, \\ & \qquad \boldsymbol{A}\in\mathbf{R}^{m\times n},\ \operatorname{rank}(\boldsymbol{A})=m<n, \\ & \qquad \boldsymbol{b}\geqslant\boldsymbol{0},\ \boldsymbol{b}\neq\boldsymbol{0}, \end{aligned} \tag{2.8}$$

有以下线性规划基本定理.

定理 2.3.1 (i) 若 LP 存在可行解，则必有基可行解，其全体也可用 $\boldsymbol{E}_{LP}$ 表示；

(ii) 若 LP 存在最优解，则必有最优基可行解，其全体也可用 $\boldsymbol{O}_{LP}$ 表示.

一般而言，若所论问题是有意义的则可行集必非空，而以上定理表明，此时极点集也必非空. 进而，以上定理指出，线性规划的最优解若存在，则必可在某个极点处找到. 这个定理之所以称为线性规划基本定理，是由于给出了一个最优解的必要条件，并且大大缩小了寻找最优解的范围，注意到上一节已指出极点集是个有限集，这样就大大简化了这一寻优过程. 原来的可行集一般是一个无限多元素的集合，把一个在无限集上的优化问题转化为一个在有限集上的问题，其优越性是不言自明的.

2.3.3 线性规划基本定理的证明

对于如下标准型

$$
\begin{aligned}
LP-\min\ & z=\boldsymbol{c}^{\mathrm{T}}\boldsymbol{x},\\
\text{s.t.}\ & \boldsymbol{Ax}=\boldsymbol{b},\ \boldsymbol{x}\geqslant\boldsymbol{0},\\
& \mathbf{A}\in\mathbf{R}^{m\times n},\ \operatorname{rank}(\mathbf{A})=m<n,\\
& \boldsymbol{b}\geqslant\boldsymbol{0},\ \boldsymbol{b}\neq\boldsymbol{0},
\end{aligned}
\tag{2.9}
$$

有以下简单的结论：

引理 2.3.1 设 $\hat{\boldsymbol{x}}$ 是上述线性规划标准型(2.9)的可行解，若其仅有一个正分量，则 $\hat{\boldsymbol{x}}$ 是一个基可行解.

证明 $\hat{\boldsymbol{x}}$ 是上述线性规划标准型(2.9)的可行解，且仅有一个正分量，记为 $\hat{x}_j$，则其他分量为零，此时由 $\boldsymbol{A}\hat{\boldsymbol{x}}=\boldsymbol{b}$ 可推知 $\hat{x}_j\boldsymbol{p}_j=\boldsymbol{b}$，这里 $\boldsymbol{p}_j$ 是 $\mathbf{A}$ 的第 j 个列向量. 因为 $\boldsymbol{b}\neq\boldsymbol{0}$，$\hat{x}_j>0$，所以 $\boldsymbol{p}_j\neq\boldsymbol{0}$. 单个非零向量显然是线性无关的，于是由引理 2.2.1 可知，$\hat{\boldsymbol{x}}$ 是一个基可行解.

以下证明定理 2.3.1，先证结论(i)：设 $\boldsymbol{x}$ 是一个可行解，则有 $\boldsymbol{x}\geqslant\boldsymbol{0}$，不妨设 $\bar{\boldsymbol{x}}=(\bar{x}_1,\cdots,\bar{x}_k,0,\cdots,0)$，$(\bar{x}_1,\cdots,\bar{x}_k)>\boldsymbol{0}$，由于 $\boldsymbol{b}\neq\boldsymbol{0}$，可知 $k\geqslant 1$. 由 $\boldsymbol{A}\bar{\boldsymbol{x}}=\boldsymbol{b}$，有

$$
\bar{x}_1\boldsymbol{p}_1+\cdots+\bar{x}_k\boldsymbol{p}_k=\boldsymbol{b}. \tag{2.10}
$$

若 $\boldsymbol{p}_1,\cdots,\boldsymbol{p}_k$ 线性无关，则 $\bar{\boldsymbol{x}}\in E$(含 $k=1$ 的平凡情形，引理 2.2.1).
而若 $\boldsymbol{p}_1,\cdots,\boldsymbol{p}_k$ 线性相关，则立刻有 $k\geqslant 2$. 进而看到，存在 $\alpha_1,\cdots,\alpha_k$ 不全为零，满足

$$
\alpha_1\boldsymbol{p}_1+\cdots+\alpha_k\boldsymbol{p}_k=\boldsymbol{0}. \tag{2.11}
$$

不妨设存在 $j\in\{1, 2, \cdots, k\}$, $\alpha_j>0$(否则在式(2.11)两边添加负号). 由式(2.10),式(2.11),对于待定的 $\varepsilon>0$,构造 $\hat{\boldsymbol{x}}=(\bar{x}_1-\varepsilon\alpha_1, \cdots, \bar{x}_k-\varepsilon\alpha_k, 0, \cdots, 0)^{\mathrm{T}}$,有

$$\boldsymbol{A}\hat{\boldsymbol{x}}=\sum_{i=1}^{k}\bar{x}_i\boldsymbol{p}_i-\varepsilon\sum_{i=1}^{k}\alpha_i\boldsymbol{p}_i=\boldsymbol{b}-\varepsilon\boldsymbol{0}=\boldsymbol{b}. \tag{2.12}$$

式(2.12)表明 $\hat{\boldsymbol{x}}$ 满足标准型约束方程. 接着适当取 $\varepsilon>0$,可使得 $\hat{\boldsymbol{x}}\geqslant\boldsymbol{0}$,且正分量个数少于 $k-1$. 为达到此要求,可取

$$\varepsilon=\min\left\{\frac{\bar{x}_i}{\alpha_i}\middle|\alpha_i>0, i\in\{1, 2, \cdots, k\}\right\},$$

且对于某个 $\alpha_l>0$, $l\in\{1, 2, \cdots, k\}$有

$$\varepsilon=\frac{\bar{x}_l}{\alpha_l}.$$

这样,由 $\hat{\boldsymbol{x}}$ 的构造方式可知,对于 $i=k+1, \cdots, n$,有 $\hat{x}_i=0$,而对 $i=1, 2, \cdots, k$,有

$$\hat{x}_i=\bar{x}_i-\varepsilon\alpha_i=\begin{cases}\bar{x}_i-\varepsilon\alpha_i\geqslant\bar{x}_i-\dfrac{\bar{x}_i}{\alpha_i}\alpha_i=0, & \alpha_i>0;\\ \bar{x}_i+\varepsilon\mid\alpha_i\mid>0, & \alpha_i\leqslant 0.\end{cases} \tag{2.13}$$

同时有

$$\hat{x}_l=\bar{x}_l-\varepsilon\alpha_l=\bar{x}_l-\frac{\bar{x}_l}{\alpha_l}\alpha_l=0. \tag{2.14}$$

式(2.12),式(2.13),式(2.14)表明 $\hat{\boldsymbol{x}}\in D$,相较 $\bar{\boldsymbol{x}}$, $\hat{\boldsymbol{x}}$ 的正分量个数$\leqslant k-1$,这一过程可继续进行,或终止于某个基可行解,或所得到的后一个可行解的正分量数量比前一个可行解至少少一个. 这样,由引理 2.3.1 可知,经有限步后,可得到一个基可行解. 这表明由 $D\neq\varnothing$,可推知 $E\neq\varnothing$.

再证结论(ii):设 $\hat{\boldsymbol{x}}$ 是 LP 的一个最优解,当然也是一个可行解,则有 $\hat{\boldsymbol{x}}\geqslant\boldsymbol{0}$,不妨设 $\hat{\boldsymbol{x}}=(\hat{x}_1, \cdots, \hat{x}_k, 0, \cdots, 0)^{\mathrm{T}}$,$(\hat{x}_1, \cdots, \hat{x}_k)^{\mathrm{T}}>\boldsymbol{0}$,由于 $\boldsymbol{b}\neq\boldsymbol{0}$, 可知 $k\geqslant 1$. 由 $\boldsymbol{A}\hat{\boldsymbol{x}}=\boldsymbol{b}$,有

$$\hat{x}_1\boldsymbol{p}_1+\cdots+\hat{x}_k\boldsymbol{p}_k=\boldsymbol{b}. \tag{2.15}$$

若 $\boldsymbol{p}_1, \cdots, \boldsymbol{p}_k$ 线性无关(含 $k=1$ 情形),则 $\hat{\boldsymbol{x}}$ 同时也是一个基可行解,从而 $\hat{\boldsymbol{x}}$ 是一个最优基可行解,结论(ii)已明. 否则,与正分量相应的列向量组 $\boldsymbol{p}_1, \cdots, \boldsymbol{p}_k$ 线性相关,则可知 $k\geqslant 2$. 进而看到,存在 $\alpha_1, \cdots, \alpha_k$ 不全为零, 满足

$$\alpha_1 \boldsymbol{p}_1 + \cdots + \alpha_k \boldsymbol{p}_k = \mathbf{0}. \tag{2.16}$$

由式(2.15),式(2.16),对于待定的 $\varepsilon>0$,构造 $\boldsymbol{z}=(\hat{x}_1+\varepsilon\alpha_1, \cdots, \hat{x}_k+\varepsilon\alpha_k, 0, \cdots, 0)^{\mathrm{T}}$ 和 $\boldsymbol{w}=(\hat{x}_1-\varepsilon\alpha_1, \cdots, \hat{x}_k-\varepsilon\alpha_k, 0, \cdots, 0)^{\mathrm{T}}$,有

$$\boldsymbol{Az} = \sum_{i=1}^{k} \hat{x}_i \boldsymbol{p}_i + \varepsilon \sum_{i=1}^{k} \alpha_i \boldsymbol{p}_i = \boldsymbol{b} + \varepsilon \mathbf{0} = \boldsymbol{b} \tag{2.17}$$

及

$$\boldsymbol{Aw} = \sum_{i=1}^{k} \hat{x}_i \boldsymbol{p}_i - \varepsilon \sum_{i=1}^{k} \alpha_i \boldsymbol{p}_i = \boldsymbol{b} - \varepsilon \mathbf{0} = \boldsymbol{b}. \tag{2.18}$$

接着适当取 $\varepsilon>0$,可使得 $\boldsymbol{z}, \boldsymbol{w}\geqslant\mathbf{0}$,且 $\boldsymbol{z}, \boldsymbol{w}$ 都是 LP 的最优解,且 $\boldsymbol{z}, \boldsymbol{w}$ 至少有一个正分量个数 $\leqslant k-1$. 为达到此要求,可取

$$\varepsilon = \min\left\{ \frac{\hat{x}_i}{|\alpha_i|} \,\middle|\, \alpha_i \neq 0,\ i \in \{1, 2, \cdots, k\} \right\},$$

且对于某个 $\alpha_l\neq 0$, $l\in\{1, 2, \cdots, k\}$ 有

$$\varepsilon = \frac{\hat{x}_l}{|\alpha_l|}.$$

这样,由 $\boldsymbol{z}, \boldsymbol{w}$ 的构造方式可知,对于 $i=k+1, \cdots, n$,有 $\hat{\boldsymbol{x}}_i=\mathbf{0}$. 而对 $i=1, 2, \cdots, k$,有

$$z_i = \hat{x}_i + \varepsilon\alpha_i = \begin{cases} \hat{x}_i + \varepsilon\alpha_i > 0, & \alpha_i \geqslant 0; \\ \hat{x}_i - \varepsilon\,|\,\alpha_i\,| \geqslant \hat{x}_i - \dfrac{\hat{x}_i}{|\alpha_i|}\,|\,\alpha_i\,| = 0, & \alpha_i < 0 \end{cases}$$

和

$$w_i = \hat{x}_i - \varepsilon\alpha_i = \begin{cases} \hat{x}_i - \varepsilon\alpha_i > 0, & \alpha_i \leqslant 0; \\ \hat{x}_i - \varepsilon\,|\,\alpha_i\,| \geqslant \hat{x}_i - \dfrac{\hat{x}_i}{|\alpha_i|}\,|\,\alpha_i\,| = 0, & \alpha_i > 0. \end{cases}$$

即可知 $\boldsymbol{z}, \boldsymbol{w}\geqslant\mathbf{0}$,于是结合式(2.17),式(2.18),有 $\boldsymbol{z}, \boldsymbol{w}\in D$. 同时,当 $\alpha_l>0$ 时有

$$w_l = \hat{x}_l - \varepsilon\alpha_l = \hat{x}_l - \frac{\hat{x}_l}{|\alpha_l|}\,|\,\alpha_l\,| = 0,$$

而当 $\alpha_l<0$ 时有

$$z_l = \hat{x}_l + \varepsilon\alpha_l = \hat{x}_l - \frac{\hat{x}_l}{|\alpha_l|}\,|\,\alpha_l\,| = 0,$$

即可知 $\boldsymbol{z}$，$\boldsymbol{w}$ 至少有一个正分量个数 $\leqslant k-1$. 最后说明 $\boldsymbol{z}$，$\boldsymbol{w}$ 都是 LP 的最优解. 注意到

$$\boldsymbol{z}-\hat{\boldsymbol{x}}=\varepsilon(\alpha_1, \cdots, \alpha_k, 0, \cdots, 0)^{\mathrm{T}}, \ \boldsymbol{w}-\hat{\boldsymbol{x}}=-\varepsilon(\alpha_1, \cdots, \alpha_k, 0, \cdots, 0)^{\mathrm{T}},$$

记 $\boldsymbol{\alpha}=(\alpha_1, \cdots, \alpha_k, 0, \cdots, 0)$，由于 $\hat{\boldsymbol{x}}$ 是 LP 的一个最优解，有 $\boldsymbol{c}^{\mathrm{T}}(\boldsymbol{z}-\hat{\boldsymbol{x}})\geqslant 0$ 和 $\boldsymbol{c}^{\mathrm{T}}(\boldsymbol{w}-\hat{\boldsymbol{x}})\geqslant 0$，从而得到 $\varepsilon\boldsymbol{c}^{\mathrm{T}}\boldsymbol{\alpha}\geqslant 0$ 和 $\varepsilon\boldsymbol{c}^{\mathrm{T}}\boldsymbol{\alpha}\leqslant 0$，而这表明 $\varepsilon\boldsymbol{c}^{\mathrm{T}}\boldsymbol{\alpha}=0$，即推知 $\boldsymbol{c}^{\mathrm{T}}(\boldsymbol{z}-\hat{\boldsymbol{x}})=0$，$\boldsymbol{c}^{\mathrm{T}}(\boldsymbol{w}-\hat{\boldsymbol{x}})=0$，从而有 $\boldsymbol{c}^{\mathrm{T}}\boldsymbol{z}=\boldsymbol{c}^{\mathrm{T}}\boldsymbol{w}=\boldsymbol{c}^{\mathrm{T}}\hat{\boldsymbol{x}}$，这就证明了 $\boldsymbol{z}$，$\boldsymbol{w}$ 都是 LP 的最优解.

以上过程表明，对某个最优解 $\hat{\boldsymbol{x}}$，若其不是基可行解，则总可找到一个新的最优解所含正分量的个数少于 $\hat{\boldsymbol{x}}$ 的正分量个数. 由于 $k\geqslant 1$，由引理 2.3.1 可知，这一过程必在有限步后终止于一个同时为基可行的最优解. 这样就证明了，若 LP 存在最优解，则必有最优基可行解.

2.3.4　线性规划基本定理证明方法的应用

上节中对于线性规划基本定理的证明方法含有很高的技巧性，主要的难点在于寻找适当的参数以构造新的可行解. 所用的递降归纳的思路的基本依据是引理 2.2.1，该引理用可行解的正分量所对应的列向量的线性无关与否来判定是否基可行解，这样就把证明纳入线性代数范围. 而证明所用的逻辑推理遵循的是一种倒向归纳法. 以证明线性规划基本定理的(i)为例，其思路是：基于引理 2.3.1，当可行解仅有一个正分量时其必为基可行解，而利用参数构造方法总可由一个正分量个数大于 1 的非基本可行解出发得到一个新的可行解，使得正分量比原来至少少一个. 这样只要可行集不空，就能归纳推断得到基可行解的集合也非空. 而应用这一推理思路于证明线性规划基本定理的(ii)时，其难点在于寻找适当的参数以构造新的可行解，且同时也是最优解. 以下运用线性规划基本定理的证明方法证明一个线性规划标准型有最优解的充分条件.

定理 2.3.2　若线性规划标准型 LP 的可行集 D 非空，且目标函数在可行集上取值的下确界为有穷的实数，则 LP 存在最优基可行解.

证明　因目标函数在非空可行集上取值的下确界为有穷的实数，令 $d=\inf\{\boldsymbol{c}^{\mathrm{T}}\boldsymbol{x}\mid \boldsymbol{x}\in D\}$，则有 $d>-\infty$，同时对任一自然数 L，存在 $\boldsymbol{x}_L\in D$，有 $d\leqslant\boldsymbol{c}^{\mathrm{T}}\boldsymbol{x}_L<d+\frac{1}{L}$. 若 $\boldsymbol{x}_L\notin E$，则按照线性规划基本定理的(ii)证法，存在非零向量 $\boldsymbol{\alpha}_L$ 和正参数 ε_L，记 $\boldsymbol{z}_L=\boldsymbol{x}_L+\varepsilon_L\boldsymbol{\alpha}_L$，$\boldsymbol{w}_L=\boldsymbol{x}_L-\varepsilon_L\boldsymbol{\alpha}_L$，有 $\boldsymbol{z}_L$，$\boldsymbol{w}_L\in D$，且 $\boldsymbol{z}_L$，$\boldsymbol{w}_L$ 中有一个向量的正分量比 $\boldsymbol{x}_L$ 少，同时有

$$d \leqslant \boldsymbol{c}^{\mathrm{T}}(\boldsymbol{x}_L \pm \varepsilon \boldsymbol{\alpha}_L) < d + \frac{1}{L} \pm \varepsilon \boldsymbol{c}^{\mathrm{T}} \boldsymbol{\alpha}_L,$$

从而有

$$|\varepsilon \boldsymbol{c}^{\mathrm{T}} \boldsymbol{\alpha}_L| \leqslant \frac{1}{L}. \tag{2.19}$$

这样可得到

$$d \leqslant \min\{\boldsymbol{c}^{\mathrm{T}} \boldsymbol{z}_L, \boldsymbol{c}^{\mathrm{T}} \boldsymbol{w}_L\} \leqslant d + \frac{1}{L} + |\varepsilon \boldsymbol{c}^{\mathrm{T}} \boldsymbol{\alpha}_L| \leqslant d + \frac{2}{L}. \tag{2.20}$$

把 $\boldsymbol{z}_L$, $\boldsymbol{w}_L$ 中正分量减少者仍记为$\boldsymbol{x}_L$. 由于决策变量空间的维数为 n, 则经过最多 $n-1$ 次上述过程,可得 $\boldsymbol{x}_L \in E$,且有

$$d \leqslant \boldsymbol{c}^{\mathrm{T}} \boldsymbol{x}_L < d + \frac{2^n}{L}. \tag{2.21}$$

于是有

$$\lim_{L \to \infty} \boldsymbol{c}^{\mathrm{T}} \boldsymbol{x}_L = d. \tag{2.22}$$

因为 E 为有限集(元素个数不多于 C_n^m), 而 $\boldsymbol{x}_L \in E$, $\forall L \in N$,所以存在 $\boldsymbol{x}_L \in E$, $\boldsymbol{c}^{\mathrm{T}} \boldsymbol{x}_L = d$,即 LP 存在最优基可行解.

2.4 线性规划标准型的规范式表示

2.4.1 代数形式

依然考虑线性规划标准型:

$$\begin{aligned} & LP-\min z = \boldsymbol{c}^{\mathrm{T}} \boldsymbol{x}, \\ & \text{s.t.}\ \boldsymbol{A}\boldsymbol{x} = \boldsymbol{b},\ \boldsymbol{x} \geqslant \boldsymbol{0}, \\ & \qquad \boldsymbol{A} \in \mathbf{R}^{m \times n},\ \operatorname{rank}(\boldsymbol{A}) = m < n,\ \boldsymbol{b} \geqslant \boldsymbol{0},\ \boldsymbol{b} \neq \boldsymbol{0}. \end{aligned} \tag{2.23}$$

选定基矩阵 $\boldsymbol{B}$ 后,$\boldsymbol{A}$ 的不在 $\boldsymbol{B}$ 中的列向量组成矩阵 $\boldsymbol{N}$. 按照 2.2 节中的记号规定,线性规划的约束条件可表示为

$$\boldsymbol{x}_S = \boldsymbol{B}^{-1}\boldsymbol{b} - \boldsymbol{B}^{-1}\boldsymbol{N}\boldsymbol{x}_T;\ \boldsymbol{x}_S,\ \boldsymbol{x}_T \geqslant \boldsymbol{0}.$$

相应的目标值可表示为

$$\boldsymbol{c}^{\mathrm{T}}\boldsymbol{x}_B=(\boldsymbol{c}_S^{\mathrm{T}},\ \boldsymbol{c}_T^{\mathrm{T}})\begin{pmatrix}\boldsymbol{x}_S\\ \boldsymbol{x}_T\end{pmatrix}=\boldsymbol{c}_S^{\mathrm{T}}\boldsymbol{x}_S+\boldsymbol{c}_T^{\mathrm{T}}\boldsymbol{x}_T=\boldsymbol{c}_S^{\mathrm{T}}\boldsymbol{B}^{-1}\boldsymbol{b}+(\boldsymbol{c}_T^{\mathrm{T}}-\boldsymbol{c}_S^{\mathrm{T}}\boldsymbol{B}^{-1}\boldsymbol{N})\boldsymbol{x}_T,$$

其中 $\boldsymbol{c}_S$，$\boldsymbol{c}_T$ 分别表示目标函数中对应 $\boldsymbol{x}_S$，$\boldsymbol{x}_T$ 的系数. 进而引入行向量

$$\boldsymbol{\sigma}=(\boldsymbol{\sigma}_S,\ \boldsymbol{\sigma}_T)=(\boldsymbol{c}_S^{\mathrm{T}}-\boldsymbol{c}_S^{\mathrm{T}}\boldsymbol{B}^{-1}\boldsymbol{B},\ \boldsymbol{c}_T^{\mathrm{T}}-\boldsymbol{c}_S^{\mathrm{T}}\boldsymbol{B}^{-1}\boldsymbol{N})=(0,\quad \boldsymbol{c}_T^{\mathrm{T}}-\boldsymbol{c}_S^{\mathrm{T}}\boldsymbol{B}^{-1}\boldsymbol{N}),$$

得到线性规划标准型 LP 的在选定基矩阵 $\boldsymbol{B}$ 后的等价表达式如下，也称为 LP 的一个 B-规范式：

$$\begin{aligned}&\min z=\boldsymbol{c}_S^{\mathrm{T}}\boldsymbol{B}^{-1}\boldsymbol{b}+\boldsymbol{\sigma}_T\boldsymbol{x}_T,\\&\text{s.t. }\ \boldsymbol{x}_S=\boldsymbol{B}^{-1}\boldsymbol{b}-\boldsymbol{B}^{-1}\boldsymbol{N}\boldsymbol{x}_T;\ \boldsymbol{x}_S,\ \boldsymbol{x}_T\geqslant\boldsymbol{0}.\end{aligned}\tag{2.24}$$

注 1：一个有用的事实是对于每个给定的基矩阵 $\boldsymbol{B}$，线性规划标准型 LP 都与 B-规范式等价. 有趣的是，对于每个 B-规范式，目标函数中不出现基变量 $\boldsymbol{x}_S$，目标值由非基变量 $\boldsymbol{x}_T$ 的取值决定.

注 2：线性规划标准型的规范表示完全由基矩阵 $\boldsymbol{B}$ 决定. 而由 $\boldsymbol{B}$ 唯一决定了一个单纯形：

$$D(\boldsymbol{B})=\left\{\boldsymbol{v}\in\mathbf{R}^m\ \middle|\ \begin{array}{l}\boldsymbol{v}=\boldsymbol{B}\boldsymbol{\lambda},\ \boldsymbol{\lambda}=(\lambda_1,\ \cdots,\ \lambda_m)^{\mathrm{T}},\\ \lambda_1+\cdots+\lambda_m\leqslant 1,\\ \lambda_1,\ \cdots,\ \lambda_m\geqslant 0\end{array}\right\}.\tag{2.25}$$

注 3：单纯形的 $\boldsymbol{B}$ 特征：$\boldsymbol{c}_S^{\mathrm{T}}\boldsymbol{B}^{-1}\boldsymbol{b}$. 要进行单纯形迭代使得 $\boldsymbol{B}$ 特征 $\boldsymbol{c}_S^{\mathrm{T}}\boldsymbol{B}^{-1}\boldsymbol{b}$ 下降.

2.4.2　矩阵形式

这一节给出 LP 的 B-规范式矩阵形式.

线性规划标准型的目标函数和约束方程有如下矩阵形式：

$$\begin{pmatrix}\boldsymbol{0} & \boldsymbol{A}\\ -1 & \boldsymbol{c}^{\mathrm{T}}\end{pmatrix}\begin{pmatrix}z\\ \boldsymbol{x}\end{pmatrix}=\begin{pmatrix}\boldsymbol{b}\\ \boldsymbol{O}\end{pmatrix}.\tag{2.26}$$

对给定的基矩阵 $\boldsymbol{B}$，上式可写成

$$\begin{pmatrix}\boldsymbol{0} & \boldsymbol{B} & \boldsymbol{N}\\ -1 & \boldsymbol{c}_S^{\mathrm{T}} & \boldsymbol{c}_T^{\mathrm{T}}\end{pmatrix}\begin{pmatrix}z\\ \boldsymbol{x}_S\\ \boldsymbol{x}_T\end{pmatrix}=\begin{pmatrix}\boldsymbol{b}\\ \boldsymbol{O}\end{pmatrix}.\tag{2.27}$$

把上式的增广系数分块矩阵进行行变换，先用 $\boldsymbol{B}^{-1}$ 左乘以第一行，再用 $-\boldsymbol{c}_S^{\mathrm{T}}$

左乘以第一行后加在第二行上，这样就由

$$\begin{pmatrix} \mathbf{0} & \boldsymbol{B} & \boldsymbol{N} & \boldsymbol{b} \\ -1 & \boldsymbol{c}_S^{\mathrm{T}} & \boldsymbol{c}_T^{\mathrm{T}} & \boldsymbol{O} \end{pmatrix} \tag{2.28}$$

变成了 B-规范式的增广系数分块矩阵形式

$$\begin{pmatrix} \mathbf{0} & \boldsymbol{I}_m & \boldsymbol{B}^{-1}\boldsymbol{N} & \boldsymbol{B}^{-1}\boldsymbol{b} \\ -1 & \boldsymbol{\sigma}_s & \boldsymbol{\sigma}_T & -\boldsymbol{c}_S^{\mathrm{T}}\boldsymbol{B}^{-1}\boldsymbol{b} \end{pmatrix}. \tag{2.29}$$

其中 $\boldsymbol{\sigma}_S=\boldsymbol{c}_S^{\mathrm{T}}-\boldsymbol{c}_S^{\mathrm{T}}\boldsymbol{B}^{-1}\boldsymbol{B}=\mathbf{0}$，$\boldsymbol{\sigma}_T=\boldsymbol{c}_T^{\mathrm{T}}-\boldsymbol{c}_S^{\mathrm{T}}\boldsymbol{B}^{-1}\boldsymbol{N}$，这里

$$\boldsymbol{\sigma}=(\boldsymbol{\sigma}_S,\boldsymbol{\sigma}_T)=\boldsymbol{c}^{\mathrm{T}}-\boldsymbol{c}_S^{\mathrm{T}}\boldsymbol{B}^{-1}\boldsymbol{A} \tag{2.30}$$

称为判别数行向量，后面将详述其在最优解判别中的关键作用.

由于

$$\begin{pmatrix} \boldsymbol{B}^{-1} & \mathbf{0} \\ -\boldsymbol{c}_S^{\mathrm{T}}\boldsymbol{B}^{-1} & 1 \end{pmatrix}\begin{pmatrix} \boldsymbol{A} & \boldsymbol{b} \\ \boldsymbol{c}^{\mathrm{T}} & \boldsymbol{O} \end{pmatrix}=\begin{pmatrix} \boldsymbol{B}^{-1}\boldsymbol{A} & \boldsymbol{B}^{-1}\boldsymbol{b} \\ \boldsymbol{\sigma} & -\boldsymbol{c}_S^{\mathrm{T}}\boldsymbol{B}^{-1}\boldsymbol{b} \end{pmatrix}, \tag{2.31}$$

称

$$\begin{pmatrix} \boldsymbol{B}^{-1} & \mathbf{0} \\ -\boldsymbol{c}_S^{\mathrm{T}}\boldsymbol{B}^{-1} & 1 \end{pmatrix}$$

为单纯形乘子矩阵. 不计增广矩阵第一列$\begin{pmatrix} \mathbf{0} \\ -1 \end{pmatrix}$，可发现 B-规范式的增广系数分块矩阵的主要部分，可用单纯形乘子矩阵左乘以标准型的增广系数分块矩阵的主要部分而得到.

2.4.3 单纯形表

由线性规划标准型的 B-规范式的增广系数分块矩阵

$$\begin{pmatrix} \mathbf{0} & \boldsymbol{I}_m & \boldsymbol{B}^{-1}\boldsymbol{N} & \boldsymbol{B}^{-1}\boldsymbol{b} \\ -1 & \boldsymbol{\sigma}_S & \boldsymbol{\sigma}_T & -\boldsymbol{c}_S^{\mathrm{T}}\boldsymbol{B}^{-1}\boldsymbol{b} \end{pmatrix},$$

不计第一列$\begin{pmatrix} \mathbf{0} \\ -1 \end{pmatrix}$，并重排列序而得到下述分块矩阵

$$\begin{pmatrix} \boldsymbol{B}^{-1}\boldsymbol{b} & \boldsymbol{I}_m & \boldsymbol{B}^{-1}\boldsymbol{N} \\ -\boldsymbol{c}_S^{\mathrm{T}}\boldsymbol{B}^{-1}\boldsymbol{b} & \boldsymbol{\sigma}_S & \boldsymbol{\sigma}_T \end{pmatrix}.$$

由此可得到与 B-规范式相对应的单纯形表：

$$\left(\begin{array}{ccc|cc} & & & \boldsymbol{c}_S & \boldsymbol{c}_T \\ \boldsymbol{c}_S & \boldsymbol{B} & \boldsymbol{B}^{-1}\boldsymbol{b} & \boldsymbol{I}_m & \boldsymbol{B}^{-1}\boldsymbol{N} \\ & & & \boldsymbol{\sigma}_S & \boldsymbol{\sigma}_T \end{array}\right).$$

例 2.4.1　考虑以下标准型线性规划

$$\begin{aligned} &\min w = -x_1 - 3x_2, \\ &\text{s.t. } x_1 + x_2 + x_3 = 6, \\ &\qquad -x_1 + 2x_2 + x_4 = 8, \\ &\qquad x_1, x_2, x_3, x_4 \geqslant 0. \end{aligned}$$

写出以 $\boldsymbol{B}=\boldsymbol{p}_3, \boldsymbol{p}_4=\begin{pmatrix}1 & 0\\0 & 1\end{pmatrix}$为可行基矩阵时的单纯形表.

解　对于所给的可行基矩阵 $\boldsymbol{B}$,以下给出矩阵形式的 B-规范式：

$$\begin{pmatrix} 0 & 1 & 0 & 1 & 1 & 6 \\ 0 & 0 & 1 & -1 & 2 & 8 \\ -1 & 0 & 0 & -1 & -3 & 0 \end{pmatrix}.$$

以下给出矩阵形式的 B-单纯形表：

$$\left(\begin{array}{ccc|cccc} \boldsymbol{c}_S & \boldsymbol{B} & \boldsymbol{b} & 0 & 0 & -1 & -3 \\ 0 & \boldsymbol{p}_3 & 6 & 1 & 0 & 1 & 1 \\ 0 & \boldsymbol{p}_4 & 8 & 0 & 1 & -1 & 2 \\ & \boldsymbol{\sigma} & & 0 & 0 & -1 & -3 \end{array}\right). \tag{2.32}$$

由式(2.32)可写出下列表格形式的 B-单纯形表(表 2-3)：

表 2-3

c_j			-1	-3	0	0
c_B	$\boldsymbol{B}$	$\boldsymbol{b}$	P_1	P_2	P_3	P_4
0	P_3	6	1	1	1	0
0	P_4	8	-1	2	0	1
σ_j			1	-3	0	0

2.5 单纯形法

2.5.1 单纯形法基本思想

线性规划基本定理表明，若问题有解，则可在基可行解集中找最优解，由于基可行解集是一个有限集，与在整个可行集上找最优解相比较，这样就显著地缩小了优化工作的范围，有助于较快并较精准地求得最优解. 虽然基可行解集是一个有限集，但是其数量因题而异，给出全部基可行解并比较对应的目标值一般也是不现实的. 数学优化过程的基本想法是建立一个在基可行解集上目标值下降的机制，这样，在一个有限集上可较快并较精准地求得最优解. 但是这个下降过程的运作取决于合理的由给定基可行解计算下一个基可行解的算法. 由于基可行解由可行基矩阵决定，而每个可行基矩阵对应一个单纯形，这样这个下降过程就有望通过在代数上的可行基变换中实现，在拓扑学上是相应的单纯形变换. 而正如前节所述，由一个可行基所决定的单纯形可以表示为一个表格，称为单纯形表. 这样，代数上的矩阵变换或单纯形的拓扑变换就可由一个初等的易操作的表格变换加以实现. 这就是求解线性规划的单纯形法的基本思想.

2.5.2 初始可行基

在讨论线性规划的求解时，利用标准型的矩阵形式显然较为方便而简洁. 假设原问题的数学模型是

$$\begin{aligned}&\min z = \boldsymbol{c}^{\mathrm{T}}\boldsymbol{x},\\&\text{s. t. } \boldsymbol{A}\boldsymbol{x} \leqslant \boldsymbol{b},\ \boldsymbol{x} \geqslant \boldsymbol{0},\end{aligned}$$

则可转化为与原问题等价的标准型：

$$\begin{aligned}&LP - \min z = \boldsymbol{c}^{\mathrm{T}}\boldsymbol{x},\\&\text{s. t. } \boldsymbol{A}\boldsymbol{x} + \boldsymbol{I}\boldsymbol{y} = \boldsymbol{b},\ \boldsymbol{x} \geqslant \boldsymbol{0},\ \boldsymbol{y} \geqslant \boldsymbol{0}.\end{aligned}$$

其中，$\boldsymbol{I}$ 为 m 阶恒等矩阵，$\boldsymbol{y} \in \mathbf{R}^m$ 是松弛变向量. 若 $\boldsymbol{b} \geqslant \boldsymbol{0}$，这种形式的标准型明显给出一个可行基 $\boldsymbol{B} = \boldsymbol{I}$，可作为单纯形法初始可行基矩阵. 对于一般的线性规划

$$\begin{aligned}&LP - \min z = \boldsymbol{c}^{\mathrm{T}}\boldsymbol{x},\\&\text{s. t. } \boldsymbol{A}\boldsymbol{x} = \boldsymbol{b},\ \boldsymbol{x} \geqslant \boldsymbol{0}.\end{aligned} \tag{2.33}$$

若 $\boldsymbol{b} \geqslant \boldsymbol{0}$，是否也可转而考虑如下的线性规划呢：

$$\min z = \boldsymbol{c}^{\mathrm{T}}\boldsymbol{x},$$
$$\text{s.t. } \boldsymbol{Ax}+\boldsymbol{Iy}=\boldsymbol{b},\ \boldsymbol{x}\geqslant\boldsymbol{0},\ \boldsymbol{y}\geqslant\boldsymbol{0}. \tag{2.34}$$

显然线性规划(2.33)与线性规划(2.34)并不等价，$\boldsymbol{y}\in\mathbf{R}^m$ 是人工变向量. 但线性规划(2.34)明显给出了一个可行基 $\boldsymbol{B}=\boldsymbol{I}$. 为了利用这一优越性，可对目标函数进行一定的数学处理，而得到稍后要讲的所谓大 M 单纯形法和二阶段单纯形法.

2.5.3　可行基矩阵变换

记 $\boldsymbol{A}=(\boldsymbol{p}_1,\cdots,\boldsymbol{p}_n)$，设 $\boldsymbol{B}=(\boldsymbol{p}_{i_1},\cdots,\boldsymbol{p}_{i_m})$ 为一个可行基矩阵，由可行性准则有，$\boldsymbol{B}^{-1}\boldsymbol{b}\geqslant\boldsymbol{0}$. 记 $\boldsymbol{x}$ 为相应的基可行解，则有 $\boldsymbol{x}_S=\boldsymbol{B}^{-1}\boldsymbol{b}$，$\boldsymbol{x}_T=\boldsymbol{0}$. 考虑由 $\boldsymbol{B}$ 得到另一个可行基矩阵 $\bar{\boldsymbol{B}}$. 这是单纯形算法结构的基本要素，单纯形算法由有限步这样的可行基矩阵变换组成. 按照单纯形法，要把 $\boldsymbol{B}=(\boldsymbol{p}_{i_1},\cdots,\boldsymbol{p}_{i_m})$ 的某个列向量改由 $\boldsymbol{N}=(\boldsymbol{p}_{j_1},\cdots,\boldsymbol{p}_{j_{n-m}})$ 中的一个列向量来替换而形成 $\bar{\boldsymbol{B}}$，要求：① $\bar{\boldsymbol{B}}$ 可逆；② $\bar{\boldsymbol{B}}^{-1}\boldsymbol{b}\geqslant\boldsymbol{0}$；③ $\boldsymbol{c}_S^{\mathrm{T}}\boldsymbol{B}^{-1}\boldsymbol{b}\geqslant\bar{\boldsymbol{c}}_S^{\mathrm{T}}\bar{\boldsymbol{B}}^{-1}\boldsymbol{b}$. 这里，①，②两点要求保证所得到的 $\bar{\boldsymbol{B}}$ 是一个新的可行基矩阵，③是要求在变换后关于基可行解的目标值不增. 假设 $i_l\in S$，$j_k\in T$，$\boldsymbol{P}_{i_l}$ 与 $\boldsymbol{P}_{j_k}$ 对换，$\boldsymbol{B}=(\boldsymbol{p}_{i_1},\cdots,\boldsymbol{p}_{i_m})$ 就变换成

$$\bar{\boldsymbol{B}}=(\boldsymbol{p}_{i_1},\cdots,\boldsymbol{p}_{i_{l-1}},\boldsymbol{p}_{j_k},\boldsymbol{p}_{i_{l+1}},\cdots,\boldsymbol{p}_{i_m}).$$

得到矩阵

$$\boldsymbol{B}^{-1}\bar{\boldsymbol{B}}=(\boldsymbol{e}_1,\cdots,\boldsymbol{e}_{l-1},\boldsymbol{B}^{-1}\boldsymbol{p}_{j_k},\boldsymbol{e}_{l+1},\cdots,\boldsymbol{e}_m).$$

记 $\boldsymbol{B}^{-1}\boldsymbol{P}_{j_k}$ 的第 l 个分量为 a'_{lk}. 容易看到，$\boldsymbol{B}^{-1}\bar{\boldsymbol{B}}$ 可逆的充要条件是 $a'_{lk}\neq 0$，于是得到以下命题.

命题 2.5.1　$\bar{\boldsymbol{B}}$ 是一个新的可行基矩阵的充要条件是 $\boldsymbol{B}^{-1}\boldsymbol{p}_{j_k}$ 的第 l 个分量非零且 $\bar{\boldsymbol{B}}^{-1}\boldsymbol{b}\geqslant\boldsymbol{0}$.

注：若不考虑可行性要求，只要 $\boldsymbol{B}^{-1}\boldsymbol{p}_{j_k}$ 的第 l 个分量非零，按上述方式由基矩阵 $\boldsymbol{B}$ 得到的矩阵 $\bar{\boldsymbol{B}}$ 也是可逆的.

2.5.4　一般规范式变换公式

以下是单纯形法的一般基变换公式，相当于线性代数中的线性方程组的行变换过程，同时说明了如何由 $\boldsymbol{B}$-规范式写出 $\bar{\boldsymbol{B}}$-规范式(在下述变换中未考虑保持基矩阵的可行性).

约束方程变换(为下标表示简单起见，不妨设 $S=\{1,2,\cdots,m\}$，$T=\{m+1,\cdots,n\}$)：

记 $\boldsymbol{B}^{-1}\boldsymbol{b}=(b'_1,\cdots,b'_m)$，$\boldsymbol{B}^{-1}\boldsymbol{N}=(a'_{ij})_{S\times T}$，约束方程 $\boldsymbol{x}_S=\boldsymbol{B}^{-1}\boldsymbol{b}-\boldsymbol{B}^{-1}\boldsymbol{N}\boldsymbol{x}_T$ 的

分量表达式为 $x_i = b'_i - \sum_{j\in T} a'_{ij} x_j$，$i \in S$. 若对某对下标 $(k, l) \in T\times S$，$a'_{lk} \neq 0$，由第 l 个方程得到非基变量 x_k 的表达式

$$x_k = \frac{b'_l}{a'_{lk}} - \sum_{j\in T,\ j\neq k} \frac{a'_{lj}}{a'_{lk}} x_j - \frac{x_l}{a'_{lk}}, \tag{2.35}$$

并代入其他诸约束方程后得到

$$x_i = \left(b'_i - \frac{b'_l}{a'_{lk}} a'_{ik}\right) - \sum_{j\in T,\ j\neq k} \left(a'_{ij} - \frac{a'_{lj}}{a'_{lk}} a'_{ik}\right) x_j - \left(\frac{-a'_{ik}}{a'_{lk}}\right) x_l,\ i \in S\backslash\{l\}. \tag{2.36}$$

由式(2.35)，式(2.36)得到一个新基矩阵 $\bar{\boldsymbol{B}}$-规范式的约束方程组：

$$x_i = b''_i - \sum_{j\in \bar{T}} a''_{ij} x_j,\ i \in \bar{S},$$

其中 $\bar{S} = S \cup \{k\}\backslash\{l\}$，$\bar{T} = T \cup \{l\}\backslash\{k\}$，同时有以下变换公式：

$$\begin{cases} b''_i = b'_i - \dfrac{b'_l}{a'_{lk}} a'_{ik},\ i \in \bar{S}\backslash\{k\}, \\ b''_k = \dfrac{b'_l}{a'_{lk}}. \end{cases} \tag{2.37}$$

$$\begin{cases} a''_{ij} = a'_{ij} - \dfrac{a'_{lj}}{a'_{lk}} a'_{ik}, & i \in \bar{S}\backslash\{k\},\ j \in \bar{T}\backslash l, \\ a''_{il} = \dfrac{-a'_{ik}}{a'_{lk}}, & i \in \bar{S}\backslash\{k\}. \end{cases} \tag{2.38}$$

$$\begin{cases} a''_{kj} = \dfrac{a'_{lj}}{a'_{lk}},\ j \in \bar{T}\backslash l, \\ a''_{kl} = \dfrac{1}{a'_{lk}}. \end{cases} \tag{2.39}$$

目标值和判别数变换：

在式(2.37)，式(2.38)，式(2.39)的变换下，目标函数有如下表达式：

$$\begin{aligned} \boldsymbol{c}^{\mathrm{T}}\boldsymbol{x} &= \boldsymbol{c}_S^{\mathrm{T}}\boldsymbol{B}^{-1}\boldsymbol{b} + \sum_{j\in T} \sigma_j x_j \\ &= \boldsymbol{c}_S^{\mathrm{T}}\boldsymbol{B}^{-1}\boldsymbol{b} + \sum_{j\in T\backslash k} \sigma_j x_j + \sigma_k \left(\frac{b'_l}{a'_{lk}} - \sum_{j\in T,\ j\neq k} \frac{a'_{lj}}{a'_{lk}} x_j - \frac{x_l}{a'_{lk}}\right) \\ &= \left(\boldsymbol{c}_S^{\mathrm{T}}\boldsymbol{B}^{-1}\boldsymbol{b} + \sigma_k \frac{b'_l}{a'_{lk}}\right) + \sum_{j\in T\backslash k} \left(\sigma_j - \frac{a'_{lj}}{a'_{lk}} \sigma_k\right) x_j - \frac{\sigma_k}{a'_{lk}} x_l. \end{aligned}$$

这样在新基矩阵 $\bar{\boldsymbol{B}}$-规范式中

$$\begin{aligned} &\boldsymbol{c}_{\bar{S}}^{\mathrm{T}}\bar{\boldsymbol{B}}^{-1}\boldsymbol{b}=\boldsymbol{c}_{S}^{\mathrm{T}}\boldsymbol{B}^{-1}\boldsymbol{b}+\boldsymbol{\sigma}_k\frac{b'_l}{a'_{lk}}, \\ &\bar{\sigma}_j=\sigma_j-\frac{a'_{lj}}{a'_{lk}}\sigma_k, j\in T\backslash\{k\}, \\ &\bar{\sigma}_l=-\frac{\sigma_k}{a'_{lk}}. \end{aligned} \tag{2.40}$$

上述过程就在选定某对下标$(k, l)\in T\times S$，$a'_{lk}\neq 0$ 后得到新的基矩阵 $\bar{B}$，其规范式如下：

$$\begin{aligned} &\min z=\bar{f}_0+\sum_{j\in\bar{T}}\bar{\sigma}_j x_j, \\ &\text{s. t. } x_i=b''_i-\sum_{j\in\bar{T}}a''_{ij}x_j,\ i\in\bar{S}, \\ &\qquad \boldsymbol{x}\geqslant\boldsymbol{0},\ \bar{S}=S\cup\{k\}\backslash\{l\},\ \bar{T}=T\cup\{l\}\backslash\{k\}. \end{aligned}$$

从式(2.37)—式(2.40)可知，由 $\boldsymbol{B}$-单纯形表形成 $\bar{\boldsymbol{B}}$-单纯形表，其实就是选定主元 a'_{lk}后对 $\boldsymbol{B}$ 单纯形表的主干部分

$$\left(\begin{array}{c|cc} \boldsymbol{B}^{-1}\boldsymbol{b} & \boldsymbol{I}_m & \boldsymbol{B}^{-1}\boldsymbol{N} \\ & \boldsymbol{\sigma}_S & \boldsymbol{\sigma}_T \end{array}\right)$$

进行行变换后得到如下 $\bar{\boldsymbol{B}}$-单纯形表

$$\left(\begin{array}{c|cc} & \boldsymbol{c}_{\bar{S}} & \boldsymbol{c}_{\bar{T}} \\ \boldsymbol{c}_{\bar{s}}\quad\bar{\boldsymbol{B}}\quad\bar{\boldsymbol{B}}^{-1}\quad\boldsymbol{b} & \boldsymbol{I}_m & \bar{\boldsymbol{B}}^{-1}\boldsymbol{N} \\ & \bar{\boldsymbol{\sigma}}_{\bar{S}} & \bar{\boldsymbol{\sigma}}_{\bar{T}''} \end{array}\right).$$

2.5.5　单纯形迭代

为下标表示简单起见，对于给定基矩阵继续不妨设 $S=\{1, 2, \cdots, m\}$，$T=\{m+1, \cdots, n\}$.

在选定可行基矩阵 $\boldsymbol{B}$ 后，问题是如何选择非零主元 a'_{lk}. 按单纯形法基变换方式(见 2.5.3 节)，若选择$(l, k)\in S\times T$，使得 $\boldsymbol{B}^{-1}\boldsymbol{p}_k$ 的第 l 个分量非零，则可保证所得到的新矩阵 $\bar{\boldsymbol{B}}$ 是可逆的，即也是一个基矩阵. 但是仍然有一个 $\bar{\boldsymbol{B}}$ 是否为可行基矩阵的问题，即是否有 $\bar{\boldsymbol{B}}^{-1}\boldsymbol{b}\geqslant\boldsymbol{0}$？稍后将证明，在选定 $k\in T$ 后，只要能选到 $l\in S$，使得 $a'_{lk}>0$，则可保证新基矩阵 $\bar{\boldsymbol{B}}$ 是可行的. 单纯形法的换基过程是先选择 $k\in T$，再选择 $l\in S$，用 $\boldsymbol{p}_k$ 替换$\boldsymbol{B}$ 的列向量 $\boldsymbol{p}_l$，以得到新矩阵 $\bar{\boldsymbol{B}}$. 以下几个定理依次

说明，选定 $k\in T$ 的依据，以及为什么在原问题有最优解（即所做工作是有意义的）的情况下，必可选到 $l\in S$，使得 $a'_{lk}>0$，从而保证新基矩阵 $\bar{\boldsymbol{B}}$ 是可行的. 这正是单纯形法迭代的关键所在，也是单纯形法的精妙之处.

定理 2.5.1 设 $\boldsymbol{B}$ 是可行基矩阵，若相应的判别数向量 $\boldsymbol{\sigma}\geqslant\boldsymbol{0}$，则相应的基可行解 $\boldsymbol{x}^*$ 为线性规划的最优解，其对应基变量的取值 $\boldsymbol{x}_S^*=\boldsymbol{B}^{-1}\boldsymbol{b}$，而 $\boldsymbol{x}_T^*=\boldsymbol{0}$，另外相应的 $\boldsymbol{B}$ 特征 $\boldsymbol{c}_S^{\mathrm{T}}\boldsymbol{B}^{-1}\boldsymbol{b}$ 为线性规划的最优值.

证明 对于任意的 $\boldsymbol{x}\in D$，由于 $\boldsymbol{x}\geqslant\boldsymbol{0}$，$\boldsymbol{\sigma}\geqslant\boldsymbol{0}$，有

$$\boldsymbol{c}^{\mathrm{T}}\boldsymbol{x}=\boldsymbol{c}_S^{\mathrm{T}}\boldsymbol{B}^{-1}\boldsymbol{b}+\sum_{j\in T}\sigma_j x_j\geqslant\boldsymbol{c}_S^{\mathrm{T}}\boldsymbol{B}^{-1}\boldsymbol{b},\tag{2.41}$$

另一方面，因 $\boldsymbol{x}_T^*=\boldsymbol{0}$，有

$$\boldsymbol{c}^{\mathrm{T}}\boldsymbol{x}^*=\boldsymbol{c}_S^{\mathrm{T}}\boldsymbol{B}^{-1}\boldsymbol{b}+\sum_{j\in T}\sigma_j x_j^*=\boldsymbol{c}_S^{\mathrm{T}}\boldsymbol{B}^{-1}\boldsymbol{b}.\tag{2.42}$$

所以，$\boldsymbol{c}^{\mathrm{T}}\boldsymbol{x}\geqslant\boldsymbol{c}^{\mathrm{T}}\boldsymbol{x}^*$，$\forall\,\boldsymbol{x}\in D$，即 $\boldsymbol{x}^*$ 为线性规划的最优解. 另外，式(2.42)表明 $\boldsymbol{c}_S^{\mathrm{T}}\boldsymbol{B}^{-1}\boldsymbol{b}$ 为线性规划的最优值.

定理 2.5.2 设 $\boldsymbol{B}$ 是可行基矩阵，即 $\boldsymbol{B}^{-1}\boldsymbol{b}\geqslant\boldsymbol{0}$，若对某个 $k\in T$，$\sigma_k<0$，但是有 $\boldsymbol{B}^{-1}\boldsymbol{p}_k\leqslant\boldsymbol{0}$（$\boldsymbol{p}_k$ 是 $\boldsymbol{A}$ 的不在 $\boldsymbol{B}$ 中的一个列向量），则 LP 无解.

证明 记 $\boldsymbol{B}^{-1}\boldsymbol{p}_k=(a'_{1k},\cdots,a'_{mk})^{\mathrm{T}}$，$\boldsymbol{B}^{-1}\boldsymbol{b}=(b'_1,\cdots,b'_m)$. 由 $(\boldsymbol{B}^{-1}\boldsymbol{p}_1,\cdots,\boldsymbol{B}^{-1}\boldsymbol{p}_m)=\boldsymbol{B}^{-1}\boldsymbol{B}=\boldsymbol{I}$，
有下列表达式

$$b'_1\boldsymbol{B}^{-1}\boldsymbol{p}_1+\cdots+b'_m\boldsymbol{B}^{-1}\boldsymbol{p}_m=\boldsymbol{B}^{-1}\boldsymbol{B}\boldsymbol{B}^{-1}\boldsymbol{b}=\boldsymbol{B}^{-1}\boldsymbol{b},\tag{2.43}$$

$$a'_{1k}\boldsymbol{B}^{-1}\boldsymbol{p}_1+\cdots+a'_{mk}\boldsymbol{B}^{-1}\boldsymbol{p}_m=\boldsymbol{B}^{-1}\boldsymbol{p}_k.\tag{2.44}$$

对任给的正数 λ，定义 n 维向量 $\boldsymbol{x}_\lambda$ 如下：对于 S 中序号 $i=1,2,\cdots,m$，令 $x_\lambda^{(i)}=b'_i-\lambda a'_{ik}$，而对于 T 中序号 $j=m+1,\cdots,k-1,k+1,\cdots,n$，令 $x_\lambda^{(j)}=0$，但是令 $x_\lambda^{(k)}=\lambda$. 由式(2.43)，式(2.44)得到

$$(b'_1-\lambda a'_{1k})\boldsymbol{B}^{-1}\boldsymbol{p}_1+\cdots+(b'_m-\lambda a'_{mk})\boldsymbol{B}^{-1}\boldsymbol{p}_m+\lambda\boldsymbol{B}^{-1}\boldsymbol{p}_k=\boldsymbol{B}^{-1}\boldsymbol{b}.\tag{2.45}$$

在式(2.45)两边左乘 $\boldsymbol{B}^{-1}$，得到

$$(b'_1-\lambda a'_{1k})\boldsymbol{p}_1+\cdots+(b'_m-\lambda a'_{mk})\boldsymbol{p}_m+\lambda\boldsymbol{p}_k=\boldsymbol{b}.\tag{2.46}$$

上式表明 $\boldsymbol{A}\boldsymbol{x}_\lambda=\boldsymbol{b}$，又因 $a'_{ik}\leqslant0$，$b'_i\geqslant0$，$i=1,2,\cdots,m$，$\lambda>0$，可知 $\boldsymbol{x}_\lambda\geqslant\boldsymbol{0}$. 所以对于 $\forall\lambda>0$，$\boldsymbol{x}_\lambda\in D$. 但是当 $\lambda\to\infty$ 时，因 $\sigma_k<0$，有

$$\boldsymbol{c}^{\mathrm{T}}\boldsymbol{x}_\lambda=\boldsymbol{c}_S^{\mathrm{T}}\boldsymbol{B}^{-1}\boldsymbol{b}+\sum_{j\neq k}\sigma_j 0+\sigma_k\lambda=\boldsymbol{c}_S^{\mathrm{T}}\boldsymbol{B}^{-1}\boldsymbol{b}+\sigma_k\lambda\to-\infty.$$

这表明目标值在可行集上无下界，所以 LP 无解.

按照第 2.5.3 节所述，单纯形法的每次可行基矩阵 $\boldsymbol{B}$ 的迭代变换，是选择一个适当的非基变量对应的列向量去替换一个 B 的适当的列向量，而形成新的可行基矩阵 $\bar{\boldsymbol{B}}$. 如何把握这两个“适当”? 就要依据以上两个定理来给出选择的准则，同时决定选择这两个列向量的次序. 以下讲这一可行基矩阵迭代变换过程.

当选定可行基矩阵 $\boldsymbol{B}$，即满足 $\boldsymbol{B}^{-1}\boldsymbol{b}\geqslant\boldsymbol{0}$，选择主元 a'_{lk} 相当于选择 $k\in T, l\in S$，当然首先要求满足 $a'_{lk}\neq 0$，这保证所得到新矩阵 $\bar{\boldsymbol{B}}$ 是可逆的(命题 2.5.1). 以下首先选择 $k\in T$，而后再选择 $l\in S$.

要求 $\sigma_k<0$，若找不到，则由定理 2.5.1 可知，相应于 $\boldsymbol{B}$ 的基可行解已经为线性规划的最优解. 进而若 $\boldsymbol{B}^{-1}\boldsymbol{p}_k\leqslant\boldsymbol{0}$($\boldsymbol{p}_k$ 是 $\boldsymbol{A}$ 的不在 $\boldsymbol{B}$ 中的一个列向量)，则由定理 2.5.2 可知，LP 无解. 一般选择 $\sigma_k=\min\{\sigma_j\mid\sigma_j<0,\ j\in T\}$，此时若 LP 有解，则必存在 $i\in S=\{1,\ 2,\ \cdots,\ m\}$，使得 $a'_{ik}>0$. 至此可确定 $\boldsymbol{p}_k$ 为构成新基矩阵 $\bar{\boldsymbol{B}}$ 的列向量. 接下来要选择 $l\in S$，确定 $\boldsymbol{B}$ 的列向量 $\boldsymbol{p}_l$，它将被 $\boldsymbol{p}_k$ 所替换后形成新基矩阵 $\bar{\boldsymbol{B}}$，值得注意的是，这一过程中 $\boldsymbol{B}$ 的其他列向量不变. 选择 $l\in S$ 时，在主元非零的大前提下，要求确保所得到的新基矩阵 $\bar{\boldsymbol{B}}$ 满足，$\bar{\boldsymbol{B}}^{-1}\boldsymbol{b}\geqslant\boldsymbol{0}$，即 $\bar{\boldsymbol{B}}$ 仍为一个可行基矩阵. 以下定理给出了确定 $l\in S$ 的方法.

定理 2.5.3　在按上述选定 $k\in T$ 后，若选择 $l\in S$ 使得 $a'_{lk}>0$ 并满足

$$\frac{b'_l}{a'_{lk}}=\min\left\{\frac{b'_i}{a'_{ik}}\,\middle|\,a'_{ik}>0,\ i\in S\right\},\tag{2.47}$$

则 $\boldsymbol{B}$ 的列向量 $\boldsymbol{p}_l$ 被 $\boldsymbol{p}_k$ 所替换后形成的新基矩阵 $\bar{\boldsymbol{B}}$ 满足 $\bar{\boldsymbol{B}}^{-1}\boldsymbol{b}\geqslant\boldsymbol{0}$.

证明　只须证明，这样选定 $a'_{lk}>0$，按第 2.5.3 节所述的单纯形法的迭代变换由可行基矩阵 $\boldsymbol{B}$ 得到的新基矩阵 $\bar{\boldsymbol{B}}$，满足 $\bar{\boldsymbol{B}}^{-1}\boldsymbol{b}\geqslant\boldsymbol{0}$. 由第 2.5.4 节给出的系数变换公式，$\bar{\boldsymbol{B}}^{-1}\boldsymbol{b}\geqslant\boldsymbol{0}$ 等价于

$$\begin{cases}b''_i=b'_i-\dfrac{b'_l}{a'_{lk}}a'_{ik}\geqslant 0,\ i\in\bar{S}\backslash\{k\},\\[2ex] b''_k=\dfrac{b'_l}{a'_{lk}}\geqslant 0.\end{cases}$$

由于 $b'_l\geqslant 0$，$a'_{lk}>0$，以上第二式的要求是自然满足的，即总有 $b''_k\geqslant 0$. 要使以上第一式得以满足，分两种情况进行讨论：

情形(i)：$i\in\bar{S}\backslash k$，$a'_{ik}\leqslant 0$. 由于 $b'_i\geqslant 0$，$b'_l\geqslant 0$，$a'_{lk}>0$，这一情形下有

$$b''_i=b'_i+\frac{b'_l}{a'_{lk}}(-a'_{ik})\geqslant 0.$$

情形(ii)：$i \in \bar{S}\backslash k, a'_{ik}>0$. 此时 $b'_i-\frac{b'_l}{a'_{lk}}a'_{ik} \geqslant 0=b'_i-\frac{b'_i}{a'_{lk}}a'_{ik}$ 等价于 $\frac{b'_l}{a'_{lk}}a'_{ik} \leqslant \frac{b'_i}{a'_{ik}}a'_{ik}$. 因在此情形 $a'_{ik}>0$,所以 $b'_i-\frac{b'_l}{a'_{lk}}a'_{ik} \geqslant 0$ 等价于 $\frac{b'_l}{a'_{lk}} \leqslant \frac{b'_i}{a'_{ik}}$. 由于已选定 $l \in S$ 使得 $a'_{lk}>0$ 并满足

$$\frac{b'_l}{a'_{lk}}=\min\left\{\frac{b'_i}{a'_{ik}} \middle| a'_{ik}>0,\ i \in S\right\},$$

所以对 $i \in \bar{S}\backslash k, a'_{ik}>0$,有 $\frac{b'_l}{a'_{lk}} \leqslant \frac{b'_i}{a'_{ik}}$,从而满足 $b'_i-\frac{b'_l}{a'_{lk}}a'_{ik} \geqslant 0$.

至此这一可行基矩阵变换过程宣告完成.

以下说明,单纯形法迭代中,随着可行基矩阵的变换,相应的基可行解处的目标值,即所谓的 $\boldsymbol{B}$-特征 $\boldsymbol{c}_S^{\mathrm{T}}\boldsymbol{B}^{-1}\boldsymbol{b}$,是单调下降的.

定理 2.5.4 设 $\boldsymbol{B}$ 是可行基矩阵,即 $\boldsymbol{B}^{-1}\boldsymbol{b} \geqslant \boldsymbol{0}$,若对某个 $k \in T, \sigma_k<0$,存在 $l \in S$,使得 $a'_{lk}>0$,则按以上基矩阵变换方法得到的新基矩阵 $\bar{\boldsymbol{B}}$ 必为可行基矩阵,即有 $\bar{\boldsymbol{B}}^{-1}\boldsymbol{b} \geqslant \boldsymbol{0}$,且有 $\boldsymbol{c}_{\bar{S}}^{\mathrm{T}}\bar{\boldsymbol{B}}^{-1}\boldsymbol{b} \leqslant \boldsymbol{c}_S^{\mathrm{T}}\boldsymbol{B}^{-1}\boldsymbol{b}$.

证明 由于上述选择离基列向量 $\boldsymbol{p}_l$ 的准则确保 $\bar{\boldsymbol{B}}^{-1}\boldsymbol{b} \geqslant \boldsymbol{0}$,所以按以上基矩阵变换方法得到的新基矩阵 $\bar{\boldsymbol{B}}$ 必为可行基矩阵. 另一方面,记 $\hat{\boldsymbol{x}}$ 为相应于新基矩阵 $\bar{\boldsymbol{B}}$ 的基可行解,则由 $\bar{\boldsymbol{B}}$-规范式的目标函数值表达式有

$$\boldsymbol{c}^{\mathrm{T}}\hat{\boldsymbol{x}}=\boldsymbol{c}_{\bar{S}}^{\mathrm{T}}\bar{\boldsymbol{B}}^{-1}\boldsymbol{b}, \tag{2.48}$$

而 $\boldsymbol{B}$-特征为 $\boldsymbol{c}_S^{\mathrm{T}}\boldsymbol{B}^{-1}\boldsymbol{b}$,及在 $\boldsymbol{B}$-规范式中有 $\boldsymbol{c}^{\mathrm{T}}\hat{\boldsymbol{x}}=\boldsymbol{c}_S^{\mathrm{T}}\boldsymbol{B}^{-1}\boldsymbol{b}+\boldsymbol{\sigma}_T\hat{\boldsymbol{x}}_T$. 注意到 $\bar{T}=T \cup \{l\}\backslash\{k\}$,所以当 $\nu \in T\backslash k$ 时 $\hat{\boldsymbol{x}}_v=\boldsymbol{0}$. 这样就有

$$\boldsymbol{c}^{\mathrm{T}}\hat{\boldsymbol{x}}=\boldsymbol{c}_S^{\mathrm{T}}\boldsymbol{B}^{-1}\boldsymbol{b}+\boldsymbol{\sigma}_k\hat{\boldsymbol{x}}_k. \tag{2.49}$$

由于 $\boldsymbol{\sigma}_k<0$, $\hat{\boldsymbol{x}}_k \geqslant \boldsymbol{0}$,所以 $\boldsymbol{\sigma}_k\hat{\boldsymbol{x}}_k \leqslant \boldsymbol{0}$. 这样由式(2.48),式(2.49)得到

$$\boldsymbol{c}_{\bar{S}}^{\mathrm{T}}\bar{\boldsymbol{B}}^{-1}\boldsymbol{b}=\boldsymbol{c}_S^{\mathrm{T}}\boldsymbol{B}^{-1}\boldsymbol{b}+\boldsymbol{\sigma}_k\hat{\boldsymbol{x}}_k \leqslant \boldsymbol{c}_S^{\mathrm{T}}\boldsymbol{B}^{-1}\boldsymbol{b}.$$

注 1:在理想的情况下(在绝大多数实际问题中),单纯形迭代满足非退化规律,即所有可行基矩阵产生的基可行解是非退化的,换言之,对任一可行基矩阵 $\boldsymbol{B}$,有 $\boldsymbol{B}^{-1}\boldsymbol{b}>\boldsymbol{0}$. 这样,在非退化条件下,以上结论可表述为,单纯形变换下可行基的特征是严格单调下降的. 具体而言,在以上证明中,注意到 $\hat{\boldsymbol{x}}_k$ 其实是与新可行基矩阵 $\bar{\boldsymbol{B}}$ 相应的基变量的取值,由于非退化条件,有 $\hat{\boldsymbol{x}}_k>\boldsymbol{0}$. 这样就有 $\boldsymbol{\sigma}_k\hat{\boldsymbol{x}}_k<\boldsymbol{0}$,从而由以上定理证明的最后一行得到

$$\boldsymbol{c}_{\bar{S}}^{\mathrm{T}}\bar{\boldsymbol{B}}^{-1}\boldsymbol{b}=\boldsymbol{c}_S^{\mathrm{T}}\boldsymbol{B}^{-1}\boldsymbol{b}+\boldsymbol{\sigma}_k\hat{\boldsymbol{x}}_k<\boldsymbol{c}_S^{\mathrm{T}}\boldsymbol{B}^{-1}\boldsymbol{b}.$$

注 2：在非退化情形，由于基矩阵数量小于 C_n^m，由单纯形变换得到的规范式目标值序列时严格单调下降的，这样在线性规划基本定理的担保下，若原问题有解，则必可经有限步到达最优解.

2.5.6　单纯形可行基矩阵变换算法结构

这一节总结以上关于单纯形法过程，形成一个可操作的算法.

第 1 步：对于可行基 $\boldsymbol{B}$ 建立单纯表(不妨表示为)

$$\left(\boldsymbol{c}_S \quad \boldsymbol{B} \quad \boldsymbol{B}^{-1}\boldsymbol{b}\left|\begin{matrix}\boldsymbol{I}_m & \boldsymbol{B}^{-1}\boldsymbol{N}\\ 0 & \boldsymbol{\sigma}_T\end{matrix}\right|^{\theta}\right).$$

其中，$\boldsymbol{\sigma}_T=\boldsymbol{c}_T^{\mathrm{T}}-\boldsymbol{c}_S^{\mathrm{T}}\boldsymbol{B}^{-1}\boldsymbol{N}$. 若 $\boldsymbol{\sigma}_T\geqslant\boldsymbol{0}$，宣布与可行基 $\boldsymbol{B}$ 对应的基可行解为原问题的最优解；又引入 $\theta=\left(\dfrac{b_i'}{a_{ik}'}\right)_{i\in S,\ a_{ik}'>0}$ 备用.

第 2 步：取 $\boldsymbol{\sigma}_k=\min\{\sigma_j\,|\,\sigma_j<0,\ j\in T\}$，若 $\boldsymbol{B}^{-1}\boldsymbol{p}_k\leqslant\boldsymbol{0}$，宣布原问题无解，否则，确定 $\boldsymbol{p}_k$ 为构成新基矩阵 $\bar{\boldsymbol{B}}$ 的列向量. 由 $\min\left\{\dfrac{b_i'}{a_{ik}'}\,\middle|\,a_{ik}'>0,\ i\in S\right\}$ 决定从 S 中行将剔除的下标 l，确定 $\boldsymbol{B}$ 的列向量 $\boldsymbol{p}_l$，它将被 $\boldsymbol{p}_k$ 所替换后形成新基矩阵 $\bar{\boldsymbol{B}}$. 同时决定主元 $a_{lk}'>0$，使得 $\dfrac{b_l'}{a_{lk}'}=\min\left\{\dfrac{b_i'}{a_{ik}'}\,|\,a_{ik}'>0,\ i\in S\right\}$($l$ 可能不唯一，可任选取一个).

第 3 步：以 $a_{lk}'>0$ 为主元，对第 1 步单纯表中的主干分块矩阵

$$\left(\boldsymbol{B}^{-1}\boldsymbol{b}\left|\begin{matrix}\boldsymbol{I}_m & \boldsymbol{B}^{-1}\boldsymbol{N}\\ 0 & \boldsymbol{\sigma}_T\end{matrix}\right.\right)$$

进行行变换，使得在第 k 列上，除了 a_{lk}' 变成数字 1 外，第 k 列上的其他元素为 0. 而主干分块矩阵的第一列中的无元素显示部分不参与这一行变换. 这一行变换就是执行了 2.5.4 节中的规范式变换公式(2.37)，(2.38)，(2.39). 得到新的可行基 $\bar{\boldsymbol{B}}$ 及相应的单纯形表(不妨表示为)

$$\left(\boldsymbol{c}_{\bar{S}} \quad \bar{\boldsymbol{B}} \quad \bar{\boldsymbol{B}}^{-1}\boldsymbol{b}\left|\begin{matrix}\boldsymbol{I}_m & \bar{\boldsymbol{B}}^{-1}\bar{\boldsymbol{N}}\\ 0 & \boldsymbol{\sigma}_{\bar{T}}\end{matrix}\right|^{\bar{\theta}}\right),\ \boldsymbol{\sigma}_{\bar{T}}=\boldsymbol{c}_{\bar{T}}^{\mathrm{T}}-\boldsymbol{c}_{\bar{S}}^{\mathrm{T}}\bar{\boldsymbol{B}}^{-1}\bar{\boldsymbol{N}}.$$

若 $\boldsymbol{\sigma}_{\bar{T}}\geqslant\boldsymbol{0}$，则得到原问题最优基可行解(不妨表示为)$\boldsymbol{x}^*=\begin{pmatrix}\bar{\boldsymbol{B}}^{-1}\boldsymbol{b}\\ 0\end{pmatrix}$，否则对于 $\bar{\boldsymbol{B}}$ 进行第 2 步的工作.

例 2.5.1　利用单纯形法求解以下线性规划：

$$\min z = x_1 - 2x_2,$$
$$\text{s.t.}\ -2x_1 + x_2 \leqslant 2,$$
$$2x_1 + 3x_2 \leqslant 10,$$
$$x_1,\ x_2 \geqslant 0.$$

解 先转化为标准型:

$$\min z = x_1 - 2x_2,$$
$$\text{s.t.}\ -2x_1 + x_2 + x_3 = 2,$$
$$2x_1 + 3x_2 + x_4 = 10,$$
$$x_1,\ x_2,\ x_2,\ x_4 \geqslant 0.$$

进行表格形式(表 2-4)的单纯形迭代:

表 2-4

	c_j		1	-2	0	0	θ_i
$\boldsymbol{c}_B$	$\boldsymbol{B}$	$\boldsymbol{b}$	P_1	P_2	P_3	P_4	
0	P_3	2	-2	(1)	1	0	$\frac{2}{1}$
0	P_4	10	2	3	0	1	$\frac{10}{3}$
	σ_j		1	-2	0	0	
-2	P_2	2	-2	1	1	0	/
0	P_4	4	(8)	0	-3	1	$\frac{4}{8}$
	σ_j		-3	0	2	0	
-2	P_2	3	0	1	$\frac{1}{4}$	$\frac{1}{4}$	
1	P_1	$\frac{1}{2}$	1	0	$-\frac{3}{8}$	$\frac{1}{8}$	
	σ_j		0	0	$\frac{7}{8}$	$\frac{3}{8}$	

得到最优解 $\boldsymbol{x}^* = \begin{pmatrix} \frac{1}{2} \\ 3 \end{pmatrix}$ 和最优值 $z^* = \frac{1}{2} - 6 = \frac{-11}{2}$.

2.6　大 M 法和二阶段法

显然，当执行单纯形基矩阵迭代变换算法时所遇到的第一个问题是，如何决定初始可行基矩阵. 回顾第 2.5.2 节，以上所做的例子属如下类型：

$$\min z = \boldsymbol{c}^{\mathrm{T}}\boldsymbol{x},$$
$$\text{s. t. } \boldsymbol{Ax} \leqslant \boldsymbol{b},\ \boldsymbol{x} \geqslant \boldsymbol{0},$$

可转化为与原问题的标准型：

$$LP - \min z = \boldsymbol{c}^{\mathrm{T}}\boldsymbol{x},$$
$$\text{s. t. } \boldsymbol{Ax} + \boldsymbol{Iy} = \boldsymbol{b},\ \boldsymbol{x} \geqslant \boldsymbol{0},\ \boldsymbol{y} \geqslant \boldsymbol{0},$$

其中 $\boldsymbol{I}$ 为 m 阶恒等矩阵，$\boldsymbol{y} \in \mathbf{R}^m$ 是松弛变向量. 若 $\boldsymbol{b} \geqslant \boldsymbol{0}$，这种形式的标准型明显给出一个可行基 $\boldsymbol{B}=\boldsymbol{I}$，可作为单纯形法初始可行基矩阵. 对于一般的线性规划

$$LP - \min z = \boldsymbol{c}^{\mathrm{T}}\boldsymbol{x}, \qquad (2.50)$$
$$\text{s. t. } \boldsymbol{Ax} = \boldsymbol{b},\ \boldsymbol{x} \geqslant \boldsymbol{0},$$

若也有 $\boldsymbol{b} \geqslant \boldsymbol{0}$，但是式(2.50)并不等价于如下的线性规划：

$$\min z = \boldsymbol{c}^{\mathrm{T}}\boldsymbol{x},$$
$$\text{s. t. } \boldsymbol{Ax} + \boldsymbol{Iy} = \boldsymbol{b},\ \boldsymbol{x} \geqslant \boldsymbol{0},\ \boldsymbol{y} \geqslant \boldsymbol{0}.$$

所谓大 M 单纯形法，是对充分大的正数 M，转而考虑求解如下辅助线性规划：

$$LP(M) - \min z = \boldsymbol{c}^{\mathrm{T}}\boldsymbol{x} + M\boldsymbol{E}^{\mathrm{T}}\boldsymbol{y}, \qquad (2.51)$$
$$\text{s. t. } \boldsymbol{Ax} + \boldsymbol{Iy} = \boldsymbol{b},\ \boldsymbol{x} \geqslant \boldsymbol{0},\ \boldsymbol{y} \geqslant \boldsymbol{0}.$$

其中 $\boldsymbol{E} \in \mathbf{R}^m$，且每个分量都是 1. 注意到辅助线性规划明显给出一个可行基 $\boldsymbol{B}=\boldsymbol{I}$，可作为单纯形法初始可行基矩阵. 以下定理指出了如何从求解辅助线性规划而得到原线性规划(2.51)的最优解.

假定对于充分大的正数 M，$LP(M)$有最优解，从而有最优基本可行解. 由于对于每个 M，$LP(M)$的基可行解集是相同的，而基可行解集是个有限集，所以此时可不妨假设对于所有充分大的正数 M，$LP(M)$有同一个最优解 $\begin{bmatrix}\boldsymbol{x}^*\\\boldsymbol{y}^*\end{bmatrix}$.

定理 2.6.1　假定对于充分大的正数 M，$LP(M)$有最优解 $\begin{bmatrix}\boldsymbol{x}^*\\\boldsymbol{y}^*\end{bmatrix}$. (i)若 $\boldsymbol{y}^* =$

$\mathbf{0}$,则 $\boldsymbol{x}^*$ 是式(2.50)中的 LP 的最优解;(ii)若 $\boldsymbol{y}^* \neq \mathbf{0}$,则式(2.50)中的 LP 无可行解.(iii)若 $\boldsymbol{x}^*$ 是 LP 的最优解,则对于充分大的正数 M,$\begin{pmatrix}\boldsymbol{x}^*\\ \mathbf{0}\end{pmatrix}$是 $LP(M)$的最优解.

证明 (i) 设 $\boldsymbol{x}\in D_{LP}$,则显然有$\begin{pmatrix}\boldsymbol{x}\\ \mathbf{0}\end{pmatrix}\in D_{LP(M)}$. 因为 $LP(M)$有最优解 $\begin{pmatrix}\boldsymbol{x}^*\\ \boldsymbol{y}^*\end{pmatrix}$,且 $\boldsymbol{y}^*=\mathbf{0}$,所以有

$$\boldsymbol{c}^{\mathrm{T}}\boldsymbol{x} = (\boldsymbol{c}^{\mathrm{T}},\ M\boldsymbol{E}^{\mathrm{T}})\begin{pmatrix}\boldsymbol{x}\\ \mathbf{0}\end{pmatrix} \geqslant (\boldsymbol{c}^{\mathrm{T}},\ M\boldsymbol{E}^{\mathrm{T}})\begin{pmatrix}\boldsymbol{x}^*\\ \boldsymbol{y}^*\end{pmatrix} = (\boldsymbol{c}^{\mathrm{T}},\ M\boldsymbol{E}^{\mathrm{T}})\begin{pmatrix}\boldsymbol{x}^*\\ \mathbf{0}\end{pmatrix} = \boldsymbol{c}^{\mathrm{T}}\boldsymbol{x}^*.$$

(ii) 若 $\boldsymbol{y}^*\neq\mathbf{0}$,则因为 $\boldsymbol{y}^*\geqslant\mathbf{0}$,有 $\boldsymbol{E}^{\mathrm{T}}\boldsymbol{y}^*>0$. 若 $\boldsymbol{x}\in D_{LP}$,则$\begin{pmatrix}\boldsymbol{x}\\ \mathbf{0}\end{pmatrix}\in D_{LP(M)}$. 当 $M\to+\infty$,有

$$\begin{aligned}\boldsymbol{c}^{\mathrm{T}}\boldsymbol{x} &= (\boldsymbol{c}^{\mathrm{T}},\ M\boldsymbol{E}^{\mathrm{T}})\begin{pmatrix}\boldsymbol{x}\\ \mathbf{0}\end{pmatrix} \geqslant (\boldsymbol{c}^{\mathrm{T}},\ M\boldsymbol{E}^{\mathrm{T}})\begin{pmatrix}\boldsymbol{x}^*\\ \boldsymbol{y}^*\end{pmatrix}\\ &= \boldsymbol{c}^{\mathrm{T}}\boldsymbol{x}^* + M\boldsymbol{E}^{\mathrm{T}}\boldsymbol{y}^* \to +\infty,\end{aligned}$$

与 $\boldsymbol{x}\in D_{LP}$ 矛盾.

(iii) 由于对于每个 M, $LP(M)$的基可行解集是相同的,而基可行解集是个有限集,而 $LP(M)$也必然有最优解出现在 $LP(M)$的基可行解集中. 令$\begin{pmatrix}\boldsymbol{x}\\ \boldsymbol{y}\end{pmatrix}$是 $LP(M)$的基可行解. 当 $\boldsymbol{y}=\mathbf{0}$,则有 $\boldsymbol{A}\boldsymbol{x}+\boldsymbol{I}\mathbf{0}=\boldsymbol{b}$, $\boldsymbol{x}\geqslant\mathbf{0}$,所以 $\boldsymbol{x}$ 是 LP 的可行解. 又因 $\boldsymbol{x}^*$ 是 LP 的最优解,就有

$$(\boldsymbol{c}^{\mathrm{T}},\ M\boldsymbol{E}^{\mathrm{T}})\begin{pmatrix}\boldsymbol{x}\\ \mathbf{0}\end{pmatrix} = \boldsymbol{c}^{\mathrm{T}}\boldsymbol{x} \geqslant \boldsymbol{c}^{\mathrm{T}}\boldsymbol{x}^* = (\boldsymbol{c}^{\mathrm{T}},\ M\boldsymbol{E}^{\mathrm{T}})\begin{pmatrix}\boldsymbol{x}^*\\ \mathbf{0}\end{pmatrix}. \tag{2.52}$$

另外当 $\boldsymbol{y}\neq\mathbf{0}$,存在 $M>0$,使得

$$(\boldsymbol{c}^{\mathrm{T}},\ M\boldsymbol{E}^{\mathrm{T}})\begin{pmatrix}\boldsymbol{x}\\ \boldsymbol{y}\end{pmatrix} = \boldsymbol{c}^{\mathrm{T}}\boldsymbol{x} + M\boldsymbol{E}^{\mathrm{T}}\boldsymbol{y} \geqslant \boldsymbol{c}^{\mathrm{T}}\boldsymbol{x}^* = (\boldsymbol{c}^{\mathrm{T}},\ M\boldsymbol{E}^{\mathrm{T}})\begin{pmatrix}\boldsymbol{x}^*\\ \mathbf{0}\end{pmatrix}, \tag{2.53}$$

而这样的 $LP(M)$的基可行解$\begin{pmatrix}\boldsymbol{x}\\ \boldsymbol{y}\end{pmatrix}$是有限多个,总可在满足上式的 M 中选出一个最大的,记为 $M_0>0$,使得当 $M>M_0$ 时,对于所有的满足 $\boldsymbol{y}\neq\mathbf{0}$ 的 $LP(M)$的基可行解$\begin{pmatrix}\boldsymbol{x}\\ \boldsymbol{y}\end{pmatrix}$,有

$$(\boldsymbol{c}^{\mathrm{T}},\ M\boldsymbol{E}^{\mathrm{T}})\begin{pmatrix}\boldsymbol{x}\\ \boldsymbol{y}\end{pmatrix}=\boldsymbol{c}^{\mathrm{T}}\boldsymbol{x}+M\boldsymbol{E}^{\mathrm{T}}\boldsymbol{y}\geqslant\boldsymbol{c}^{\mathrm{T}}\boldsymbol{x}^{*}=(\boldsymbol{c}^{\mathrm{T}},\ M\boldsymbol{E}^{\mathrm{T}})\begin{pmatrix}\boldsymbol{x}^{*}\\ \boldsymbol{0}\end{pmatrix}. \tag{2.54}$$

由式(2.53),式(2.54)可知对于充分大的正数 M, $\begin{pmatrix}\boldsymbol{x}^{*}\\ \boldsymbol{0}\end{pmatrix}$是 $LP(M)$的最优解.

注:上述结果可以另一种方式表述为:设 $D_{LP}\neq\varnothing$. 若存在正数 M_0,使得当 $M_0>M$, $\begin{pmatrix}\boldsymbol{x}^{*}\\ \boldsymbol{y}^{*}\end{pmatrix}$ 是 $LP(M)$的最优基本可行解,则有 $\boldsymbol{y}^{*}=\boldsymbol{0}$,并且 $\boldsymbol{x}^{*}$ 是 LP 的最优基本可行解. 证明与上述定理的证明相同.

例 2.6.1　利用大 M 单纯形法求解以下线性规划:

$$\begin{aligned}&\min\ x_1-2x_2+3x_3,\\ &\text{s. t.}\ -2x_1+x_2+3x_3=2,\\ &\qquad 2x_1+3x_2+4x_3=10,\\ &\qquad x_1,\ x_2,\ x_3\geqslant 0.\end{aligned}$$

解　对人工线性规划 $LP(M)$进行单纯形迭代如下(表 2-5):

表 2-5

c_j			1	-2	3	M	M	θ_i
$\boldsymbol{c}_B$	$\boldsymbol{B}$	$\boldsymbol{b}$	P_1	P_2	P_3	P_4	P_5	
M	P_4	2	-2	1	(3)	1	0	$\frac{2}{3}$
M	P_5	10	2	3	4	0	1	$\frac{5}{2}$
σ_j			1	$-2-4M$	$3-7M$	0	0	
3	P_3	$\frac{2}{3}$	$-\frac{2}{3}$	$\frac{1}{3}$	1	$\frac{1}{3}$	0	—
M	P_5	$\frac{22}{3}$	$\left(\frac{14}{3}\right)$	$\frac{5}{3}$	0	$-\frac{4}{3}$	1	$\frac{11}{7}$
σ_j			$-\left(\frac{14}{3}\right)M+2$	$-\left(\frac{5}{3}\right)M-3$	0	$\left(\frac{7}{3}\right)M-1$	0	
3	P_3	$\frac{12}{7}$	0	$\left(\frac{4}{7}\right)$	1	$\frac{1}{7}$	$\frac{1}{7}$	3
1	P_1	$\frac{11}{7}$	1	$\frac{5}{14}$	0	$-\frac{2}{7}$	$\frac{3}{14}$	$\frac{22}{5}$

续 表

	σ_j		0	$-\frac{26}{7}$	0	$M-\frac{3}{7}$	$M-\frac{3}{7}$	
2	P_2	3	0	1	$\frac{7}{4}$	$\frac{1}{4}$	$\frac{1}{4}$	
1	P_1	$\frac{1}{2}$	1	0	$-\frac{35}{56}$	$-\frac{3}{8}$	$\frac{1}{8}$	
	σ_j		0	0	$\frac{13}{2}$	$M-\frac{1}{2}$	$M-\frac{1}{2}$	

得到原问题的最优解 $\boldsymbol{x}^* = \left(\frac{1}{2},\ 3,\ 0\right)^{\mathrm{T}}$ 和最优值 $f^* = -5.5$.

注:在大 M 单纯形法迭代过程中一旦某个人工变量所对应的基向量变成非基向量后,则那一列在下一次行变换中不被纳入;当人工变量所对应的基向量全部被弃除,则除去那些列后,就见到原标准型线性规划的一个可行单纯形表,它可能已是最优的,也可由此出发继续进行单纯形迭代.

下面讲二阶段单纯形法. 为了求解标准型线性规划:

$$LP - \min z = \boldsymbol{c}^{\mathrm{T}}\boldsymbol{x},$$
$$\text{s. t. } \boldsymbol{Ax} = \boldsymbol{b},\ \boldsymbol{x} \geqslant \boldsymbol{0}(\boldsymbol{b} \geqslant \boldsymbol{0},\ \boldsymbol{b} \neq \boldsymbol{0}).$$

假设 LP 的可行集不空,先求解下列辅助线性规划:

$$FP - \min w = \sum_{j=n+1}^{n+m} x_j,$$
$$\text{s. t. } \sum_{j=1}^{n} a_{ij}x_j + x_{n+i} = b,$$
$$i = 1,\ 2,\ \cdots,\ m,$$
$$x_1\cdots,\ x_n,\ x_{n+1},\ \cdots,\ x_{n+m} \geqslant 0.$$

上述辅助线性规划显然有最优解 LP:$\hat{\boldsymbol{x}} = (\hat{x}_1,\ \cdots\hat{x}_n,\ 0,\ \cdots,\ 0)^{\mathrm{T}}$,因而有最优基可行解, 这样就可由单纯形迭代求解 FP,以得到最优基可行解. FP 的约束方程的系数矩阵是$(\boldsymbol{A},\ \boldsymbol{I}_{m\times m})$. 取初始基矩阵 $\boldsymbol{B}=\boldsymbol{I}_{m\times m}$,因 $\boldsymbol{B}^{-1}\boldsymbol{b}=\boldsymbol{I}_{m\times m}\boldsymbol{b}=\boldsymbol{b}\geqslant\boldsymbol{0}$,所以 $\boldsymbol{B}=\boldsymbol{I}_{m\times m}$ 是可行基矩阵. 由此开始进行单纯形迭代,得到最优基可行解: $\boldsymbol{x} = (\bar{x}_1,\ \cdots,\ \bar{x}_n,\ \bar{x}_{n+1},\ \cdots,\ \bar{x}_{n+m})^{\mathrm{T}}$,由引理 2.2.1 可知 $\boldsymbol{x}$ 的正分量对应的列向量线性无关, 这时会有两种情况:一是$(\bar{x}_{n+1},\ \cdots,\ \bar{x}_{n+m})^{\mathrm{T}} = (0,\ \cdots,\ 0)^{\mathrm{T}}$,这时正分量对应的列向量在矩阵 $\boldsymbol{A}$ 中,再由引理 2.2.1 可知, $(\bar{x}_1,\ \cdots,\ \bar{x}_n)^{\mathrm{T}}$ 是 LP 的一个基

可行解；二是 $(\bar{x}_{n+1}, \cdots, \bar{x}_{n+m})^{\mathrm{T}} \neq (0, \cdots, 0)^{\mathrm{T}}$，此时原标准型线性规划 LP 甚至无可行解，若不然，设 $\boldsymbol{x} \in D_{LP}$，则 $(\boldsymbol{x}, \boldsymbol{0}) \in D_{FP}$，而相应的 FP 的目标值为 0，但由于 $(\bar{x}_{n+1}, \cdots, \bar{x}_{n+m})^{\mathrm{T}} \neq (0, \cdots, 0)^{\mathrm{T}}$，$\bar{w} = \sum_{j=n+1}^{n+m} \bar{x}_j > 0$，与 $\bar{\boldsymbol{x}} = (\bar{x}_1, \cdots, \bar{x}_n, \bar{x}_{n+1}, \cdots, \bar{x}_{n+m})^{\mathrm{T}}$ 为 FP 的最优基可行解矛盾. 这就是说，第一阶段由明显的可行基矩阵 $\boldsymbol{B} = \boldsymbol{I}_{m\times m}$ 出发，对 FP 行单纯形法，得到 FP 的最优基可行解 $\bar{\boldsymbol{x}}$，若 $\bar{\boldsymbol{x}}$ 的后 m 个分量不全为零，则可知原标准型线性规划 LP 无解. 而若后 m 个分量全为零，则由前 n 个分量按原排序构成原标准型线性规划 LP 的一个基可行解，同时进入第二阶段，对原线性规划进行单纯形法迭代. 在这种情形下，关于如何取得第二阶段的初始单纯形表，可从 FP 的与最优可行基矩阵 $\boldsymbol{B}$ 相应的规范式入手进行讨论. 因 $\bar{\boldsymbol{x}}$ 后 m 个分量全为零，这是以上所述的第一种情形，$\boldsymbol{B}$ 是 $\boldsymbol{A}$ 的具有相同行数 m 的可逆子矩阵，不妨设 $(\boldsymbol{A}, \boldsymbol{I}) = (\boldsymbol{B}, \boldsymbol{N}, \boldsymbol{I})$. 与 $\boldsymbol{B}$ 相应的基变量 $\boldsymbol{x}_S \subset \{x_1, \cdots, x_n\}$，而与 $\boldsymbol{B}$ 相应的非基变量由 $\boldsymbol{x}_T = (\{x_1, \cdots, x_n\} \backslash x_S)$ 和 $\boldsymbol{y} = (x_{n+1}, \cdots, x_{n+m})^{\mathrm{T}}$ 组成. FP 的最优基可行解 $\bar{\boldsymbol{x}}$ 满足规范式

$$\boldsymbol{B}^{-1}\boldsymbol{b} = \boldsymbol{x}_S + \boldsymbol{B}^{-1}\boldsymbol{N}\boldsymbol{x}_T + \boldsymbol{B}^{-1}\boldsymbol{I}\boldsymbol{y};\ \boldsymbol{x}_S, \boldsymbol{x}_T \geqslant \boldsymbol{0}, \tag{2.55}$$

由于 $(\bar{x}_{n+1}, \cdots, \bar{x}_{n+m})^{\mathrm{T}} = (0, \cdots, 0)^{\mathrm{T}}$，这意味着 $(\bar{x}_1, \cdots, \bar{x}_n)^{\mathrm{T}}$ 满足约束条件

$$\boldsymbol{B}^{-1}\boldsymbol{b} = \boldsymbol{x}_S + \boldsymbol{B}^{-1}\boldsymbol{N}\boldsymbol{x}_T,\ \boldsymbol{x}_S, \boldsymbol{x}_T \geqslant \boldsymbol{0}. \tag{2.56}$$

式(2.56)即为标准型线性规划 LP 的 $\boldsymbol{B}$-规范式，有 $\bar{\boldsymbol{x}}_S = \boldsymbol{B}^{-1}\boldsymbol{b}$，$\bar{\boldsymbol{x}}_T = \boldsymbol{0}$. 由第 2.4 节可知，式(2.55)形成的单纯形表为

$$\begin{pmatrix} 0 & \boldsymbol{B}^{-1}\boldsymbol{b} & \boldsymbol{I} & \boldsymbol{B}^{-1}\boldsymbol{N} & \boldsymbol{B}^{-1}\boldsymbol{I} \\ & & \boldsymbol{0} & (\boldsymbol{\sigma})_T & (\boldsymbol{\sigma})_I \end{pmatrix} \tag{2.57}$$

而式(2.56)形成的以下 LP 的一个单纯形表

$$\begin{pmatrix} \boldsymbol{c}_S & \boldsymbol{B}^{-1}\boldsymbol{b} & \boldsymbol{I} & \boldsymbol{B}^{-1}\boldsymbol{N} \\ & & \boldsymbol{0} & \boldsymbol{\sigma}_T \end{pmatrix} \tag{2.58}$$

可作为初始单纯形表. 单纯形表(2.58)直接继承了单纯形表(2.57)中的主干部分 $(\boldsymbol{B}^{-1}\boldsymbol{b}, \boldsymbol{I}, \boldsymbol{B}^{-1}\boldsymbol{N})$，而由 LP 的原数据重新输入 $\boldsymbol{c}_S$ 和计算判别数 $\boldsymbol{\sigma}_T = \boldsymbol{c}_T^{\mathrm{T}} - \boldsymbol{c}_S^{\mathrm{T}}\boldsymbol{B}^{-1}\boldsymbol{N}$.

例 2.6.2　利用二阶段单纯形法求解以下线性规划：

$$\begin{aligned} &\min\ x_1 - 2x_2 + 3x_3, \\ &\text{s.t.}\ -2x_1 + x_2 + 3x_3 = 2, \\ &\qquad 2x_1 + 3x_2 + 4x_3 = 10, \\ &\qquad x_1, x_2, x_3 \geqslant 0. \end{aligned}$$

解 对辅助线性规划 FP 进行单纯形迭代如表 2-6.

表 2-6

	c_j		0	0	0	1	1	θ_i
c_B	$\boldsymbol{B}$	$\boldsymbol{b}$	P_1	P_2	P_3	P_4	P_5	
1	P_4	2	-2	1	(3)	1	0	$\frac{2}{3}$
1	P_5	10	2	3	4	0	1	$\frac{5}{2}$
	σ_j		0	-4	-7	0	0	
0	P_3	$\frac{2}{3}$	$-\frac{2}{3}$	$\frac{1}{3}$	1	$\frac{1}{3}$	0	—
1	P_5	$\frac{22}{3}$	$\left(\frac{14}{3}\right)$	$\frac{5}{3}$	0	$-\frac{4}{3}$	1	$\frac{11}{7}$
	σ_j		$-\frac{14}{3}$	$-\frac{5}{3}$	0	$\frac{7}{3}$	0	
0	P_3	$\frac{12}{7}$	0	$\frac{4}{7}$	1	$\frac{1}{7}$	$\frac{1}{7}$	
0	P_1	$\frac{11}{7}$	1	$\frac{5}{14}$	0	$-\frac{2}{7}$	$\frac{3}{14}$	
	σ_j		0	0	0	1	1	

由以上最后的单纯形表得到原问题的初始单纯形表,进行以下单纯形迭代(表 2-7):

表 2-7

	c_j		1	-2	3	θ_i
c_B	$\boldsymbol{B}$	$\boldsymbol{b}$	P_1	P_2	P_3	
3	P_3	$\frac{12}{7}$	0	$\left(\frac{4}{7}\right)$	1	3
1	P_1	$\frac{11}{7}$	1	$\frac{5}{14}$	0	$\frac{22}{5}$
	σ_j		0	$-\frac{57}{14}$	0	
-2	P_2	3	0	1	$\frac{7}{4}$	

续　表

1	P_1	$\frac{1}{2}$	1	0	$-\frac{5}{8}$	
	σ_j		0	0	$\frac{57}{8}$	

得到原问题的最优解 $x^*=\left[\frac{1}{2}, 3, 0\right]^{\mathrm{T}}$，$f^*=-5.5$.

2.7　对偶理论

回顾标准型线性规划

$$LP-\min z=\boldsymbol{c}^{\mathrm{T}}\boldsymbol{x},$$
$$\text{s. t. } \boldsymbol{A}\boldsymbol{x}=\boldsymbol{b},\ \boldsymbol{x}\geqslant \boldsymbol{0}.$$

若其有最优解，则可由单纯形法得到最优可行基矩阵 $\boldsymbol{B}$ 及相应的最优基本可行解 $\boldsymbol{x}_B$，不妨记为 $\boldsymbol{x}_B=\begin{bmatrix}\boldsymbol{x}_S\\ \boldsymbol{x}_T\end{bmatrix}$，其中 $\boldsymbol{x}_S=\boldsymbol{B}^{-1}\boldsymbol{b}$，$\boldsymbol{x}_T=\boldsymbol{0}$，且相应的最优值为 $\boldsymbol{c}^{\mathrm{T}}\boldsymbol{x}_B=\boldsymbol{c}_S^{\mathrm{T}}\boldsymbol{B}^{-1}\boldsymbol{b}$. 同时得到相应的判别数行向量 $\boldsymbol{\sigma}=\boldsymbol{c}^{\mathrm{T}}-\boldsymbol{c}_S^{\mathrm{T}}\boldsymbol{B}^{-1}\boldsymbol{A}\geqslant \boldsymbol{0}$. 这相当于 $\boldsymbol{A}^{\mathrm{T}}(\boldsymbol{c}_S^{\mathrm{T}}\boldsymbol{B}^{-1})^{\mathrm{T}}\leqslant \boldsymbol{c}$. 另一方面，有

$$\boldsymbol{c}^{\mathrm{T}}\boldsymbol{x}_B=\boldsymbol{c}_S^{\mathrm{T}}\boldsymbol{B}^{-1}\boldsymbol{b}=\boldsymbol{b}^{\mathrm{T}}(\boldsymbol{c}_S^{\mathrm{T}}\boldsymbol{B}^{-1})^{\mathrm{T}}. \tag{2.59}$$

由此启发考虑 $\mathbf{R}^m$ 上的线性函数 $w=\boldsymbol{b}^{\mathrm{T}}\boldsymbol{\lambda}$，$\boldsymbol{\lambda}\in\mathbf{R}^m$，若 $\boldsymbol{A}^{\mathrm{T}}\boldsymbol{\lambda}\leqslant \boldsymbol{c}$，则对于标准型线性规划的可行解 $\boldsymbol{x}$ 有（注意到 $\boldsymbol{A}\boldsymbol{x}=\boldsymbol{b}$，$\boldsymbol{x}\geqslant\boldsymbol{0}$）：

$$\boldsymbol{\lambda}^{\mathrm{T}}\boldsymbol{b}=\boldsymbol{\lambda}^{\mathrm{T}}(\boldsymbol{A}\boldsymbol{x})=(\boldsymbol{A}^{\mathrm{T}}\boldsymbol{\lambda})^{\mathrm{T}}\boldsymbol{x}\leqslant \boldsymbol{c}^{\mathrm{T}}\boldsymbol{x}.$$

这说明线性函数 $w=\boldsymbol{b}^{\mathrm{T}}\boldsymbol{\lambda}$ 在集合 $\{\boldsymbol{\lambda}\mid \boldsymbol{A}^{\mathrm{T}}\boldsymbol{\lambda}\leqslant \boldsymbol{c}\}$ 上的取值总小于或等于线性函数 $z=\boldsymbol{c}^{\mathrm{T}}\boldsymbol{x}$ 在集合 $\{\boldsymbol{x}\mid \boldsymbol{A}\boldsymbol{x}=\boldsymbol{b},\ \boldsymbol{x}\geqslant\boldsymbol{0}\}$ 上的取值. 可提出如下线性规划问题：

$$\begin{aligned}&DLP-\max w=\boldsymbol{b}^{\mathrm{T}}\boldsymbol{\lambda},\\ &\text{s. t. } \boldsymbol{A}^{\mathrm{T}}\boldsymbol{\lambda}\leqslant \boldsymbol{c}\end{aligned} \tag{2.60}$$

称为标准型线性规划的对偶规划. 以上的讨论实际上得到了下述结果：

定理 2.7.1（弱对偶性）　若 $\boldsymbol{x}$，$\boldsymbol{\lambda}$ 分别是 LP 和 DLP 的可行解，则有 $\boldsymbol{b}^{\mathrm{T}}\boldsymbol{\lambda}\leqslant \boldsymbol{c}^{\mathrm{T}}\boldsymbol{x}$.

于是由式(2.59)可知，若 $\boldsymbol{B}$ 是 LP 的最优可行基矩阵，对于任给的 DLP 的可

行解 $\boldsymbol{\lambda}$，

$$\boldsymbol{b}^{\mathrm{T}}\boldsymbol{\lambda} \leqslant \boldsymbol{c}^{\mathrm{T}}\boldsymbol{x}_B = \boldsymbol{c}_S^{\mathrm{T}}\boldsymbol{B}^{-1}\boldsymbol{b} = \boldsymbol{b}^{\mathrm{T}}(\boldsymbol{c}_S^{\mathrm{T}}\boldsymbol{B}^{-1})^{\mathrm{T}}, \tag{2.61}$$

而若令 $\boldsymbol{\lambda}^* = (\boldsymbol{c}_S^{\mathrm{T}}\boldsymbol{B}^{-1})^{\mathrm{T}}$，由于 $\boldsymbol{\sigma} = \boldsymbol{c}^{\mathrm{T}} - \boldsymbol{c}_S^{\mathrm{T}}\boldsymbol{B}^{-1}\boldsymbol{A} \geqslant \boldsymbol{0}$，有 $\boldsymbol{c} - \boldsymbol{A}^{\mathrm{T}}\boldsymbol{\lambda}^* \geqslant \boldsymbol{0}$，即 $\boldsymbol{\lambda}^*$ 是 DLP 的可行解，再由上述式(2.61)，立刻得知 $\boldsymbol{\lambda}^* = (\boldsymbol{c}_S^{\mathrm{T}}\boldsymbol{B}^{-1})^{\mathrm{T}}$ 是 DLP 的最优解. 这样就得到下述结果：

定理 2.7.2(对偶性) 若 $\boldsymbol{B}$ 是 LP 的最优可行基矩阵，则 $\boldsymbol{\lambda}^* = (\boldsymbol{c}_S^{\mathrm{T}}\boldsymbol{B}^{-1})^{\mathrm{T}}$ 是 DLP 的最优解，且 LP 和 DLP 有相同的最优值 $\boldsymbol{c}_S^{\mathrm{T}}\boldsymbol{B}^{-1}\boldsymbol{b}$.

现在考虑 $\boldsymbol{B}$ 为 LP 的基矩阵，$\boldsymbol{B}$ 未必可行，即未必满足 $\boldsymbol{B}^{-1}\boldsymbol{b} \geqslant \boldsymbol{0}$，但是若 $\boldsymbol{B}$ 满足 $\boldsymbol{c}^{\mathrm{T}} - \boldsymbol{c}_S^{\mathrm{T}}\boldsymbol{B}^{-1}\boldsymbol{A} \geqslant \boldsymbol{0}$，则这是一种很有趣的基矩阵，称为对偶可行基矩阵. 此得名源于 $(\boldsymbol{c}_S^{\mathrm{T}}\boldsymbol{B}^{-1})^{\mathrm{T}}$ 是 DLP 的可行解.

定理 2.7.3 设 $\boldsymbol{B}$ 为 LP 的基矩阵，$\boldsymbol{x}_B$ 为相应的基本解，且满足 $\boldsymbol{c}^{\mathrm{T}} - \boldsymbol{c}_S^{\mathrm{T}}\boldsymbol{B}^{-1}\boldsymbol{A} \geqslant \boldsymbol{0}$，则 $\boldsymbol{\lambda}_B = (\boldsymbol{c}_S^{\mathrm{T}}\boldsymbol{B}^{-1})^{\mathrm{T}}$ 是 DLP 的可行解，且有 $\boldsymbol{c}^{\mathrm{T}}\boldsymbol{x}_B = \boldsymbol{c}_S^{\mathrm{T}}\boldsymbol{B}^{-1}\boldsymbol{b} = \boldsymbol{b}^{\mathrm{T}}\boldsymbol{\lambda}_B$.

证明 由于 $\boldsymbol{c}^{\mathrm{T}} - \boldsymbol{c}_S^{\mathrm{T}}\boldsymbol{B}^{-1}\boldsymbol{A} \geqslant \boldsymbol{0}$，$\boldsymbol{\lambda}_B = (\boldsymbol{c}_S^{\mathrm{T}}\boldsymbol{B}^{-1})^{\mathrm{T}}$，有 $\boldsymbol{A}^{\mathrm{T}}\boldsymbol{\lambda}_B \leqslant \boldsymbol{c}$，即 $\boldsymbol{\lambda}_B = (\boldsymbol{c}_S^{\mathrm{T}}\boldsymbol{B}^{-1})^{\mathrm{T}}$ 是 DLP 的可行解. 另一方面，LP 的基本解 $\boldsymbol{x}_B = \begin{pmatrix} \boldsymbol{x}_S \\ \boldsymbol{x}_T \end{pmatrix}$，其中 $\boldsymbol{x}_S = \boldsymbol{B}^{-1}\boldsymbol{b}$，$\boldsymbol{x}_T = \boldsymbol{0}$，所以，

$$\boldsymbol{c}^{\mathrm{T}}\boldsymbol{x}_B = (\boldsymbol{c}_S^{\mathrm{T}} \quad \boldsymbol{c}_T^{\mathrm{T}})\begin{pmatrix} \boldsymbol{B}^{-1}\boldsymbol{b} \\ \boldsymbol{0} \end{pmatrix} = \boldsymbol{c}_S^{\mathrm{T}}\boldsymbol{B}^{-1}\boldsymbol{b} = \boldsymbol{b}^{\mathrm{T}}\boldsymbol{\lambda}_B.$$

定理 2.7.4 设 $\boldsymbol{B}$ 既为 LP 的可行基矩阵，又为对偶可行基矩阵，则 $\boldsymbol{x}_B$ 为 LP 的最优解，$\boldsymbol{\lambda}_B = (\boldsymbol{c}_S^{\mathrm{T}}\boldsymbol{B}^{-1})^{\mathrm{T}}$ 是 DLP 的最优解，且 LP 和 DLP 有相同的最优值 $\boldsymbol{c}_S^{\mathrm{T}}\boldsymbol{B}^{-1}\boldsymbol{b}$.

证明 由于 $\boldsymbol{B}$ 既为 LP 的可行基矩阵，又为对偶可行基矩阵，即满足 $\boldsymbol{B}^{-1}\boldsymbol{b} \geqslant \boldsymbol{0}$，$\boldsymbol{\sigma} = \boldsymbol{c}^{\mathrm{T}} - \boldsymbol{c}_S^{\mathrm{T}}\boldsymbol{B}^{-1}\boldsymbol{A} \geqslant \boldsymbol{0}$，由单纯形法最优性判别定理可知，$\boldsymbol{B}$ 为 LP 的最优基矩阵，相应的基本可行解 $\boldsymbol{x}_B$ 为 LP 的最优解. 再由对偶性(定理 2.7.2)，立刻得知 $\boldsymbol{\lambda}_B = (\boldsymbol{c}_S^{\mathrm{T}}\boldsymbol{B}^{-1})^{\mathrm{T}}$ 是 DLP 的最优解. 且 LP 和 DLP 有相同的最优值 $\boldsymbol{c}_S^{\mathrm{T}}\boldsymbol{B}^{-1}\boldsymbol{b}$.

2.8 对偶单纯形法

2.8.1 对偶的想法

单纯形法的算法过程是从一个可行基矩阵变换到另一个可行基矩阵，即要求

在变换后可行性不变. 回顾第 2.5.3 节和第 2.5.5 节，单纯形算法确可保持基矩阵的可行性，且可保证目标值单调下降. 但是每次变换后得到的单纯形表未必是最优的，即可能存在负的判别数，换言之，未必有 $\boldsymbol{\sigma}=\boldsymbol{c}^{\mathrm{T}}-\boldsymbol{c}_S^{\mathrm{T}}\boldsymbol{B}^{-1}\boldsymbol{A}\geqslant\boldsymbol{0}$，否则由定理2.5.1可知所得到的单纯形表已是最优的，即已代表了一个最优的可行基矩阵，并给出了一个最优基本可行解. 而由 2.7 节可知，若满足 $\boldsymbol{\sigma}=\boldsymbol{c}^{\mathrm{T}}-\boldsymbol{c}_S^{\mathrm{T}}\boldsymbol{B}^{-1}\boldsymbol{A}\geqslant\boldsymbol{0}$，也称 $\boldsymbol{B}$ 为 LP 的对偶可行基矩阵. 所以，单纯形法其实就是由一个可行基矩阵出发，进行可行基矩阵变换，只要没能满足对偶可行就继续进行迭代变换，直到得到一个既可行又对偶可行的基矩阵，才算完成，因为既可行又对偶可行的基矩阵就是最优可行基矩阵. 这就是单纯形方法的思路. 而对偶单纯形方法则是循一个相反的或对偶的思路去达到同一目的. 由一个对偶可行基矩阵出发，进行对偶可行基矩阵变换，即要求在变换后对偶可行性不变，只要没能满足可行性就继续进行迭代变换，直到得到一个既对偶可行又可行的基矩阵，才算完成，因为已找到最优可行基矩阵，从而可得到 LP 的最优基本可行解和最优值.

2.8.2　对偶单纯形法

选择初始对偶可行基 $\boldsymbol{B}$，即要求 $\boldsymbol{\sigma}=\boldsymbol{c}^{\mathrm{T}}-\boldsymbol{c}_S^{\mathrm{T}}\boldsymbol{B}^{-1}\boldsymbol{A}\geqslant\boldsymbol{0}$，确不在乎是否有 $\boldsymbol{B}^{-1}\boldsymbol{b}\geqslant\boldsymbol{0}$，而若 $\boldsymbol{B}^{-1}\boldsymbol{b}\geqslant\boldsymbol{0}$，则 $\boldsymbol{B}$ 已是最优可行基，$\boldsymbol{x}^*=\begin{bmatrix}\boldsymbol{B}^{-1}\boldsymbol{b}\\ \boldsymbol{0}\end{bmatrix}$（不妨这样记），已是 LP 的最优基本可行解. 否则，即 $\boldsymbol{B}^{-1}\boldsymbol{b}\ngeqslant\boldsymbol{0}$，进行以下变换过程. 为下标表示简单起见，对于给定基矩阵 $\boldsymbol{B}$ 继续不妨设相应的 $S=\{1,\ 2,\ \cdots,\ m\}$，$T=\{m+1,\ \cdots,\ n\}$.

定理 2.8.1　对于给定的对偶可行基 $\boldsymbol{B}$，假设对于某个 $l\in S$ 有 $b_l'=(\boldsymbol{B}^{-1}\boldsymbol{b})^{(l)}<0$. 若 $a_{lj}'\geqslant 0$，$\forall j\in T$，则 LP 无可行解.

证明　设 $\bar{\boldsymbol{x}}=(\bar{x}_1,\ \cdots,\ \bar{x}_n)^{\mathrm{T}}\in D_{LP}$，则有 $\bar{\boldsymbol{x}}\geqslant\boldsymbol{0}$，又由于 $a_{lj}'\geqslant 0$，$\forall j\in T$，所以 $\sum\limits_{j\in T}a'_{lj}\bar{x}_j\geqslant 0$. 注意到 $b_l'=(\boldsymbol{B}^{-1}\boldsymbol{b})^{(l)}<0$，由 $\boldsymbol{B}$-规范式表示，有

$$\bar{x}_l=b_l'-\sum_{j\in T}a'_{lj}\bar{x}_j<0,$$

这与 $\bar{\boldsymbol{x}}$ 是可行解矛盾. 所以 LP 无可行解.

鉴于在 $\boldsymbol{B}^{-1}\boldsymbol{b}\geqslant\boldsymbol{0}$ 不成立的情况下进行基矩阵迭代的行变换，要决定非零的主元 a_{lk}'，其行下标 $l\in S$ 一般由以下准则决定：

$$(\boldsymbol{B}^{-1}\boldsymbol{b})_l=\min\{(\boldsymbol{B}^{-1}\boldsymbol{b})_i\mid(\boldsymbol{B}^{-1}\boldsymbol{b})_i<0\}<0.$$

鉴于定理 2.8.1，若 LP 有解，对于选定的行下标 $l\in S$，当存在 $j\in T$，$a_{lj}'<0$ 时，可按如下方式决定 a_{lk}' 的列下标 $k\in T$，从而决定主元 a_{lk}'. 所谓如下方式是按这

样的思路运作的. 若已选得主元 a'_{lk}，由基矩阵 $\boldsymbol{B}$ 经行变换而得到新基矩阵 $\bar{\boldsymbol{B}}$，自然要求保持对偶可行性，即 $\boldsymbol{\sigma}_{\bar{T}}\geqslant\mathbf{0}$. 另外要求相应的目标值单调增加，即 $\boldsymbol{c}_S^{\mathrm{T}}\boldsymbol{B}^{-1}\boldsymbol{b}\leqslant\boldsymbol{c}_S^{\mathrm{T}}\bar{\boldsymbol{B}}^{-1}\boldsymbol{b}$. 这是因为由对偶可行基 $\boldsymbol{B}$ 得到的 $\boldsymbol{\lambda}=(\boldsymbol{c}_S^{\mathrm{T}}\boldsymbol{B}^{-1})^{\mathrm{T}}$ 是 DLP 的可行解，由弱对偶性可知，DLP 的目标值 $\boldsymbol{\lambda}^{\mathrm{T}}\boldsymbol{b}=\boldsymbol{c}_S^{\mathrm{T}}\boldsymbol{B}^{-1}\boldsymbol{b}$ 总小于 LP 的任一目标值，而当 $\boldsymbol{B}$ 又是 LP 的可行基矩阵时，相应的 LP 的目标值也就等于 $\boldsymbol{c}_S^{\mathrm{T}}\boldsymbol{B}^{-1}\boldsymbol{b}$，此时由定理 2.7.4 立刻得知，$\boldsymbol{B}$ 是 LP 的最优可行基矩阵. 所以在迭代过程中要求所得到 DLP 的目标值保持单调增加的走势是合理的，这是迫近 LP 的最优值的正确取向. 为实现这一思路唯有从以下目标函数变换公式入手：

$$\begin{aligned}\boldsymbol{c}^{\mathrm{T}}\boldsymbol{x}&=\boldsymbol{c}_S^{\mathrm{T}}\boldsymbol{B}^{-1}\boldsymbol{b}+\sum_{j\in T}\sigma_j x_j\\&=\boldsymbol{c}_S^{\mathrm{T}}\boldsymbol{B}^{-1}\boldsymbol{b}+\sum_{j\in T\setminus k}\sigma_j x_j+\sigma_k\left(\frac{b'_l}{a'_{lk}}-\sum_{j\in T,\ j\neq k}\frac{a'_{lj}}{a'_{lk}}x_j-\frac{x_l}{a'_{lk}}\right)\\&=\left(c_S^{\mathrm{T}}B^{-1}b+\sigma_k\frac{b'_l}{a'_{lk}}\right)+\sum_{j\in T\setminus k}\left(\sigma_j-\frac{a'_{lj}}{a'_{lk}}\sigma_k\right)x_j-\frac{\sigma_k}{a'_{lk}}x_l.\end{aligned}$$

在单纯形变换下，要求 $\bar{\boldsymbol{B}}$ 是对偶可行基矩阵相当于要求 $\boldsymbol{\sigma}_{\bar{T}}\geqslant\mathbf{0}$，但是由上式得到

$$\boldsymbol{\sigma}_{\bar{S}}\geqslant\mathbf{0}\Leftrightarrow\begin{cases}-\dfrac{\sigma_k}{a'_{lk}}\geqslant 0,\\ \sigma_j-\dfrac{a'_{lj}}{a'_{lk}}\sigma_k\geqslant 0.\end{cases}$$

由于 $a'_{lk}<0$，$\sigma_k\geqslant 0$，以上第一式 $-\dfrac{\sigma_k}{a'_{lk}}\geqslant 0$ 总是成立的. 注意到 $\boldsymbol{B}$ 是对偶可行基矩阵，对于 $j\in T$，$a'_{lj}\geqslant 0$，以上第二式总是成立的；而对于 $j\in T$，$a'_{lj}<0$，第二式中不等式相当于要求 $\dfrac{\sigma_k}{a'_{lk}}\geqslant\dfrac{\sigma_j}{a'_{lj}}$. 于是，有以下选择 a'_{lk} 的列下标 $k\in T$ 的准则：

$$\frac{\sigma_k}{a'_{lk}}=\max\left\{\frac{\sigma_j}{a'_{lj}}\,\middle|\,a'_{lj}<0\right\}.\tag{2.62}$$

有趣的是在做好保证 $\boldsymbol{\sigma}_{\bar{S}}\geqslant\mathbf{0}$ 成立的工作后，原先的另一个要求，即要求 $\boldsymbol{c}_S^{\mathrm{T}}\boldsymbol{B}^{-1}\boldsymbol{b}\leqslant\boldsymbol{c}_{\bar{S}}^{\mathrm{T}}\bar{\boldsymbol{B}}^{-1}\boldsymbol{b}$，居然也自动满足了，请看推演如下：由于 $\sigma_k\geqslant 0$，$b'_l<0$，$a'_{lk}<0$，有 $\sigma_k\dfrac{b'_l}{a'_{lk}}\geqslant 0$，进而有 $\boldsymbol{c}_{\bar{S}}^{\mathrm{T}}\bar{\boldsymbol{B}}^{-1}\boldsymbol{b}=\boldsymbol{c}_S^{\mathrm{T}}\boldsymbol{B}^{-1}\boldsymbol{b}+\sigma_k\dfrac{b'_l}{a'_{lk}}\geqslant\boldsymbol{c}_S^{\mathrm{T}}\boldsymbol{B}^{-1}\boldsymbol{b}$. 若引入对偶可行基的非退化假设：$\sigma_j>0$，$j\in T$. 由于 $\sigma_k\dfrac{b'_l}{a'_{lk}}>0$，就得到 $\boldsymbol{c}_{\bar{S}}^{\mathrm{T}}\bar{\boldsymbol{B}}^{-1}\boldsymbol{b}>\boldsymbol{c}_S^{\mathrm{T}}\boldsymbol{B}^{-1}\boldsymbol{b}$，即对偶单纯形法迭代目标值 $\boldsymbol{c}^{\mathrm{T}}\boldsymbol{x}=\boldsymbol{c}_S^{\mathrm{T}}\boldsymbol{B}^{-1}\boldsymbol{b}$ 严格增加.

例 2.8.1　利用对偶单纯形法求解以下线性规划

$$
\begin{aligned}
\min\ z = 3x_1 + 4x_2 + 5x_3\,,\\
\text{s.t.}\ \ x_1 + 2x_2 + 3x_3 \geqslant 5\,,\\
2x_1 + 2x_2 + x_3 \geqslant 6\,,\\
x_1,\ x_2,\ x_3 \geqslant 0.
\end{aligned}
$$

解　改变不等式方向，引入松弛变量，形成等式约束，进行以下对偶单纯形迭代(表 2-8)：

表 2-8

	c_j		3	4	5	0	0
$\boldsymbol{c}_B$	$\boldsymbol{B}$	$\boldsymbol{b}$	P_1	P_2	P_3	P_4	P_5
0	P_4	-5	-1	-2	-3	1	0
0	P_5	-6	(-2)	-2	-1	0	1
	σ_j		3	4	5	0	0
	θ_j		$-\frac{3}{2}$	-2	-5		
0	P_4	-2	0	(-1)	$-\frac{5}{2}$	1	$-\frac{1}{2}$
3	P_1	3	1	1	$\frac{1}{2}$	0	$-\frac{1}{2}$
	σ_j		0	1	$\frac{7}{2}$	0	$\frac{3}{2}$
	θ_j			-1	$-\frac{7}{5}$		-3
4	P_2	2	0	1	$\frac{5}{2}$	-1	$\frac{1}{2}$
3	P_1	1	1	0	-2	1	-1
	σ_j		0	0	1	1	1

得到最优解 $\boldsymbol{x}^* = (1,\ 2,\ 0)^{\mathrm{T}}$ 和最优值 $f^* = 11$.

2.9 线性规划单纯形法的应用

考虑标准型线性规划

$$LP-\min z = \boldsymbol{c}^{\mathrm{T}}\boldsymbol{x},$$
$$\text{s.t. } \boldsymbol{Ax} = \boldsymbol{b},\ \boldsymbol{x} \geqslant \boldsymbol{0}.$$

设 $\boldsymbol{B}$ 是 LP 的最优可行基,不妨写 $\boldsymbol{A}=(\boldsymbol{B},\ \boldsymbol{N})$. 这一节应用单纯形法知识研究如下问题:记 $\Delta\boldsymbol{c}$, $\Delta\boldsymbol{b}$, $\Delta\boldsymbol{N}$ 为相应于 $\boldsymbol{c}$, $\boldsymbol{b}$, $\boldsymbol{N}$ 的变化量,问 $\Delta\boldsymbol{c}$, $\Delta\boldsymbol{b}$, $\Delta\boldsymbol{N}$ 在怎样的限制条件下,$\boldsymbol{B}$ 也是由 LP 变化而得的线性规划

$$LP'-\min z = (\boldsymbol{c}+\Delta\boldsymbol{c})^{\mathrm{T}}\boldsymbol{x},$$
$$\text{s.t. } (\boldsymbol{B},\ \boldsymbol{N}+\Delta\boldsymbol{N})\boldsymbol{x} = (\boldsymbol{b}+\Delta\boldsymbol{b}),\ \boldsymbol{x} \geqslant \boldsymbol{0}$$

的最优可行基? 这一般称为线性规划的灵敏度分析. 以下避免文字赘述,而以较清晰的数学式子给出对各种变化的分析(包括决策变量和约束条件的增减变化).

(1) $\Delta\boldsymbol{c}_S=\boldsymbol{0}$, $\Delta\boldsymbol{b}=\boldsymbol{0}$, $\Delta\boldsymbol{N}=\boldsymbol{0}$, $\Delta\boldsymbol{c}_T\neq\boldsymbol{0}$. 由定理 2.5.1 和判别数的定义可知

$$\boldsymbol{B}\in \boldsymbol{O}_{LP'}\cap \boldsymbol{E}_{LP'}\Leftrightarrow \Delta\boldsymbol{c}_T \geqslant -\boldsymbol{\sigma}_T.$$

此时 LP'的最优值仍是 $\boldsymbol{c}_S^{\mathrm{T}}\boldsymbol{B}^{-1}\boldsymbol{b}$.

(2) $\Delta\boldsymbol{c}_T=\boldsymbol{0}$, $\Delta\boldsymbol{b}=\boldsymbol{0}$, $\Delta\boldsymbol{N}=\boldsymbol{0}$, $\Delta\boldsymbol{c}_S\neq\boldsymbol{0}$. 由定理 2.5.1 和判别数的定义可知

$$\boldsymbol{B}\in \boldsymbol{O}_{LP'}\cap \boldsymbol{E}_{LP'}\Leftrightarrow \boldsymbol{\sigma}_T^{\mathrm{T}}-(\Delta\boldsymbol{c}_S)^{\mathrm{T}}\boldsymbol{B}^{-1}\boldsymbol{N}\geqslant \boldsymbol{0}.$$

此时 LP'的最优值是$(\boldsymbol{c}_S+\Delta\boldsymbol{c}_S)^{\mathrm{T}}\boldsymbol{B}^{-1}\boldsymbol{b}$.

注:以上两条中,当限制条件不满足,由于 $\boldsymbol{B}\in\boldsymbol{E}_{LP}\cap\boldsymbol{E}_{LP'}$,可以 $\boldsymbol{B}$ 为初始可行基,对 LP'进行单纯形法迭代求最优解.

(3) $\Delta\boldsymbol{c}=\boldsymbol{0}$, $\Delta\boldsymbol{N}=\boldsymbol{0}$, $\Delta\boldsymbol{b}\neq\boldsymbol{0}$. 由定理 2.5.1 可知

$$\boldsymbol{B}\in \boldsymbol{O}_{LP'}\cap \boldsymbol{E}_{LP'}\Leftrightarrow \boldsymbol{B}^{-1}(\boldsymbol{b}+\Delta\boldsymbol{b})\geqslant \boldsymbol{0}\ \ (\text{因为 } \boldsymbol{\sigma}_T\geqslant\boldsymbol{0} \text{ 不变}).$$

此时 LP'的最优值是$(\boldsymbol{c}_S)^{\mathrm{T}}\boldsymbol{B}^{-1}(\boldsymbol{b}+\Delta\boldsymbol{b})$.

注:当限制条件不满足时,易见 $\boldsymbol{B}$ 是 LP'的对偶可行基,可以 $\boldsymbol{B}$ 为初始对偶可行基,对 LP'进行对偶单纯形法迭代求最优解.

(4) $\Delta\boldsymbol{c}=\boldsymbol{0}$, $\Delta\boldsymbol{b}=\boldsymbol{0}$, $\Delta\boldsymbol{N}\neq\boldsymbol{0}$. 由定理 2.5.1 和判别数的定义可知

$$\begin{aligned}&\boldsymbol{B}\in \boldsymbol{O}_{LP'}\cap \boldsymbol{E}_{LP'}\\ \Leftrightarrow\ &\boldsymbol{c}_T^{\mathrm{T}}-\boldsymbol{c}_S^{\mathrm{T}}\boldsymbol{B}^{-1}(\boldsymbol{N}+\Delta\boldsymbol{N})\geqslant\boldsymbol{0}\\ \Leftrightarrow\ &\boldsymbol{\sigma}_T^{\mathrm{T}}-\boldsymbol{c}_S^{\mathrm{T}}\boldsymbol{B}^{-1}\Delta\boldsymbol{N}\geqslant 0.\end{aligned}$$

此时 LP' 的最优值仍是 $\boldsymbol{c}_S^{\mathrm{T}}\boldsymbol{B}^{-1}\boldsymbol{b}$.

注: 当限制条件不满足，由于 $\boldsymbol{B}\in \boldsymbol{E}_{LP}\cap \boldsymbol{E}_{LP'}$，可以 $\boldsymbol{B}$ 为初始可行基，对 LP' 进行单纯形法迭代求最优解.

（5）增加一个决策变量. 此时变化后的线性规划为

$$LP'-\min z=\boldsymbol{c}^{\mathrm{T}}\boldsymbol{x}+\boldsymbol{c}_{n+1}\boldsymbol{x}_{n+1},$$
$$\text{s.t.}\ (\boldsymbol{A},\ \boldsymbol{p}_{n+1})\begin{pmatrix}\boldsymbol{x}\\ \boldsymbol{x}_{n+1}\end{pmatrix}=\boldsymbol{b},\ \boldsymbol{x},\ \boldsymbol{x}_{n+1}\geqslant \boldsymbol{0}.$$

注意到 $\Delta \boldsymbol{c}=\boldsymbol{0}$，$\Delta \boldsymbol{b}=\boldsymbol{0}$，$\boldsymbol{N}$ 变为 $(\boldsymbol{N},\ \boldsymbol{p}_{n+1})$，而 $\boldsymbol{B}\in \boldsymbol{E}_{LP}\cap \boldsymbol{E}_{LP'}$（因为 $\boldsymbol{B}^{-1}\boldsymbol{b}\geqslant \boldsymbol{0}$ 不变）. 有

$$\begin{aligned}&\boldsymbol{B}\in \boldsymbol{O}_{LP'}\cap \boldsymbol{E}_{LP'}\\ \Leftrightarrow&(\boldsymbol{c}^{\mathrm{T}},\ \boldsymbol{c}_{n+1})-\boldsymbol{c}_S^{\mathrm{T}}\boldsymbol{B}^{-1}(\boldsymbol{A},\ \boldsymbol{p}_{n+1})\geqslant \boldsymbol{0}\\ \Leftrightarrow&(\boldsymbol{c}^{\mathrm{T}}-\boldsymbol{c}_S^{\mathrm{T}}\boldsymbol{B}^{-1}\boldsymbol{A},\ \boldsymbol{c}_{n+1}-\boldsymbol{c}_S^{\mathrm{T}}\boldsymbol{B}^{-1}\boldsymbol{p}_{n+1})\geqslant \boldsymbol{0}\\ \Leftrightarrow&\boldsymbol{c}_{n+1}-\boldsymbol{c}_S^{\mathrm{T}}\boldsymbol{B}^{-1}\boldsymbol{p}_{n+1}\geqslant 0\text{（因为 }\boldsymbol{c}^{\mathrm{T}}-\boldsymbol{c}_S^{\mathrm{T}}\boldsymbol{B}^{-1}\boldsymbol{A}\geqslant \boldsymbol{0}\text{）}.\end{aligned}$$

此时 LP' 的最优值仍是 $\boldsymbol{c}_S^{\mathrm{T}}\boldsymbol{B}^{-1}\boldsymbol{b}$.

注: 当 $\boldsymbol{c}_{n+1}-\boldsymbol{c}_S^{\mathrm{T}}\boldsymbol{B}^{-1}\boldsymbol{p}_{n+1}<\boldsymbol{0}$，可以 $\boldsymbol{B}$ 为初始可行基，对 LP' 进行单纯形法迭代求最优解，选择进基变量下标 $k=n+1$.

（6）增加一个约束条件. 考虑变化后的线性规划为

$$LP'-\min z=\boldsymbol{c}^{\mathrm{T}}\boldsymbol{x},$$
$$\text{s.t.}\ \boldsymbol{A}\boldsymbol{x}=\boldsymbol{b},\ \boldsymbol{d}^{\mathrm{T}}\boldsymbol{x}+\boldsymbol{x}_{n+1}=\boldsymbol{b}_{m+1},\ \boldsymbol{x},\ \boldsymbol{x}_{n+1}\geqslant \boldsymbol{0}.$$

或写为

$$LP'-\min z=\boldsymbol{c}^{\mathrm{T}}\boldsymbol{x},$$
$$\text{s.t.}\ \begin{bmatrix}\boldsymbol{B} & \boldsymbol{N} & \boldsymbol{0}\\ \boldsymbol{d}_B^{\mathrm{T}} & \boldsymbol{d}_N^{\mathrm{T}} & 1\end{bmatrix}\begin{bmatrix}\boldsymbol{x}\\ \boldsymbol{x}_{n+1}\end{bmatrix}=\begin{pmatrix}\boldsymbol{b}\\ \boldsymbol{b}_{m+1}\end{pmatrix},$$
$$\boldsymbol{x},\ \boldsymbol{x}_{n+1}\geqslant \boldsymbol{0}.$$

显然，$\widetilde{\boldsymbol{B}}=\begin{bmatrix}\boldsymbol{B} & \boldsymbol{0}\\ \boldsymbol{d}_S^{\mathrm{T}} & 1\end{bmatrix}$ 是基. 有

$$\widetilde{\boldsymbol{B}}\in \boldsymbol{E}_{LP'}\Leftrightarrow \begin{bmatrix}\boldsymbol{B} & \boldsymbol{0}\\ \boldsymbol{d}_S^{\mathrm{T}} & 1\end{bmatrix}^{-1}\begin{bmatrix}\boldsymbol{b}\\ \boldsymbol{b}_{m+1}\end{bmatrix}\geqslant 0\Leftrightarrow \begin{bmatrix}\boldsymbol{B}^{-1} & \boldsymbol{0}\\ -\boldsymbol{d}_S^{\mathrm{T}}\boldsymbol{B}^{-1} & 1\end{bmatrix}\begin{bmatrix}\boldsymbol{b}\\ \boldsymbol{b}_{m+1}\end{bmatrix}\geqslant \boldsymbol{0}$$
$$\Leftrightarrow \begin{bmatrix}\boldsymbol{B}^{-1}\boldsymbol{b}\\ -\boldsymbol{d}_S^{\mathrm{T}}\boldsymbol{B}^{-1}\boldsymbol{b}+b_{m+1}\end{bmatrix}\geqslant 0\Leftrightarrow b_{m+1}\geqslant \boldsymbol{d}_S^{\mathrm{T}}\boldsymbol{B}^{-1}\boldsymbol{b}\quad\text{（因为 }\boldsymbol{B}^{-1}\boldsymbol{b}\geqslant \boldsymbol{0}\text{）}.$$

此时 $\boldsymbol{x}_{n+1}$ 为可行基变量. 当 $b_{m+1}<\boldsymbol{d}_S^{\mathrm{T}}\boldsymbol{B}^{-1}\boldsymbol{b}$ 时, $\widetilde{\boldsymbol{B}}$ 不是 LP' 的可行基. 但是, 注意到 $\boldsymbol{c}_{\widetilde{S}}^{\mathrm{T}}=(\boldsymbol{c}_S^{\mathrm{T}},\ \boldsymbol{0})$, 有以下关于 LP' 的判别数的计算

$$(\boldsymbol{c}^{\mathrm{T}},\ \boldsymbol{0})-\boldsymbol{c}_{\widetilde{S}}^{\mathrm{T}}\ \widetilde{B}^{-1}\begin{pmatrix}\boldsymbol{A} & \boldsymbol{0}\\ \boldsymbol{d}^{\mathrm{T}} & 1\end{pmatrix}=(\boldsymbol{c}^{\mathrm{T}},\ \boldsymbol{0})-(\boldsymbol{c}_S^{\mathrm{T}},\ \boldsymbol{0})\begin{pmatrix}\boldsymbol{B}^{-1} & \boldsymbol{0}\\ -\boldsymbol{d}_S^{\mathrm{T}}\boldsymbol{B}^{-1} & 1\end{pmatrix}\begin{pmatrix}\boldsymbol{A} & \boldsymbol{0}\\ \boldsymbol{d}^{\mathrm{T}} & 1\end{pmatrix}$$

$$=(\boldsymbol{c}^{\mathrm{T}},\ \boldsymbol{0})-(\boldsymbol{c}_S^{\mathrm{T}}\boldsymbol{B}^{-1},\ \boldsymbol{0})\begin{pmatrix}\boldsymbol{A} & \boldsymbol{0}\\ \boldsymbol{d}^{\mathrm{T}} & 1\end{pmatrix}=(\boldsymbol{c}^{\mathrm{T}},\ \boldsymbol{0})-(\boldsymbol{c}_S^{\mathrm{T}}\boldsymbol{B}^{-1}\boldsymbol{A},\ \boldsymbol{0})$$

$$=(\boldsymbol{c}^{\mathrm{T}}-\boldsymbol{c}_S^{\mathrm{T}}\boldsymbol{B}^{-1}\boldsymbol{A},\ \boldsymbol{0})\geqslant\boldsymbol{0}.$$

所以在任何情形下, $\widetilde{\boldsymbol{B}}=\begin{pmatrix}\boldsymbol{B} & \boldsymbol{0}\\ \boldsymbol{d}_S^{\mathrm{T}} & 1\end{pmatrix}$ 总是 LP' 的对偶可行基. 这样, 当 $b_{m+1}\geqslant\boldsymbol{d}_S^{\mathrm{T}}\boldsymbol{B}^{-1}\boldsymbol{b}$ 时, $\widetilde{\boldsymbol{B}}$ 是 LP' 的最优可行基, 而当 $b_{m+1}<\boldsymbol{d}_S^{\mathrm{T}}\boldsymbol{B}^{-1}\boldsymbol{b}$ 时, , 可以 $\widetilde{\boldsymbol{B}}$ 为初始对偶可行基, 对 LP' 进行对偶单纯形法迭代求最优解. 选择离基变量下标 $l=m+1$.

习题 2

1. 给出下列三个线性规划的标准型.

(1) $\max\ 3x_1-x_2-x_3,$

$$\begin{aligned}\text{s.t. }\ & x_1-2x_2+x_3\leqslant 11,\\ & -4x_1+x_2+2x_3\geqslant 3,\\ & -2x_1+x_3=1,\\ & x_1,\ x_2,\ x_3\geqslant 0.\end{aligned}$$

(2) $\min\ 2x_1+3x_2,$

$$\begin{aligned}\text{s.t. }\ & 2x_1+x_2\leqslant 7,\\ & 3x_1-x_2\geqslant 3,\\ & x_1\geqslant 0.\end{aligned}$$

(3) $\max\ \boldsymbol{c}^{\mathrm{T}}\boldsymbol{x},$

$\quad$ s.t. $\boldsymbol{A}\boldsymbol{x}\leqslant\boldsymbol{b}.$

2. 给出下列标准型线性规划的以 x_1, x_2 为基变量的一个基可行解, 并说明不存在以 x_2, x_3 为基变量的基可行解.

$$\begin{aligned}\min\ & x_1-2x_2+3x_3,\\ \text{s.t. }\ & -2x_1+x_2+3x_3=2,\\ & 2x_1+3x_2+4x_3=10,\\ & x_1,\ x_2,\ x_3\geqslant 0.\end{aligned}$$

3. 利用单纯形法求解下列线性规划.

(1) $\min\ 3x_1 + 2x_2 + x_3 - x_4$,

s. t. $x_1 - 2x_2 + 3x_3 - x_4 \leqslant 15$,

$2x_1 + x_2 - x_3 + 2x_4 \leqslant 10$,

$x_1, x_2, x_3, x_4 \geqslant 0$.

(2) $\max\ 10x_1 + 11x_2$,

s. t. $3x_1 + 4x_2 \leqslant 9$,

$5x_1 + 2x_2 \leqslant 8$,

$x_1 - 2x_2 \leqslant 1$,

$x_1, x_2 \geqslant 0$.

4. 设在单纯形法的某次迭代时 x_j 为离基变量,试证在下一次迭代时 x_j 必不是进基变量.

5. 对于给定标准型线性规划,假定 $\boldsymbol{B}$ 是一个可行基,若 $\boldsymbol{c}_N^{\mathrm{T}} - \boldsymbol{c}_B^{\mathrm{T}}\boldsymbol{B}^{-1}\boldsymbol{N} > \boldsymbol{0}$,则相应的基可行解是该线性规划的唯一的最优解.

6. 设利用单纯形法求解某个线性规划其标准形为

$$LP - \min z = \boldsymbol{c}^{\mathrm{T}}\boldsymbol{x},$$
$$\text{s. t. } \boldsymbol{Ax} = \boldsymbol{b},\ \boldsymbol{x} \geqslant \boldsymbol{0}.$$

在某次迭代中,若不以选择 σ_j 为最负为进基向量的标准,而是选择

$$\min_k \left\{ \max_i \left[\frac{\sigma_k b'_i}{a'_{ik}} \mid a'_{ik} > 0 \right] \right\}$$

为进基向量的标准. 试证明这个准则能导致目标函数值的最大改进.

7. 利用大 M 单纯形法求解下列线性规划:

$$\min\ 2x_1 + 3x_2,$$
$$\text{s. t. } 2x_1 + x_2 = 7,$$
$$3x_1 - x_2 \geqslant 3,$$
$$x_1 + x_2 \leqslant 5,$$
$$x_1, x_2 \geqslant 0.$$

8. 利用二阶段单纯形法求解下列线性规划:

$$\min\ x_1 - 2x_2 + 3x_3,$$
$$\text{s. t. } -2x_1 + x_2 + 3x_3 = 2,$$
$$2x_1 + 3x_2 + 4x_3 = 10,$$
$$x_1, x_2, x_3 \geqslant 0.$$

9. 利用大 M 单纯形法求解下列线性规划:

$$\begin{aligned}
\min\ & -10x_1-5x_2-2x_3+6x_4,\\
\text{s. t.}\ & 5x_1+3x_2+x_3\leqslant 9,\\
& -5x_1+6x_2+15x_3\leqslant 15,\\
& 2x_1+x_2+x_3-x_4=3,\\
& x_1,x_2,x_3,x_4\geqslant 0.
\end{aligned}$$

10. 对于 $\boldsymbol{b}\geqslant\boldsymbol{0}$，$\boldsymbol{b}\neq\boldsymbol{0}$，考虑以下线性规划

$$\begin{aligned}
LP-\min\ & z=\boldsymbol{c}^{\mathrm{T}}\boldsymbol{x},\\
\text{s. t.}\ & \boldsymbol{A}\boldsymbol{x}\geqslant\boldsymbol{b},\ \boldsymbol{x}\geqslant\boldsymbol{0}.
\end{aligned}$$

(1) 把上述线性规划写成标准形；

(2) 设计一法仅用一个人工变量就可借助大 M 法求解上述标准形式的线性规划；

(3) 利用上述方法求解：

$$\begin{aligned}
\min\ & f=x_1-2x_2+3x_3,\\
\text{s. t.}\ & x_1+2x_2+x_3\geqslant 4,\\
& 2x_1+x_2+x_3\geqslant 5,\\
& 2x_1+3x_2+2x_3\geqslant 6,\\
& x_1,x_2,x_3\geqslant 0.
\end{aligned}$$

11. 写出下列线性规划的对偶规划：

$$\begin{aligned}
\min\ & x_1-2x_2+3x_3,\\
\text{s. t.}\ & -2x_1+x_2+3x_3=2,\\
& 2x_1+3x_2+4x_3=10,\\
& x_1,x_2,x_3\geqslant 0.
\end{aligned}$$

12. 写出下列线性规划的对偶规划：

$$\begin{aligned}
\min\ & 2x_1+3x_2,\\
\text{s. t.}\ & 2x_1+x_2=7,\\
& 3x_1-x_2\geqslant 3,\\
& x_1+x_2\leqslant 5,\\
& x_1,x_2\geqslant 0.
\end{aligned}$$

13. 利用对偶单纯形法求解下列线性规划：

$$\begin{aligned}
\min\ & 3x_1+2x_2+x_3-4x_4,\\
\text{s. t.}\ & 2x_1+4x_2+3x_3+x_4=6,\\
& -2x_1+3x_2-x_3\geqslant 3,\\
& x_1,x_2,x_3,x_4\geqslant 0.
\end{aligned}$$

14. 考虑下列线性规划问题：

$$
\begin{aligned}
\min z &= 5x_1 - 5x_2 - 13x_3,\\
\text{s. t. } & -x_1 + x_2 + 3x_3 \leqslant 20,\\
& 12x_1 + 4x_2 + 10x_3 \leqslant 90,\\
& x_1,\ x_2,\ x_3 \geqslant 0.
\end{aligned}
$$

写成标准型，用单纯形法求得最优基可行解，然后对原线性规划问题分别进行下列改变，试用原问题的最优单纯形表分别求得新问题的最优解：

(i) 目标函数中 c_3 由 -13 改变为 -8.

(ii) 右端向量 $\boldsymbol{b}=\begin{pmatrix}20\\90\end{pmatrix}$改为 $\boldsymbol{b}'=\begin{pmatrix}30\\70\end{pmatrix}$.

(iii) $\boldsymbol{A}$ 的列$\begin{pmatrix}-1\\12\end{pmatrix}$改变为$\begin{pmatrix}0\\5\end{pmatrix}$.

(iv) 增加约束条件 $2x_1 + 3x_2 + 5x_3 \leqslant 50$.

第 3 章　非线性规划的 K-T 最优性条件

3.1　非线性规划的标准型

本章所讲的非线性规划具有以下形式

$$
\begin{aligned}
NP-&\min_{x\in \mathbf{R}^n} f(\boldsymbol{x}),\\
\text{s.t. }\ & c_i(\boldsymbol{x}) = 0,\ i = 1,\ \cdots,\ l,\\
& c_i(\boldsymbol{x}) \geqslant 0,\ i = l+1,\ \cdots,\ m.
\end{aligned}
\tag{3.1}
$$

其中,无论目标函数还是约束函数都是 $\mathbf{R}^n$ 上的连续可微的实值函数.类似于线性规划方法,式(3.1)也称为标准型非线性规划,对于所遇到的其他形式的非线性规划问题,也是先化为标准型,再进行处理. 非线性规划的约束条件给出了一个称为可行域的集合:

$$
X = \{\boldsymbol{x} \in \mathbf{R}^n \mid c_i(\boldsymbol{x}) = 0,\ i = 1,\ \cdots,\ l;\ c_i(\boldsymbol{x}) \geqslant 0,\ i = l+1,\ \cdots,\ m\},
\tag{3.2}
$$

其中的点称为可行点. 记 $E = \{1,\ 2,\ \cdots,\ l\}$ 为等式约束的下标集, $I = \{l+1,\ \cdots,\ m\}$ 为不等式约束的下标集. 为了下文叙述的需要,再引入以下有关定义.

定义 3.1.1　$\boldsymbol{x}\in X$ 的有效集合 $I(\boldsymbol{x})=\{i \mid c_i(\boldsymbol{x})=0,\ i\in I\}$. $\boldsymbol{x}\in X$ 的有效不等式约束:$c_i(\boldsymbol{x})\geqslant 0,\ i\in I(\boldsymbol{x})$. $\boldsymbol{x}\in X$ 的非有效不等式约束: $c_i(\boldsymbol{x})\geqslant 0,\ i\in I\setminus I(\boldsymbol{x})$. 另外,对于 $\boldsymbol{x}\in X$,记 $A(\boldsymbol{x})=E\cup I(\boldsymbol{x})$.

例 3.1.1　考察下列标准型非线性规划问题:

$$
\begin{aligned}
\min\ & f(\boldsymbol{x}) = (x_1-2)^2 + x_2^2,\\
\text{s.t. }\ & c_1(\boldsymbol{x}) = x_1 \geqslant 0,\\
& c_2(\boldsymbol{x}) = x_2 \geqslant 0,\\
& c_3(\boldsymbol{x}) = 1-(x_1^2 + x_2^2) = 0.
\end{aligned}
$$

显然 $\boldsymbol{x}^*=(1,\ 0)^{\mathrm{T}}$ 为该问题的可行点. 易见,

$$E=\{3\},\ I=\{1,\ 2\},\ I(\boldsymbol{x}^*)=\{2\},$$
$$A(\boldsymbol{x}^*)=\{2,\ 3\}.$$

所以,$c_2(\boldsymbol{x})\geqslant 0$ 为 $\boldsymbol{x}^*$ 的有效不等式约束,而 $c_1(\boldsymbol{x})\geqslant 0$ 为 $\boldsymbol{x}^*$ 的非有效不等式约束.

定义 3.1.2　设 $\boldsymbol{x}^*\in X$. 若 $f(\boldsymbol{x})\geqslant f(\boldsymbol{x}^*)$, $\forall\,\boldsymbol{x}\in X$,则称 $\boldsymbol{x}^*$ 是 $f(\boldsymbol{x})$在 X 上的一个全局最小点. 若 $f(\boldsymbol{x})>f(x^*)$, $\forall\,\boldsymbol{x}\in X\backslash\{\boldsymbol{x}^*\}$,则称 $\boldsymbol{x}^*$ 是 $f(\boldsymbol{x})$在 X 上的一个严格全局最小点. 若存在 $\boldsymbol{x}^*$ 的一个邻域 $O(\boldsymbol{x}^*,\ \varepsilon)=\left\{\boldsymbol{x}\in\mathbf{R}^n\ \middle|\ \|\boldsymbol{x}-\boldsymbol{x}^*\|<\varepsilon\right\}$,使得 $f(\boldsymbol{x})\geqslant f(\boldsymbol{x}^*)$, $\forall\,\boldsymbol{x}\in X\cap O(\boldsymbol{x}^*,\varepsilon)$,则称 $\boldsymbol{x}^*$ 是 $f(\boldsymbol{x})$在 X 上的一个局部极小点.

例 3.1.2　考察下列非线性规划问题:

$$\begin{aligned}\min\ & f(\boldsymbol{x})=-x_1^2+x_2^2+x_1+x_2,\\ \text{s.t.}\ & -1\leqslant x_1\leqslant 1,\\ & -1\leqslant x_2\leqslant 1.\end{aligned}\tag{3.3}$$

由于目标函数是不定二次函数,因其 Hessen 矩阵$\nabla^2 f(\boldsymbol{x})=\begin{bmatrix}-1 & 0\\ 0 & 1\end{bmatrix}$,根据初等微积分知识,非线性规划问题(3.3)的最优点必位于可行集的边界. 这是非线性规划的一类重要的研究对象. 但是问题(3.3)的变量分离,可分解为两个一元二次多项式的优化,由直接观察可知,非线性规划问题(3.3)的全局最优点是 $\boldsymbol{x}^*=\left[-1,\ \ \dfrac{-1}{2}\right]^{\mathrm{T}}$. 可以把非线性规划问题(3.3)改写成以下标准型:

$$\begin{aligned}\min\ & f(\boldsymbol{x})=-x_1^2+x_2^2+x_1+x_2,\\ \text{s.t.}\ & c_1(\boldsymbol{x})=1-x_1^2\geqslant 0,\\ & c_2(\boldsymbol{x})=1-x_2^2\geqslant 0.\end{aligned}$$

易见,$I(\boldsymbol{x}^*)=\{1\}$,而 $c_2(\boldsymbol{x}^*)=1-\left(\dfrac{-1}{2}\right)^2=\dfrac{3}{4}>0$. 所以,$c_1(\boldsymbol{x})\geqslant 0$ 为 $\boldsymbol{x}^*$ 的有效不等式约束,而 $c_2(\boldsymbol{x})\geqslant 0$ 为 $\boldsymbol{x}^*$ 的非有效不等式约束.

3.2　标准型非线性规划的 K-T 定理

本节讲标准型非线性规划的最优性条件,讨论目标函数在可行域上取到最小

点或局部最小点时的数学性态，涉及目标函数和诸约束函数的梯度之间的联系. 如果说线性规划在最优点处主要反映出其几何与代数性态，那么非线性规划的最优化在微观层面则更体现其分析性态.

标准型非线性规划的最常用的最优性条件是 K-T 必要性条件（由 Kuhn-Tucker 在 1951 年得到），可表述为以下定理.

定理 3.2.1(K-T 定理) 对于式(3.1)中的标准型非线性规划 NP，若(i) $\boldsymbol{x}^*$ 为 $f(\boldsymbol{x})$ 在 X 上的局部极小点；(ii) $f(\boldsymbol{x})$, $c_i(\boldsymbol{x})$, $i=1, 2, \cdots, m$ 在 $\boldsymbol{x}^*$ 点可微；(iii) $\nabla c_i(\boldsymbol{x}^*)$, $i\in A(\boldsymbol{x}^*)=E\cup I(\boldsymbol{x}^*)$ 线性无关，则存在乘子向量 $\boldsymbol{\lambda}^*=(\lambda_1^*, \cdots, \lambda_m^*)^{\mathrm{T}}$ 使得

$$\begin{aligned} \nabla f(\boldsymbol{x}^*) &= \sum_{i=1}^{m}\lambda_i^* \nabla c_i(\boldsymbol{x}^*), \\ \lambda_i^* c_i(\boldsymbol{x}^*) &= 0,\ i\in I, \\ \lambda_i^* &\geqslant 0. \end{aligned} \tag{3.4}$$

上述 K-T 定理的证明留待下一节完成. 这里先通过实例说明 K-T 定理的应用. 为叙述方便引入以下定义.

定义 3.2.1 若 $\boldsymbol{x}^*\in X$，且存在 $\boldsymbol{\lambda}^*=(\lambda_1^*, \cdots, \lambda_m^*)^{\mathrm{T}}$（Lagrange 乘子），使得

$$\begin{aligned} \nabla f(\boldsymbol{x}^*) &= \sum_{i=1}^{m}\lambda_i^* \nabla c_i(\boldsymbol{x}^*), \\ \lambda_i^* c_i(\boldsymbol{x}^*) &= 0,\ i\in I, \\ \lambda_i^* &\geqslant 0 \end{aligned} \tag{3.5}$$

成立，则称 $\boldsymbol{x}^*$ 是标准型非线性规划 NP 的 K-T 点.

注：以上定义中 $\lambda_i^* c_i(\boldsymbol{x}^*)=0$ $(i=1, 2, \cdots, m)$，称为互补性条件，而 $\lambda_i^*\geqslant 0$ $(i=1, 2, \cdots, m)$，称为非负性条件. $\boldsymbol{x}^*$ 是标准型非线性规划 NP 的 K-T 点的另一等价定义是：存在 $\lambda_i^*\geqslant 0,\ i\in I(\boldsymbol{x}^*)$，使得 $\nabla f(\boldsymbol{x}^*)=\sum\limits_{i\in I(\boldsymbol{x}^*)}\lambda_i^*\nabla c_i(\boldsymbol{x}^*)$.

例 3.2.1 考察下列问题：

$$\begin{aligned} \min f(\boldsymbol{x}) &= -3x_1^2-x_2^2-2x_3^2, \\ \text{s. t } c_1(\boldsymbol{x}) &= x_1^2+x_2^2+x_3^2-3=0, \\ c_2(\boldsymbol{x}) &= -x_1+x_2\geqslant 0, \\ c_3(\boldsymbol{x}) &= x_1\geqslant 0, \\ c_4(\boldsymbol{x}) &= x_2\geqslant 0, \\ c_5(\boldsymbol{x}) &= x_3\geqslant 0. \end{aligned}$$

验证 $\boldsymbol{x}^*=(1, 1, 1)^{\mathrm{T}}$ 为上述问题的 K-T 点.

解 (1)
$$I(\boldsymbol{x}^*)=\{2\},$$
$$A(\boldsymbol{x}^*)=E\cup I(\boldsymbol{x}^*)=\{1, 2\}.$$

(2)
$$\nabla f(\boldsymbol{x}^*)=\begin{bmatrix}-6\\-2\\-4\end{bmatrix},\ \nabla c_1(\boldsymbol{x}^*)=\begin{bmatrix}2\\2\\2\end{bmatrix},\ \nabla c_2(\boldsymbol{x}^*)=\begin{bmatrix}-1\\1\\0\end{bmatrix}.$$

(3) 求解不定方程
$$\begin{bmatrix}-6\\-2\\-4\end{bmatrix}=\lambda_1\begin{bmatrix}2\\2\\2\end{bmatrix}+\lambda_2\begin{bmatrix}-1\\1\\0\end{bmatrix}.$$
得到 $\lambda_1=-2$, $\lambda_2=2$.

(4) 由于 $I(\boldsymbol{x}^*)=\{2\}$, $\lambda_2=2>0$,所以
$$\nabla f(\boldsymbol{x}^*)=-2\nabla c_1(\boldsymbol{x}^*)+2\nabla c_2(\boldsymbol{x}^*)=\lambda_1\nabla c_1(\boldsymbol{x}^*)+\lambda_2\nabla c_2(\boldsymbol{x}^*),$$
$$\lambda_2 c_2(\boldsymbol{x}^*)=0,$$
$$\lambda_2>0.$$
由 K-T 点的定义 3.2.1 可知,$\boldsymbol{x}^*=(1, 1, 1)^{\mathrm{T}}$ 为此例所给的约束优化问题的 K-T点.

例 3.2.2 考察下列问题:
$$\begin{aligned}\min\ & f(\boldsymbol{x})=(x_1-2)^2+x_2^2,\\ \text{s.t.}\ & c_1(\boldsymbol{x})=x_1\geqslant 0,\\ & c_2(\boldsymbol{x})=x_2\geqslant 0,\\ & c_3(\boldsymbol{x})=1-(x_1^2+x_2^2)=0.\end{aligned}$$
下面用两种办法来验证 $\boldsymbol{x}^*=(1, 0)^{\mathrm{T}}$ 为上述问题的 K-T 点.

方法一:取乘子向量 $\boldsymbol{\lambda}^*=(\lambda_1^*, \lambda_2^*, \lambda_3^*)^{\mathrm{T}}=(0, 0, 1)^{\mathrm{T}}$,可得到以下等式
$$\begin{aligned}\nabla f(\boldsymbol{x}^*)&=\begin{pmatrix}-2\\0\end{pmatrix}=0\times\begin{pmatrix}1\\0\end{pmatrix}+0\times\begin{pmatrix}0\\1\end{pmatrix}+1\times\begin{pmatrix}-2\\0\end{pmatrix}\\&=\lambda_1^*\nabla c_1(\boldsymbol{x}^*)+\lambda_2^*\nabla c_2(\boldsymbol{x}^*)+\lambda_3^*\nabla c_3(\boldsymbol{x}^*).\end{aligned}$$
另外,显然有 $\lambda_i^* c_i(\boldsymbol{x}_i^*)=0$, $i=1, 2$. 由定义 3.2.1, $\boldsymbol{x}^*=(1, 0)^{\mathrm{T}}$ 为上述问题的 K-T 点.

方法二:从几何上看,等值线是以 $\boldsymbol{z}=(2, 0)^{\mathrm{T}}$ 为中心的圆在第一象限部分,半

径由小增大后第一次与单位圆周（上述问题的等式约束）相交于 $\boldsymbol{x}^*=(1, 0)^{\mathrm{T}}$，所以，$\boldsymbol{x}^*$ 是上述问题的全局极小点. 作为多项式所涉函数更无疑是可微的. 另外，由例 3.1.1 可知，$A(\boldsymbol{x}^*)=\{2, 3\}$，而$\nabla c_2(\boldsymbol{x}^*)=\begin{pmatrix}0\\1\end{pmatrix}$，$\nabla c_3(\boldsymbol{x}^*)=\begin{pmatrix}-2\\0\end{pmatrix}$，可见$\nabla c_2(\boldsymbol{x}^*)$，$\nabla c_2(\boldsymbol{x}^*)$线性无关. 这样直接由 K-T 定理得知，$\boldsymbol{x}^*=(1, 0)^{\mathrm{T}}$ 为上述问题的 K-T点.

例 3.2.3 考虑例 3.2.2 中的标准型非线性规划，关注其可行点 $\bar{\boldsymbol{x}}=(0, 1)^{\mathrm{T}}$. 以下先直接用 K-T 点定义说明 $\bar{\boldsymbol{x}}=(0, 1)^{\mathrm{T}}$ 不是 K-T 点，再用 K-T 定理可推知 $\bar{\boldsymbol{x}}=(0, 1)^{\mathrm{T}}$ 不是原问题的局部极小点.

作为多项式所涉函数在 $\bar{\boldsymbol{x}}=(0, 1)^{\mathrm{T}}$ 无疑是可微的. 易见 $A(\bar{\boldsymbol{x}})=\{1, 3\}$. 由于

$$\nabla c_1(\bar{\boldsymbol{x}})=(1, 0)^{\mathrm{T}},\ \nabla c_3(\bar{\boldsymbol{x}})=(0, -2)^{\mathrm{T}},\ \nabla f(\bar{\boldsymbol{x}})=(-4, 2)^{\mathrm{T}},$$

可见$\nabla c_1(\bar{\boldsymbol{x}})$，$\nabla c_3(\bar{\boldsymbol{x}})$是线性无关的. 接着，寻找乘子向量 $\boldsymbol{\lambda}=(\lambda_1, \lambda_2, \lambda_3)^{\mathrm{T}}$ 使得

$$\begin{pmatrix}-4\\2\end{pmatrix}=\lambda_1\times\begin{pmatrix}1\\0\end{pmatrix}+\lambda_2\times\begin{pmatrix}0\\1\end{pmatrix}+\lambda_3\times\begin{pmatrix}0\\-2\end{pmatrix}.$$

由互补性条件，因为 $c_2(\bar{\boldsymbol{x}})\neq 0$，所以 $\lambda_2=0$，可见上式只有唯一解 $\lambda_1=-4$，$\lambda_3=-1$，这与非负性条件之要求 $\lambda_1\geqslant 0$ 相矛盾. 所以 $\bar{\boldsymbol{x}}=(0, 1)^{\mathrm{T}}$ 不是 K-T 点. 这样直接由 K-T 定理得知，$\bar{\boldsymbol{x}}=(0, 1)^{\mathrm{T}}$ 不是原问题的局部极小点.

例 3.2.4 试寻找下列非线性规划的 K-T 点.

$$\begin{aligned}\min f(\boldsymbol{x}) &= x_1^2+2x_1x_2+2x_2^2+2x_1,\\ \text{s.t. } c_1(\boldsymbol{x}) &= 4-x_1-3x_2\geqslant 0,\\ c_2(\boldsymbol{x}) &= 3-2x_1-x_2\geqslant 0,\\ c_3(\boldsymbol{x}) &= x_1\geqslant 0,\\ c_4(\boldsymbol{x}) &= x_2\geqslant 0.\end{aligned}\tag{3.6}$$

解 先给出有关函数的梯度：

$$\begin{aligned}\nabla f(\boldsymbol{x}) &= (2x_1+2x_2+2, 2x_1+4x_2)^{\mathrm{T}},\\ \nabla c_1(\boldsymbol{x}) &= (-1, -3)^{\mathrm{T}},\\ \nabla c_2(\boldsymbol{x}) &= (-2, -1)^{\mathrm{T}},\\ \nabla c_3(\boldsymbol{x}) &= (1, 0)^{\mathrm{T}},\\ \nabla c_4(\boldsymbol{x}) &= (0, 1)^{\mathrm{T}}.\end{aligned}$$

直接写出分量形式的 K-T 方程：

$$2x_1 + 2x_2 + 2 = -\lambda_1 - 2\lambda_2 + \lambda_3, \tag{3.7}$$

$$2x_1 + 4x_2 = -3\lambda_1 - \lambda_2 + \lambda_4. \tag{3.8}$$

注意到在可行集里 $x_1, x_2 \geqslant 0$，以及 $\lambda_i (i=1, 2, 3, 4)$ 的非负性，由式(3.7)得到

$$\lambda_3 > 0, \tag{3.9}$$

而由式(3.8)得到

$$\lambda_4 > 0. \tag{3.10}$$

否则由于 $\lambda_1, \lambda_2, x_1, x_2$ 都是非负的，从式(3.8)已可推知 $x_1 = x_2 = 0$. 再利用互补性：$\lambda_3 x_1 = 0$，$\lambda_4 x_2 = 0$，可得到这个严格凸规划的唯一 K-T 点：$x^* = (0, 0)^{\mathrm{T}}$（因而也是唯一的全局最优点）.

例 3.2.5　考察非线性规划

$$\begin{aligned} &\min f(\boldsymbol{x}) = x_1, \\ &\text{s.t. } c_1(\boldsymbol{x}) = 16 - (x_1 - 4)^2 - x_2^2 \geqslant 0, \\ &\qquad c_2(\boldsymbol{x}) = (x_1 - 3)^2 + (x_2 - 2)^2 - 13 = 0. \end{aligned} \tag{3.11}$$

由 K-T 方程

$$\begin{aligned} &\nabla f(\boldsymbol{x}) = \begin{pmatrix} 1 \\ 0 \end{pmatrix}, \nabla c_1(\boldsymbol{x}) = \begin{bmatrix} -2(x_1 - 4) \\ -2x_2 \end{bmatrix}, \\ &\nabla c_2(\boldsymbol{x}) = \begin{bmatrix} 2(x_1 - 3) \\ 2(x_2 - 2) \end{bmatrix}, \\ &\nabla f(\boldsymbol{x}) = \lambda_1 \nabla c_1(\boldsymbol{x}) + \lambda_2 \nabla c_2(\boldsymbol{x}), \\ &\lambda_1 \geqslant 0, \end{aligned}$$

可得非线性规划(3.11)的三个 K-T 点及其相应的 Lagrange 乘子

$$\begin{cases} \boldsymbol{x}^{(1)} = (0, 0)^{\mathrm{T}}, \\ \lambda_1^{(1)} = \dfrac{1}{8}, \\ \lambda_2^{(1)} = 0. \end{cases} \begin{cases} \boldsymbol{x}^{(2)} = (6.4, 3.2)^{\mathrm{T}}, \\ \lambda_1^{(2)} = \dfrac{3}{40}, \\ \lambda_2^{(2)} = \dfrac{1}{5}. \end{cases} \begin{cases} \boldsymbol{x}^{(3)} = (3 + \sqrt{13}, 2)^{\mathrm{T}}, \\ \lambda_1^{(3)} = 0, \\ \lambda_2^{(3)} = \dfrac{\sqrt{13}}{26}. \end{cases}$$

但是从几何直观可知，唯有 $\boldsymbol{x}^{(1)} = (0, 0)^{\mathrm{T}}$ 是非线性规划(3.11)的最优解.

这说明 K-T 点不一定是极小点，即满足 K-T 条件只是局部极小点的必要条件，而不是充分条件.

3.3 标准型非线性规划的 K-T 定理的证明

非线性规划的 K-T 定理的证明依赖于以下 Farkas-Gordan 引理(1902 年),其证明已在 1.4 节中给出. 这里再叙述如下以备用.

Farkas-Gordan 引理 对于以下两条命题

(i) $\exists \boldsymbol{x}\in \mathbf{R}^n$, $\boldsymbol{Ax}<\mathbf{0}$, $\boldsymbol{Bx}=\mathbf{0}$;

(ii) $\exists \boldsymbol{u}, \boldsymbol{v}\in \mathbf{R}^m$, $\boldsymbol{u}\geqslant\mathbf{0}$, $\boldsymbol{u}\neq\mathbf{0}$, $\boldsymbol{A}^{\mathrm{T}}\boldsymbol{u}+\boldsymbol{B}^{\mathrm{T}}\boldsymbol{v}=\mathbf{0}$,

有(i)不成立当且仅当(ii)成立.

按照非线性规划(3.1)的记号,$E=\{1, 2, \cdots, l\}$为等式约束的下标集. 需要注意到,虽然 $\boldsymbol{x}^*\in\{\boldsymbol{x}\in\mathbf{R}^n \mid c_i(\boldsymbol{x})=0, i\in E\}$, 但未必存在 $\alpha>0$,使得当 $t\in[0, \alpha]$,有 $\boldsymbol{x}^*+t\boldsymbol{d}\in\{\boldsymbol{x}\in\mathbf{R}^n \mid c_i(\boldsymbol{x})=0, i\in E\}$.

引入以下 $n\times l$ 阶矩阵

$$\boldsymbol{M}=(\nabla c_1(\boldsymbol{x}^*), \cdots, \nabla c_l(\boldsymbol{x}^*))$$

和向量函数

$$c(\boldsymbol{x})=(c_1(\boldsymbol{x}), \cdots, c_l(\boldsymbol{x}))^{\mathrm{T}}.$$

引理 3.3.1 设 $\boldsymbol{x}^*\in X$,若$\nabla c_i(\boldsymbol{x}^*)$, $i\in E=\{1, 2, \cdots, l\}$线性无关,则对于

$$\boldsymbol{d}\in H_{x^*}=\{\boldsymbol{d}\in\mathbf{R}^n \mid (\nabla c_i(\boldsymbol{x}^*))^{\mathrm{T}}\boldsymbol{d}=0, i\in E=\{1, 2, \cdots, l\}\},$$

存在实数 $\alpha>0$ 和一个 l 维可微向量函数 $\boldsymbol{s}(t)$: $|t|\leqslant\alpha$,满足 $\boldsymbol{s}(0)=\dot{\boldsymbol{s}}(0)=0$(这里 $\dot{\boldsymbol{s}}(0)=(s_1'(0), \cdots, s_l'(0))^{\mathrm{T}}$),使得

$$c_i(\boldsymbol{x}^*+t\boldsymbol{d}+\boldsymbol{M}s(t))=0, i\in E=\{1, 2, \cdots, l\}, 0\leqslant t\leqslant\alpha.$$

证明 考虑以(t, s)为变量的向量函数方程

$$\boldsymbol{c}(\boldsymbol{x}^*+t\boldsymbol{d}+\boldsymbol{Ms})=\mathbf{0}.$$

在 $\mathrm{R}^1\times\mathbf{R}^l$ 的原点附近,对向量函数 $c(\boldsymbol{x}^*+t\boldsymbol{d}+\boldsymbol{Ms})$关于 s 求得 Jacobi 矩阵函数,再令$(t, s)=(\mathbf{0}, \mathbf{0})$,得到 Jacobi 矩阵为 $\boldsymbol{M}^{\mathrm{T}}\boldsymbol{M}$. 由于$\nabla c_i(\boldsymbol{x}^*)$, $i\in E=\{1, 2, \cdots, l\}$线性无关,可知 $\boldsymbol{M}^{\mathrm{T}}\boldsymbol{M}$ 可逆. 由隐函数存在定理得知,存在实数 $\alpha>0$ 和一个可微 l 维向量函数 $\boldsymbol{s}(t)$: $|t|\leqslant\alpha$,满足 $\boldsymbol{s}(0)=\mathbf{0}$,使得当$|t|\leqslant\alpha$,有

$$\boldsymbol{c}(\boldsymbol{x}^*+t\boldsymbol{d}+\boldsymbol{Ms}(t))=\mathbf{0}.$$

在$|t|<\alpha$ 内对上式两边关于 t 求导,再令 $t=0$,得到

$$\boldsymbol{M}^{\mathrm{T}}(\boldsymbol{d}+\boldsymbol{M}\dot{\boldsymbol{s}}(0))=\boldsymbol{0}. \tag{3.12}$$

由于 $\boldsymbol{M}^{\mathrm{T}}\boldsymbol{d}=\boldsymbol{0}$，由式(3.12)得到

$$\boldsymbol{M}^{\mathrm{T}}\boldsymbol{M}\dot{\boldsymbol{s}}(0)=\boldsymbol{0},$$

因 $\boldsymbol{M}^{\mathrm{T}}\boldsymbol{M}$ 可逆，得到 $\dot{\boldsymbol{s}}(0)=\boldsymbol{0}$.

引理 3.3.2　设

(i) $\boldsymbol{x}^*\in X$ 是标准型非线性规划的局部极小点；

(ii) $f(\boldsymbol{x})$, $c_i(\boldsymbol{x})(i=1,2,\cdots,m)$ 在 $\mathbf{R}^n$ 连续可微.

(iii) $\nabla c_i(\boldsymbol{x}^*)(i\in E)$ 线性无关，

令

$$\begin{aligned}
S&=\{\boldsymbol{d}\in\mathbf{R}^n\mid\nabla f(\boldsymbol{x}^*)^{\mathrm{T}}\boldsymbol{d}<0\},\\
G&=\{\boldsymbol{d}\in\mathbf{R}^n\mid\nabla c_i(\boldsymbol{x}^*)^{\mathrm{T}}\boldsymbol{d}>0,\ i\in I(\boldsymbol{x}^*)\},\\
H&=\{\boldsymbol{d}\in\mathbf{R}^n\mid\nabla c_i(\boldsymbol{x}^*)^{\mathrm{T}}\boldsymbol{d}=0,\ i\in E\},
\end{aligned}$$

则

$$S\cap G\cap H=\varnothing.$$

证明　以下循反证法思路进行证明. 若 $S\cap G\cap H\neq\varnothing$，取 $\boldsymbol{d}\in S\cap G\cap H$. 因为 $\nabla c_i(\boldsymbol{x}^*)(i\in E)$ 线性无关，设 $\boldsymbol{s}(t)$：$|t|\leqslant\alpha$ 为由引理 3.3.1 得到的可微 l 维向量函数，满足 $\boldsymbol{s}(0)=\dot{\boldsymbol{s}}(0)=\boldsymbol{0}$，于是当 $|t|$ 适当小，注意到 $\boldsymbol{s}(0)=\dot{\boldsymbol{s}}(0)=\boldsymbol{0}$，就有

$$f(\boldsymbol{x}^*+t\boldsymbol{d}+\boldsymbol{M}\boldsymbol{s}(t))-f(\boldsymbol{x}^*)=t\boldsymbol{d}^{\mathrm{T}}\nabla f(\boldsymbol{x}^*)+o(|t|),$$

和对于 $i\in I(\boldsymbol{x}^*)$，注意到 $c_i(\boldsymbol{x}^*)=0$, $i\in I(\boldsymbol{x}^*)$，有

$$c_i(\boldsymbol{x}^*+t\boldsymbol{d}+\boldsymbol{M}\boldsymbol{s}(t))=t\boldsymbol{d}^{\mathrm{T}}\nabla c_i(\boldsymbol{x}^*)+o(|t|).$$

由于 $\boldsymbol{d}^{\mathrm{T}}\nabla f(\boldsymbol{x}^*)<0$, $\boldsymbol{d}^{\mathrm{T}}\nabla c_i(\boldsymbol{x}^*)>0$, $i\in I(\boldsymbol{x}^*)$，则当 $0<|t|$ 充分小，有

$$f(\boldsymbol{x}^*+t\boldsymbol{d}+\boldsymbol{M}\boldsymbol{s}(t))<f(\boldsymbol{x}^*),\ c_i(\boldsymbol{x}^*+t\boldsymbol{d}+\boldsymbol{M}\boldsymbol{s}(t))>0,\ i\in I(\boldsymbol{x}^*). \tag{3.13}$$

又因当 $i\in I\backslash I(\boldsymbol{x}^*)$ 有 $c_i(\boldsymbol{x}^*)>0$，由复合连续性，$c_i(\boldsymbol{x}^*+t\boldsymbol{d}+\boldsymbol{M}\boldsymbol{s}(t))$ 在 $|t|<\alpha$ 内连续，所以当 $0<|t|$ 充分小的时候有

$$c_i(\boldsymbol{x}^*+t\boldsymbol{d}+\boldsymbol{M}\boldsymbol{s}(t))>0,\ i\in I\backslash I(\boldsymbol{x}^*). \tag{3.14}$$

另一方面，结合引理 3.3.1，当 $0<|t|$ 充分小，有

$$\nabla c_i(\boldsymbol{x}^*+t\boldsymbol{d}+\boldsymbol{M}\boldsymbol{s}(t))=0,\ i\in E=\{1,2,\cdots,l\}. \tag{3.15}$$

这样由式(3.13)—式(3.15)有,当 $0<|t|$ 充分小,有 $\boldsymbol{x}^*+t\boldsymbol{d}+\boldsymbol{M}\boldsymbol{s}(t)\in X$,但是 $f(\boldsymbol{x}^*+t\boldsymbol{d}+\boldsymbol{M}\boldsymbol{s}(t))<f(\boldsymbol{x}^*)$,这表明 $\boldsymbol{x}^*$ 不是标准型非线性规划的局部极小点,遂与定理条件(i)相矛盾.

注: 当标准型非线性规划的约束条件中不出现等式约束时,可取 $s(t)\equiv 0$.

引理 3.3.3 设

(i) $\boldsymbol{x}^*\in X$ 是标准型非线性规划的局部极小点.

(ii) $f(\boldsymbol{x})$, $c_i(\boldsymbol{x})(i=1,2,\cdots,m)$ 在 $\mathbf{R}^n$ 连续可微.

(iii) $\nabla c_i(\boldsymbol{x}^*)(i\in E)$ 线性无关,

则存在不全为零的实数 λ_0^*, λ_i^*, $i\in I(\boldsymbol{x}^*)$ 和实数 μ_i^*, $i\in E$,使得

$$\lambda_0^*\nabla f(\boldsymbol{x}^*)=\sum_{i\in E}\mu_i^*\nabla c_i(\boldsymbol{x}^*)+\sum_{i\in I(\boldsymbol{x}^*)}\lambda_i^*\nabla c_i(\boldsymbol{x}^*),$$

$$\lambda_0^*\geqslant 0,\ \lambda_i^*\geqslant 0,\ i\in I(\boldsymbol{x}^*).$$

证明 记 $\boldsymbol{A}$ 为由 $(\nabla f(\boldsymbol{x}^*))^{\mathrm{T}}$, $(-\nabla c_i(\boldsymbol{x}^*))^{\mathrm{T}}$, $i\in I(\boldsymbol{x}^*)$ 作为行向量的矩阵,记 $\boldsymbol{B}$ 为由 $(\nabla c_i(\boldsymbol{x}^*))^{\mathrm{T}}$, $i\in E$ 作为行向量的矩阵. 因 $\boldsymbol{x}^*\in X$ 是标准型非线性规划的局部极小点,由引理 3.3.2 可知,

$$\{\boldsymbol{d}\,|\,\boldsymbol{A}\boldsymbol{d}<\boldsymbol{0},\ \boldsymbol{B}\boldsymbol{d}=\boldsymbol{0}\}=\varnothing.$$

再由 Farkas-Gordan 引理得知,存在不全为零的非负实数 λ_0^*, λ_i^*, $i\in I(\boldsymbol{x}^*)$ 和实数 μ_i^*, $i\in E$,使得

$$\lambda_0^*\nabla f(\boldsymbol{x}^*)=\sum_{i\in E}\mu_i^*\nabla c_i(\boldsymbol{x}^*)+\sum_{i\in I(\boldsymbol{x}^*)}\lambda_i^*\nabla c_i(\boldsymbol{x}^*).$$

定理 3.2.1(K-T 定理)的证明:这里再叙述一下这个著名定理.

K-T 定理(Kuhn and Tucker(1951)):在 $\boldsymbol{P}$ 中,若

(i) $\boldsymbol{x}^*$ 为局部极小点;

(ii) $f(\boldsymbol{x})$, $c_i(\boldsymbol{x})$, $i=1,2,\cdots,m$ 在 $\boldsymbol{x}^*$ 点可微;

(iii) $\nabla c_i(\boldsymbol{x}^*)$, $i\in A(\boldsymbol{x}^*)=E\cup I(\boldsymbol{x}^*)$ 线性无关,

则存在 $\boldsymbol{\lambda}^*=(\lambda_1^*,\cdots,\lambda_m^*)^{\mathrm{T}}$,使得

$$\nabla f(\boldsymbol{x}^*)=\sum_{i=1}^{m}\lambda_i^*\nabla c_i(\boldsymbol{x}^*),$$

$$\lambda_i^*c_i(x^*)=0,\ i\in I,$$

$$\lambda_i^*\geqslant 0.$$

以下证明 K-T 定理.

由引理 3.3.3 的证明(或结论)知,存在不全为零的非负实数 λ_0, λ_i, $i \in I(\boldsymbol{x}^*)$ 和实数 μ_i, $i \in E$,使得

$$\lambda_0 \nabla f(\boldsymbol{x}^*) = \sum_{i \in E} \mu_i \nabla c_i(\boldsymbol{x}^*) + \sum_{i \in I(\boldsymbol{x}^*)} \lambda_i \nabla c_i(\boldsymbol{x}^*).$$

若 $\lambda_0 = 0$,则 λ_i, $i \in I(\boldsymbol{x}^*)$ 不全为零,于是有

$$\sum_{i \in E} \mu_i \nabla c_i(\boldsymbol{x}^*) + \sum_{i \in I(\boldsymbol{x}^*)} \lambda_i \nabla c_i(\boldsymbol{x}^*) = 0,$$

但这与条件(iii)矛盾. 所以必有 $\lambda_0 > 0$,得到

$$\lambda_0 \nabla f(\boldsymbol{x}^*) = \sum_{i \in I(\boldsymbol{x}^*)} \lambda_i \nabla c_i(\boldsymbol{x}^*) + \sum_{i \in E} \mu_i \nabla c_i(\boldsymbol{x}^*)$$

$$\Rightarrow \nabla f(\boldsymbol{x}^*) = \sum_{i \in I(\boldsymbol{x}^*)} \frac{\lambda_i}{\lambda_0} \nabla c_i(\boldsymbol{x}^*) + \sum_{i \in E} \frac{\mu_i}{\lambda_0} \nabla c_i(\boldsymbol{x}^*)$$

令

$$\lambda_i^* = \begin{cases} \dfrac{\lambda_i}{\lambda_0}, & \forall i \in I(\boldsymbol{x}^*), \\ 0, & \forall i \in I \backslash I(\boldsymbol{x}^*). \end{cases} \qquad \lambda_i^* = \frac{\mu_i}{\lambda_0}, \ i \in E.$$

即得到 K-T 定理的结论,$\exists \boldsymbol{\lambda}^* = (\lambda_1^*, \cdots, \lambda_m^*)^{\mathrm{T}}$,使得

$$\begin{aligned} &\nabla f(\boldsymbol{x}^*) = \sum_{i=1}^{m} \lambda_i^* \nabla c_i(\boldsymbol{x}^*), \\ &\lambda_i^* c_i(\boldsymbol{x}^*) = 0, \ i \in I, \\ &\lambda_i^* \geqslant 0. \end{aligned}$$

3.4 凸 规 划

凸规划的一般定义已见诸第 1 章,结合标准型非线性规划,可具体明确规定如下:对于约束优化问题 P:

$$\begin{aligned} &\min_{x \in \mathbf{R}^n} f(\boldsymbol{x}), \\ &\text{s. t. } \ c_i(\boldsymbol{x}) = 0, \ i = 1, \cdots, l, \\ &\qquad c_i(\boldsymbol{x}) \geqslant 0, \ i = l+1, \cdots, m. \end{aligned}$$

若其中 $f(\boldsymbol{x})$，$-c_i(\boldsymbol{x})$，$i\in I$ 为可行集上的凸函数，而 $c_i(\boldsymbol{x})$，$i\in E$ 为线性函数，则称 P 为凸规划.

定理 3.4.1 设 $\boldsymbol{x}^*$ 为凸规划 P 的一个可行解，若 $\boldsymbol{x}^*$ 是 P 的 K-T 点，则 $\boldsymbol{x}^*$ 是凸规划 P 的一个最优解，进而若 $f(\boldsymbol{x})$ 在可行集上为严格凸函数，则 $\boldsymbol{x}^*$ 是凸规划 P 的唯一最优解.

证明 若 $\boldsymbol{x}^*$ 是 P 的 K-T 点，则存在实数 $\lambda_i\geqslant 0$，$i\in I(\boldsymbol{x}^*)$ 和 μ_i，$i\in E$，使得

$$\nabla f(\boldsymbol{x}^*) = \sum_{i\in I(\boldsymbol{x}^*)} \lambda_i \nabla c_i(\boldsymbol{x}^*) + \sum_{i\in E}\mu_i \nabla c_i(\boldsymbol{x}^*). \tag{3.16}$$

由于在可行集 X 上，$f(\boldsymbol{x})$，$-c_i(\boldsymbol{x})(i\in I)$ 为凸函数，而 $c_i(\boldsymbol{x})(i\in E)$ 为线性函数，则对于 $\boldsymbol{x}\in X$，当 $i\in I(\boldsymbol{x}^*)$，有 $-c_i(\boldsymbol{x})\geqslant -c_i(\boldsymbol{x}^*)+\nabla^{\mathrm{T}}(-c_i(\boldsymbol{x}^*))(\boldsymbol{x}-\boldsymbol{x}^*)$，$c_i(\boldsymbol{x})\geqslant 0$，及 $c_i(\boldsymbol{x}^*)=0$，从而有

$$\begin{aligned} 0 &\leqslant c_i(\boldsymbol{x}) \leqslant c_i(\boldsymbol{x}^*) + \nabla^{\mathrm{T}} c_i(\boldsymbol{x}^*)(\boldsymbol{x}-\boldsymbol{x}^*) \\ &= \nabla^{\mathrm{T}} c_i(\boldsymbol{x}^*)(\boldsymbol{x}-\boldsymbol{x}^*) \Rightarrow \lambda_i \nabla^{\mathrm{T}} c_i(\boldsymbol{x}^*)(\boldsymbol{x}-\boldsymbol{x}^*) \geqslant 0. \end{aligned} \tag{3.17}$$

当 $i\in E$，则有 $0=c_i(\boldsymbol{x})-c_i(\boldsymbol{x}^*)=\nabla^{\mathrm{T}}c_i(\boldsymbol{x}^*)(\boldsymbol{x}-\boldsymbol{x}^*)$，所以

$$\mu_i \nabla^{\mathrm{T}} c_i(\boldsymbol{x}^*)(\boldsymbol{x}-\boldsymbol{x}^*) = 0. \tag{3.18}$$

这样由式(3.16)，式(3.17)，式(3.18)有

$$\begin{aligned} \nabla^{\mathrm{T}} f(\boldsymbol{x}^*)(\boldsymbol{x}-\boldsymbol{x}^*) &= \sum_{i\in I(\boldsymbol{x}^*)} \lambda_i \nabla^{\mathrm{T}} c_i(\boldsymbol{x}^*)(\boldsymbol{x}-\boldsymbol{x}^*) + \sum_{i\in E}\mu_i \nabla^{\mathrm{T}} c_i(\boldsymbol{x}^*)(\boldsymbol{x}-\boldsymbol{x}^*) \\ &= \sum_{i\in I(\boldsymbol{x}^*)} \lambda_i \nabla^{\mathrm{T}} c(\boldsymbol{x}^*)(\boldsymbol{x}-\boldsymbol{x}) \geqslant 0. \end{aligned} \tag{3.19}$$

又由于在可行集 X 上，$f(\boldsymbol{x})$ 为凸函数，结合式(3.19)，得到，对于 $\boldsymbol{x}\in X$ 有

$$f(\boldsymbol{x}) \geqslant f(\boldsymbol{x}^*) + \nabla^{\mathrm{T}} f(\boldsymbol{x}^*)(\boldsymbol{x}-\boldsymbol{x}^*) \geqslant f(\boldsymbol{x}^*).$$

这表明 $\boldsymbol{x}^*$ 是凸规划 P 的唯一最优解.

注：凸规划的 K-T 点就是最优点，通过寻求 K-T 点来求解凸规划的方法称为 K-T 方法.

例 3.4.1 用 K-T 方法求解下列非线性规划：

$$\begin{aligned} &\min f(\boldsymbol{x}) = x_1^2 - x_1 + x_2 + x_1 x_2, \\ &\text{s.t. } x_1 \geqslant 0, \\ &\qquad x_2 \geqslant 0. \end{aligned} \tag{3.20}$$

解　令 $c_1(\boldsymbol{x})=x_1$, $c_2(\boldsymbol{x})=x_2$. 由于线性函数总是凸函数,因而 $-c_i(\boldsymbol{x})$, $i=1, 2$ 是凸函数. 目标函数的梯度 $\nabla f(\boldsymbol{x})=(2x_1-1+x_2, 1+x_1)^{\mathrm{T}}$,而 $\nabla^2 f(\boldsymbol{x})=\begin{pmatrix}2 & 1\\ 1 & 0\end{pmatrix}$ 并非半正定矩阵. 但是对于 $\boldsymbol{a}, \boldsymbol{b}\in\{x_1\geqslant 0, x_2\geqslant 0\}$,总有 $\boldsymbol{b}^{\mathrm{T}}\nabla^2 f(\boldsymbol{a})\boldsymbol{b}=\boldsymbol{b}^{\mathrm{T}}\begin{pmatrix}2 & 1\\ 1 & 0\end{pmatrix}\boldsymbol{b}=2b_1^2+2b_1b_2\geqslant 0$,由此可证明,目标函数 $f(\boldsymbol{x})$ 在可行集上是凸函数. 由此,非线性规划(3.20)是一个凸规划.

分量形式的 K-T 条件如下:

$$2x_1-1+x_2=\lambda_1, \tag{3.21}$$

$$1+x_1=\lambda_2, \tag{3.22}$$

$$\lambda_1, \lambda_2, x_1, x_2\geqslant 0, \lambda_1 x_1=0, \lambda_2 x_2=0. \tag{3.23}$$

因 $x_1\geqslant 0$,由式(3.22)可知,$\lambda_2>0$. 由互补性 $\lambda_2 x_2=0$(式(3.23)),得到 $x_2=0$. 进而由式(3.21)以及 $\lambda_1\geqslant 0$,得到 $x_1\geqslant\frac{1}{2}$. 再由互补性 $\lambda_1 x_1=0$(式(3.23)),得到 $\lambda_1=0$,由此结合 $x_2=0$,再次利用式(3.21),得到 $x_1=\frac{1}{2}$. 注意到这一推导的各步结果都是唯一成立的,所以,$\boldsymbol{x}^*=\left[\frac{1}{2}, 0\right]^{\mathrm{T}}$ 是非线性规划(3.20)的唯一 K-T 点. 由定理 3.4.1 可知,$\boldsymbol{x}^*=\left[\frac{1}{2}, 0\right]^{\mathrm{T}}$ 是非线性规划(3.20)的唯一最优解,尽管目标函数 $f(\boldsymbol{x})$ 在可行集上并非严格凸函数.

习题 3

1. 验证 $\boldsymbol{x}^*=(2, 1)^{\mathrm{T}}$ 是下列非线性规划的 K-T 点:

$$\begin{aligned}&\min f(\boldsymbol{x})=(x_1-3)^2+(x_2-2)^2,\\ &\text{s.t. } x_1^2+x_2^2\leqslant 5,\\ &\qquad x_1+2x_2=4,\\ &\qquad x_1, x_2\geqslant 0.\end{aligned}$$

2. 写出下列问题的 K-T 点定义和 K-T 定理条件,其中 $\boldsymbol{x}\in\mathbf{R}^n$, $\boldsymbol{A}\in\mathbf{R}^{m\times n}$, $\boldsymbol{G}\in\mathbf{R}^{n\times n}$, $\boldsymbol{b}\in\mathbf{R}^m$, $\boldsymbol{c}$, $\boldsymbol{g}\in\mathbf{R}^n$.

(1) $\min f(\boldsymbol{x})=\boldsymbol{c}^{\mathrm{T}}\boldsymbol{x}$,

$\quad$ s.t. $\boldsymbol{A}\boldsymbol{x}=\boldsymbol{b}$, $\boldsymbol{x}\geqslant\boldsymbol{0}$.

(2) $\min f(\boldsymbol{x}) = \frac{1}{2}\boldsymbol{x}^{\mathrm{T}}\boldsymbol{G}\boldsymbol{x} + \boldsymbol{g}^{\mathrm{T}}\boldsymbol{x}$,

s. t. $\boldsymbol{A}\boldsymbol{x} \leqslant \boldsymbol{b}$.

3. 考察 $\boldsymbol{x}^{(1)} = (0,\ 2)^{\mathrm{T}}$ 是否为下列约束优化问题的局部极小点？

$$\begin{aligned}\min f(\boldsymbol{x}) &= (x_1 - 3)^2 + (x_2 - 2)^2,\\ \text{s. t. }\ & 5 - x_1^2 - x_2^2 \geqslant 0,\\ & x_1 \geqslant 0,\ x_2 \geqslant 0,\\ & x_1 + 2x_2 - 4 = 0.\end{aligned}$$

4. 利用 K-T 方法求解下面的非线性规划：

$$\begin{aligned}\min f(\boldsymbol{x}) &= x_1^2 + x_2,\\ \text{s. t. }\ & x_1 + x_2 \leqslant 1,\\ & x_1^2 + x_2^2 \leqslant 9.\end{aligned}$$

5. 利用 K-T 方法求解下面的非线性规划：

$$\begin{aligned}\min f(\boldsymbol{x}) &= x_1^2 + 4x_2^2,\\ \text{s. t. }\ & x_1 - x_2 \leqslant 1,\\ & x_1 + x_2 \geqslant 1,\\ & x_2 \leqslant 1.\end{aligned}$$

6. 考察下面的非线性规划：

$$\begin{aligned}&\min\ (-x_1),\\ &\text{s. t. }\ (1 - x_1)^3 - x_2 \geqslant 0,\\ &\qquad x_1 \geqslant 0,\ x_2 \geqslant 0.\end{aligned}$$

(1) 写出相应的 K-T 条件；

(2) 检验 $\boldsymbol{x}^{(0)} = (0,\ 1)^{\mathrm{T}}$，$\boldsymbol{x}^{(1)} = (1,\ 0)^{\mathrm{T}}$ 是否 K-T 点，是否为最优点？

7. 寻找下列非线性规划的 K-T 点所满足的条件

$$\begin{aligned}P\text{—}\ \min f(\boldsymbol{x}) &= \sum_{j=1}^{n} f_j(x_j),\\ \text{s. t. }\ c_j(\boldsymbol{x}) &= x_j \geqslant 0,\ j = 1,\ 2,\ \cdots,\ n,\\ c_{n+1}(\boldsymbol{x}) &= \left(\sum_{j=1}^{n} x_j\right) - 1 = 0.\end{aligned}$$

8. 考察下列约束优化问题：

$$\min\ x_1^2 + x_2^2,$$
$$\text{s. t.}\ \ 5-2x_1^2-x_2^2 \geqslant 0,$$
$$x_1+2x_2-4=0,$$
$$x_1,\ x_2 \geqslant 0.$$

试验证 $\boldsymbol{x}^* = \left(\frac{4}{5},\ \frac{8}{5}\right)^{\mathrm{T}}$ 为该问题的K-T点，并说明它是此约束优化问题的唯一全局最优点.

9. 考察下列约束优化问题：

$$\min\ -2x_1-3x_2,$$
$$\text{s. t.}\ \ x_1+x_2 \leqslant 8,$$
$$-x_1+2x_2 \leqslant 4,$$
$$x_1,\ x_2 \geqslant 0.$$

试验证 $\boldsymbol{x}^* = (4,\ 4)^{\mathrm{T}}$ 为该问题的K-T点，并说明它是此约束优化问题的唯一全局最优点.

10. 考察下列约束优化问题：

$$\min\ f(\boldsymbol{x}) = \frac{4}{3}(x_1^2-x_1x_2+x_2^2)^{\frac{3}{4}}-x_3,$$
$$\text{s. t.}\ \ x_1,\ x_2,\ x_3 \geqslant 0,\ x_3 \leqslant 2.$$

(i) 证明目标函数 $f(\boldsymbol{x})$是在可行域

$$X = \{(x_1,\ x_2,\ x_3)^{\mathrm{T}} \mid x_1,\ x_2,\ x_3 \geqslant 0,\ x_3 \leqslant 2\}$$

上的凸函数.

(ii) 利用K-T条件求此约束优化问题的全局最优点.

11. 考虑如下优化问题：

$$\min\ f(\boldsymbol{x}) = x_1 + \cos x_2,$$
$$\text{s. t.}\ \ x_1 \geqslant 0,$$

令 $\boldsymbol{x}^{(0)} = (0,\ 0)^{\mathrm{T}}$，$\boldsymbol{d} = (0, \pm 1)^{\mathrm{T}}$，证明 $\nabla f(\boldsymbol{x}^{(0)})^{\mathrm{T}}\boldsymbol{d} = \boldsymbol{0}$，且 $\boldsymbol{d}$ 为 $\boldsymbol{x}^{(0)}$ 处的一个下降可行方向. 说明 $\boldsymbol{x}^{(0)}$ 是上述优化问题的K-T点但不是局部极小点.

12. 求下列最优化问题的K-T点：

$$\min\{(x_1-3)^2+(x_2-4)^2\},$$
$$\text{s. t.}\ \ 16-(x_1-4)^2-x_2^2 \geqslant 0,$$
$$(x_1-3)^2+(x_2-2)^2 = 13.$$

13. 设问题

$$\min\ f(\boldsymbol{x}),\ \boldsymbol{x} \in \mathbf{R}^n,$$
$$\text{s. t.}\ \ g_i(\boldsymbol{x}) \geqslant 0,\ i = 1,\ 2,\ \cdots,\ m,$$

试证明：$\bar{\boldsymbol{x}}$ 为上述问题的 K-T 点的充要条件为对任意 $\bar{\boldsymbol{x}}$ 处的可行方向 $\boldsymbol{d}$ 有$\nabla f(\bar{\boldsymbol{x}})^{\mathrm{T}}\boldsymbol{d}\geqslant 0$，$\nabla g_i(\bar{\boldsymbol{x}})^{\mathrm{T}}\boldsymbol{d}\geqslant 0$，$i\in I(\bar{\boldsymbol{x}})$.

14. 若 $f(\boldsymbol{x})$是可微凸函数，则 $\bar{\boldsymbol{x}}$ 为最优化问题

$$\min f(\boldsymbol{x}),\ x\in\mathbf{R}^n,$$
$$\text{s.t. } \boldsymbol{x}\geqslant 0$$

的最优解的充分必要条件为

$$\nabla f(\bar{\boldsymbol{x}})\geqslant 0,$$
$$\bar{\boldsymbol{x}}\geqslant 0.$$
$$\nabla f(\bar{\boldsymbol{x}})^{\mathrm{T}}\bar{\boldsymbol{x}}=0.$$

15. 利用 K-T 条件求解以下正定二次规划：

$$P\text{— }\min f(\boldsymbol{x})=\sum_{j=1}^{n}x_j^2,$$
$$\text{s.t. } x_j\geqslant 0,\ j=1,\ 2,\ \cdots,\ n$$
$$\sum_{j=1}^{n}x_j=1.$$

第 4 章　二 次 规 划

4.1　等式约束的正定二次规划

这一节讨论以下等式约束的正定二次规划：

$$P-\min f(\boldsymbol{x}) = \frac{1}{2}\boldsymbol{x}^{\mathrm{T}}\boldsymbol{G}\boldsymbol{x} + \boldsymbol{g}^{\mathrm{T}}\boldsymbol{x},$$
$$\text{s.t. } c_i(\boldsymbol{x}) = \boldsymbol{a}_i^{\mathrm{T}}\boldsymbol{x} - b_i = 0,\ i = 1, 2, \cdots, l,$$

其中 $\boldsymbol{G} > \boldsymbol{O}$, $a_i \in \mathbf{R}^n$, $i=1, 2, \cdots, l$, $\boldsymbol{g} \in \mathbf{R}^n$, $\boldsymbol{b} = (b_1, \cdots, b_l)^{\mathrm{T}} \in \mathbf{R}^l$.

注 1: 只要可行集非空，总可不妨假定，$\boldsymbol{a}_i \in \mathbf{R}^n$, $i=1, 2, \cdots, l$ 线性无关. 另外对于 $i=1, 2, \cdots, l$, $\nabla c_i(\boldsymbol{x}) = \boldsymbol{a}_i$.

记 $\boldsymbol{A} = (\boldsymbol{a}_1, \boldsymbol{a}_2, \cdots, \boldsymbol{a}_l)$，上述等式约束的正定二次规划有以下矩阵形式

$$P-\min f(\boldsymbol{x}) = \frac{1}{2}\boldsymbol{x}^{\mathrm{T}}\boldsymbol{G}\boldsymbol{x} + \boldsymbol{g}^{\mathrm{T}}\boldsymbol{x}, \tag{4.1}$$
$$\text{s.t. } \boldsymbol{A}^{\mathrm{T}}\boldsymbol{x} = \boldsymbol{b}.$$

以下几个命题指出了，当 $\boldsymbol{a}_i \in \mathbf{R}^n$, $i=1, 2, \cdots, l$ 线性无关时，等式约束的正定二次规划(4.1)有最优解，并给出了求解等式约束的正定二次规划的方法.

命题 4.1.1　若等式约束的正定二次规划 P 有最优解，则最优解是唯一的.

证明　因 $\boldsymbol{G} > \boldsymbol{O}$，又因等式约束都是线性的，所以 P 是严格凸规划，由第 1，3 章中有关凸规划的结果可知，若 P 有最优解，则最优解是唯一的.

命题 4.1.2　若 $\boldsymbol{a}_i \in \mathbf{R}^n$, $i=1, 2, \cdots, l$ 线性无关，则 $\boldsymbol{x}^*$ 为 P 的最优解的充要条件是 P 存在 K-T 点及乘子 $(\boldsymbol{x}^*, \boldsymbol{\lambda}^*)$，且 $(\boldsymbol{x}^*, \boldsymbol{\lambda}^*)$ 满足

$$\begin{bmatrix} \boldsymbol{G} & -\boldsymbol{A} \\ \boldsymbol{A}^{\mathrm{T}} & \boldsymbol{O} \end{bmatrix}\begin{bmatrix} \boldsymbol{x} \\ \boldsymbol{\lambda} \end{bmatrix} = \begin{bmatrix} -\boldsymbol{g} \\ \boldsymbol{b} \end{bmatrix}. \tag{4.2}$$

证明　必要性：因 $\boldsymbol{x}^*$ 为 P 的最优点，而 $\nabla c_i(\boldsymbol{x}) = \boldsymbol{a}_i$, $i=1, 2, \cdots, l$ 线性无

关，由 K-T 定理知，$\boldsymbol{x}^*$ 是 P 的 K-T 点，即存在相应的 K-T 乘子向量 $\boldsymbol{\lambda}^*$，满足

$$\nabla f(\boldsymbol{x}^*)-\sum_{i=1}^{l}\boldsymbol{\lambda}_i^* \nabla c_i(\boldsymbol{x}^*)=0,$$
$$c_i(\boldsymbol{x}^*)=0,\ i=1,\ 2,\ \cdots,\ l.$$

即

$$\begin{pmatrix}\boldsymbol{G} & -\boldsymbol{A}\\ \boldsymbol{A}^{\mathrm{T}} & \boldsymbol{O}\end{pmatrix}\begin{pmatrix}\boldsymbol{x}^*\\ \boldsymbol{\lambda}^*\end{pmatrix}=\begin{pmatrix}-\boldsymbol{g}\\ \boldsymbol{b}\end{pmatrix}.$$

充分性：因 P 存在 K-T 点及乘子$(\boldsymbol{x}^*,\boldsymbol{\lambda}^*)$，又因 P 是严格凸规划，所以由第 1，3 章中有关凸规划的结果可知，$\boldsymbol{x}^*$ 是 P 的最优解.

注 2：上述结果可表述为：若 $\boldsymbol{a}_i\in\mathbf{R}^n$，$i=1,\ 2,\ \cdots,\ l$ 线性无关，则 P 有最优解的充要条件是矩阵方程

$$\begin{pmatrix}\boldsymbol{G} & -\boldsymbol{A}\\ \boldsymbol{A}^{\mathrm{T}} & \boldsymbol{O}\end{pmatrix}\begin{pmatrix}\boldsymbol{x}\\ \boldsymbol{\lambda}\end{pmatrix}=\begin{pmatrix}-\boldsymbol{g}\\ \boldsymbol{b}\end{pmatrix}$$

有解.

命题 4.1.3 若 $\boldsymbol{a}_i\in\mathbf{R}^n$，$i=1,\ 2,\ \cdots,\ l$ 线性无关，则

$$\begin{pmatrix}\boldsymbol{G} & -\boldsymbol{A}\\ \boldsymbol{A}^{\mathrm{T}} & \boldsymbol{O}\end{pmatrix}\begin{pmatrix}\boldsymbol{x}\\ \boldsymbol{\lambda}\end{pmatrix}=\begin{pmatrix}-\boldsymbol{g}\\ \boldsymbol{b}\end{pmatrix}$$

有唯一解.

证明 因 $\mathrm{rank}(\boldsymbol{A})=l\leqslant n$，对任意 $\boldsymbol{y}\in\mathbf{R}^l$，$\boldsymbol{y}\neq\boldsymbol{0}\Rightarrow\boldsymbol{A}\boldsymbol{y}\in\mathbf{R}^n$，$\boldsymbol{A}\boldsymbol{y}\neq\boldsymbol{0}$. 再因 $\boldsymbol{G}>\boldsymbol{O}\Rightarrow\boldsymbol{G}^{-1}>\boldsymbol{O}$，有 $\forall\,\boldsymbol{y}\in\mathbf{R}^l$，$\boldsymbol{y}\neq\boldsymbol{0}$，$\boldsymbol{y}^{\mathrm{T}}\boldsymbol{A}^{\mathrm{T}}\boldsymbol{G}^{-1}\boldsymbol{A}\boldsymbol{y}>0$，即 $\boldsymbol{A}^{\mathrm{T}}\boldsymbol{G}^{-1}\boldsymbol{A}>0$，从而 $\boldsymbol{A}^{\mathrm{T}}\boldsymbol{G}^{-1}\boldsymbol{A}$ 可逆. 又由矩阵行变换，可把矩阵$\begin{pmatrix}\boldsymbol{G} & -\boldsymbol{A}\\ \boldsymbol{A}^{\mathrm{T}} & \boldsymbol{O}\end{pmatrix}$变换成矩阵$\begin{pmatrix}\boldsymbol{G} & -\boldsymbol{A}\\ \boldsymbol{O} & \boldsymbol{A}^{\mathrm{T}}\boldsymbol{G}^{-1}\boldsymbol{A}\end{pmatrix}$，而后者是可逆的，即$\begin{pmatrix}\boldsymbol{G} & -\boldsymbol{A}\\ \boldsymbol{A}^{\mathrm{T}} & \boldsymbol{O}\end{pmatrix}$可逆. 所以存在唯一的$(\boldsymbol{x}^*,\boldsymbol{\lambda}^*)$满足

$$\begin{pmatrix}\boldsymbol{G} & -\boldsymbol{A}\\ \boldsymbol{A}^{\mathrm{T}} & \boldsymbol{O}\end{pmatrix}\begin{pmatrix}\boldsymbol{x}\\ \boldsymbol{\lambda}\end{pmatrix}=\begin{pmatrix}-\boldsymbol{g}\\ \boldsymbol{b}\end{pmatrix}.$$

注 3：上述结果表明，若 $\boldsymbol{a}_i\in\mathbf{R}^n$，$i=1,\ 2,\ \cdots,\ l$ 线性无关，求解等式约束的正定二次规划 P 相当于求解线性方程组

$$\begin{pmatrix}\boldsymbol{G} & -\boldsymbol{A}\\ \boldsymbol{A}^{\mathrm{T}} & \boldsymbol{O}\end{pmatrix}\begin{pmatrix}\boldsymbol{x}\\ \boldsymbol{\lambda}\end{pmatrix}=\begin{pmatrix}-\boldsymbol{g}\\ \boldsymbol{b}\end{pmatrix}.$$

例 4.1.1 求解下列等式约束的正定二次规划

$$\min f(\boldsymbol{x})=\frac{1}{2}(x_1^2+x_2^2+x_3^2),$$
$$\text{s.t. } x_1+2x_2-x_2=4,$$
$$x_1-x_2+x_3=-2.$$

解 $\boldsymbol{A}=\begin{pmatrix}1 & 1\\ 2 & -1\\ -1 & 1\end{pmatrix}$, $\boldsymbol{b}=\begin{pmatrix}4\\ -2\end{pmatrix}$, $\boldsymbol{G}=\begin{pmatrix}1 & 0 & 0\\ 0 & 1 & 0\\ 0 & 0 & 1\end{pmatrix}$, $\boldsymbol{g}=\begin{pmatrix}0\\ 0\\ 0\end{pmatrix}$,

$\boldsymbol{x}=\begin{pmatrix}x_1\\ x_2\\ x_3\end{pmatrix}$, $\boldsymbol{\lambda}=\begin{pmatrix}\lambda_1\\ \lambda_2\end{pmatrix}$.

解线性方程组：

$$\begin{pmatrix}1 & 0 & 0 & -1 & -1\\ 0 & 1 & 0 & -2 & 1\\ 0 & 0 & 1 & 1 & -1\\ 1 & 2 & -1 & 0 & 0\\ 1 & -1 & 1 & 0 & 0\end{pmatrix}\begin{pmatrix}x_1\\ x_2\\ x_3\\ \lambda_1\\ \lambda_2\end{pmatrix}=\begin{pmatrix}0\\ 0\\ 0\\ 4\\ -2\end{pmatrix}$$

$$\Rightarrow \boldsymbol{x}^*=\begin{pmatrix}x_1\\ x_2\\ x_3\end{pmatrix}=\begin{pmatrix}\frac{2}{7}\\ \frac{10}{7}\\ \frac{-6}{7}\end{pmatrix},\ \boldsymbol{\lambda}^*=\begin{pmatrix}\frac{4}{7}\\ -\frac{2}{7}\end{pmatrix}.$$

4.2 一般正定二次规划

这一节讨论以下一般正定二次规划并讲解所谓有效集逼近算法：

$$QP-\min Q(\boldsymbol{x})=\frac{1}{2}\boldsymbol{x}^{\mathrm{T}}\boldsymbol{G}\boldsymbol{x}+\boldsymbol{c}^{\mathrm{T}}\boldsymbol{x},$$
$$\text{s.t. } \boldsymbol{a}_i^{\mathrm{T}}\boldsymbol{x}\geqslant b_i,\ i\in I, \tag{4.3}$$
$$\boldsymbol{a}_i^{\mathrm{T}}\boldsymbol{x}=b_i,\ i\in E,$$

其中，$\boldsymbol{G}\in\mathbf{R}^{n\times n}$，$\boldsymbol{G}=\boldsymbol{G}^{\mathrm{T}}$，$\boldsymbol{G}>\boldsymbol{O}$，$\boldsymbol{c}\in\mathbf{R}^n$. 记正定二次规划 QP 的可行集

$$X=\{\boldsymbol{x}\mid \boldsymbol{a}_i^{\mathrm{T}}\boldsymbol{x}\geqslant b_i,\ i\in I;\ \boldsymbol{a}_i^{\mathrm{T}}\boldsymbol{x}=b_i,\ i\in E\}.$$

4.2.1 辅助等式约束正定二次规划

若 $\hat{\boldsymbol{x}}$ 为 QP 的可行点，则由 $\hat{\boldsymbol{x}}$ 可建立下列等式约束正定二次规划：

$$\hat{P}-\min Q(\boldsymbol{x})=\frac{1}{2}\boldsymbol{x}^{\mathrm{T}}\boldsymbol{G}\boldsymbol{x}+\boldsymbol{c}^{\mathrm{T}}\boldsymbol{x},$$

$$\text{s. t. } \boldsymbol{x}\in A(\hat{\boldsymbol{x}})=\{\boldsymbol{x}\mid \boldsymbol{a}_i^{\mathrm{T}}\boldsymbol{x}=b_i,\ i\in I(\hat{\boldsymbol{x}});\ \boldsymbol{a}_i^{\mathrm{T}}\boldsymbol{x}=b_i,\ i\in E\}. \tag{4.4}$$

命题 4.2.1 若 $\boldsymbol{x}^*$ 为 QP 的 K-T 点，则 $\boldsymbol{x}^*$ 是下列等式约束正定二次规划的最优解.

$$P^*-Q(\boldsymbol{x})=\frac{1}{2}\boldsymbol{x}^{\mathrm{T}}\boldsymbol{G}\boldsymbol{x}+\boldsymbol{c}^{\mathrm{T}}\boldsymbol{x},$$

$$\text{s. t. } \boldsymbol{a}_i^{\mathrm{T}}\boldsymbol{x}=b_i,\ i\in A(\boldsymbol{x}^*).$$

证明 因 $\boldsymbol{x}^*$ 为 QP 的 K-T 点，所以存在乘子 $\boldsymbol{\lambda}_i^*\geqslant\boldsymbol{0}$，$i\in I$；$\boldsymbol{\lambda}_i^*\in\mathbf{R}$，$i\in E$，使得

$$\boldsymbol{G}\boldsymbol{x}^*+\boldsymbol{c}-\sum_{i\in I(x^*)}\boldsymbol{\lambda}_i^*\boldsymbol{a}_i-\sum_{i\in E}\boldsymbol{\lambda}_i^*\boldsymbol{a}_i=\boldsymbol{0},$$

即

$$\boldsymbol{G}\boldsymbol{x}^*+\boldsymbol{c}-\sum_{i\in A(x^*)}\boldsymbol{\lambda}_i^*\boldsymbol{a}_i=\boldsymbol{0}.$$

这表明 $\boldsymbol{x}^*$ 为等式约束正定二次规划 P^* 的 K-T 点，因为 P^* 为凸规划，所以 $\boldsymbol{x}^*$ 为等式约束正定二次规划 P^* 的最优解.

4.2.2 有效集迭代法的构造

有效集逼近算法是一个沿可行方向的下降算法. 以下讲解其下降迭代的思路.

选取一个 QP 的可行点 $\boldsymbol{x}^{(1)}\in X$，记 $A_1=A(\boldsymbol{x}^{(1)})$，构造辅助等式约束正定二次规划

$$P_1-\min\{Q(\boldsymbol{x})\mid \boldsymbol{a}_i^{\mathrm{T}}\boldsymbol{x}=\boldsymbol{b}_i,\ i\in A_1\},$$

或等价地表为 $\min\{Q(\boldsymbol{x})-Q(\boldsymbol{x}^{(1)})\mid \boldsymbol{a}_i^{\mathrm{T}}\boldsymbol{x}=b_i,\ i\in A_1\}$. 求解这个辅助等式约束问题，得到最优点，记为 $\bar{\boldsymbol{x}}^{(1)}$. 记 $\boldsymbol{d}_1=\bar{\boldsymbol{x}}^{(1)}-\boldsymbol{x}^{(1)}$. 以下分两种情况进行讨论.

情形一：$\boldsymbol{d}_1\neq\boldsymbol{0}$，即 $\bar{\boldsymbol{x}}^{(1)}\neq\boldsymbol{x}^{(1)}$. 由于 $\boldsymbol{x}^{(1)}$ 为 P_1 的可行点而 $\bar{\boldsymbol{x}}^{(1)}$ 为 P_1 的最优点，又因 $\boldsymbol{G}>\boldsymbol{O}$，$P_1$ 是严格凸规划，从而最优点是唯一的，这样就得到

$$Q(\bar{\boldsymbol{x}}^{(1)}) < Q(\boldsymbol{x}^{(1)}).$$

若 $\bar{\boldsymbol{x}}^{(1)} \in X$，令 $\boldsymbol{x}^{(2)} = \bar{\boldsymbol{x}}^{(1)}$. 而若 $\boldsymbol{x}^{(1)} \notin X$，由于 $Q(\bar{\boldsymbol{x}}^{(1)}) < Q(\boldsymbol{x}^{(1)})$，对于任意 $t \in (0, 1]$，注意到 $Q(\boldsymbol{x})$ 是严格凸函数，就有

$$(1-t)Q(\boldsymbol{x}^{(1)}) + tQ(\bar{\boldsymbol{x}}^{(1)}) \geqslant Q((1-t)\boldsymbol{x}^{(1)} + t\bar{\boldsymbol{x}}^{(1)}),$$

从而有

$$\begin{aligned} Q(\boldsymbol{x}^{(1)}) &\geqslant Q((1-t)\boldsymbol{x}^{(1)} + t\bar{\boldsymbol{x}}^{(1)}) + t(Q(\boldsymbol{x}^{(1)}) - Q(\bar{\boldsymbol{x}}^{(1)})) \\ &> Q((1-t)\boldsymbol{x}^{(1)} + t\bar{\boldsymbol{x}}^{(1)}). \end{aligned} \tag{4.5}$$

以下选择 $t = \alpha_1\ (0 < \alpha_1 \leqslant 1)$，决定 $\boldsymbol{x}^{(2)} = \boldsymbol{x}^{(1)} + \alpha_1 \boldsymbol{d}_1$，要求满足：(i) $Q(\boldsymbol{x}^{(2)}) \leqslant Q(\boldsymbol{x}^{(1)})$；(ii) $\boldsymbol{x}^{(2)} \in X$. 由式(4.5)，这里条件(i)自然满足. 条件(ii)要求选择 $\alpha_1\ (0 < \alpha_1 \leqslant 1)$ 使得 $\boldsymbol{x}^{(2)}$ 满足可行性，即必须有

$$\begin{aligned} \boldsymbol{a}_i^{\mathrm{T}}(\boldsymbol{x}^{(1)} + \alpha_1 \boldsymbol{d}_1) &\geqslant b_i,\ \forall i \in I, \\ \boldsymbol{a}_i^{\mathrm{T}}(\boldsymbol{x}^{(1)} + \alpha_1 \boldsymbol{d}_1) &= b_i,\ \forall i \in E. \end{aligned} \tag{4.6}$$

对于 $i \in E$，注意到 $\bar{\boldsymbol{x}}^{(1)}$ 是 P_1 的可行点和 $E \subset A_1$，有

$$\boldsymbol{a}_i^{\mathrm{T}} \boldsymbol{d}_1 = \boldsymbol{a}_i^{\mathrm{T}}(\bar{\boldsymbol{x}}^{(1)} - \boldsymbol{x}^{(1)}) = b_i - b_i = 0,$$

从而有

$$\boldsymbol{a}_i^{\mathrm{T}} \boldsymbol{x}^{(2)} = \boldsymbol{a}_i^{\mathrm{T}}(\boldsymbol{x}^{(1)} + \alpha_1 \boldsymbol{d}_1) = \boldsymbol{a}_i^{\mathrm{T}} \boldsymbol{x}^{(1)} + \alpha_1 \boldsymbol{a}_i^{\mathrm{T}} \boldsymbol{d}_1 = b_i + 0 = b_i.$$

对于 $i \in I \cap A_1 \subset I(x^{(1)})$，也注意到 $\bar{x}^{(1)}$ 是 P_1 的可行点，同样有 $\boldsymbol{a}_i^{\mathrm{T}} \boldsymbol{d}_1 = \boldsymbol{a}_i^{\mathrm{T}}(\bar{\boldsymbol{x}}^{(1)} - \boldsymbol{x}^{(1)}) = b_i - b_i = 0$，和 $\boldsymbol{a}_i^{\mathrm{T}} \boldsymbol{x}^{(2)} = \boldsymbol{a}_i^{\mathrm{T}}(\boldsymbol{x}^{(1)} + \alpha_1 \boldsymbol{d}_1) = b_i$. 即有 $I \cap A_1 \subset I(\boldsymbol{x}^{(2)})$. 而对于 $i \in I \setminus A_1$，由于 $\boldsymbol{a}_i^{\mathrm{T}} \boldsymbol{x}^{(1)} \geqslant b_i$，故当 $\boldsymbol{a}_i^{\mathrm{T}} \boldsymbol{d}_1 \geqslant 0$ 时，对 $\alpha_1\ (0 < \alpha_1 \leqslant 1)$ 恒有 $\alpha_1 \boldsymbol{a}_i^{\mathrm{T}} d_1 \geqslant b_i - \boldsymbol{a}_i^{\mathrm{T}} \boldsymbol{x}^{(1)}$，即 $\boldsymbol{a}_i^{\mathrm{T}} \boldsymbol{x}^{(2)} = \boldsymbol{a}_i^{\mathrm{T}}(\boldsymbol{x}^{(1)} + \alpha_1 \boldsymbol{d}_1) \geqslant b_i$. 而当 $\boldsymbol{a}_i^{\mathrm{T}} \boldsymbol{d}_1 < 0$ 时，要使得不等式 $\boldsymbol{a}_i^{\mathrm{T}} \boldsymbol{x}^{(2)} = \boldsymbol{a}_i^{\mathrm{T}}(\boldsymbol{x}^{(1)} + \alpha_1 \boldsymbol{d}_1) \geqslant b_i$ 式成立，要求

$$\alpha_1 \leqslant \frac{b_i - \boldsymbol{a}_i^{\mathrm{T}} \boldsymbol{x}^{(1)}}{\boldsymbol{a}_i^{\mathrm{T}} \boldsymbol{d}_1},$$

所以应取

$$\alpha_1 \leqslant \bar{\alpha}_1 = \min\left\{ \frac{b_i - \boldsymbol{a}_i^{\mathrm{T}} \boldsymbol{x}^{(1)}}{\boldsymbol{a}_i^{\mathrm{T}} \boldsymbol{d}_1} \,\middle|\, i \notin A_1,\ \boldsymbol{a}_i^{\mathrm{T}} \boldsymbol{d}_1 < 0 \right\}.$$

易见 $\bar{\alpha}_1 > 0$. 因为要求 $0 < \alpha_1 \leqslant 1$，所以可取

$$\alpha_1 = \min\{1,\ \bar{\alpha}_1\}.$$

从而使得 $\boldsymbol{x}^{(2)}\in X$.

接着要决定 A_2，从而可得到辅助等式约束问题 $P_2:\min\{Q(x)\mid a_i^{\mathrm{T}}x=b_i,\ i\in A_2\}$. 当 $\alpha_1<1$，应存在 $t\notin A(\boldsymbol{x}^{(1)})$，$\boldsymbol{a}_t^{\mathrm{T}}\boldsymbol{d}_1<0$，使得 $\alpha_1=\bar{\alpha}_1=\dfrac{b_t-\boldsymbol{a}_t^{\mathrm{T}}\boldsymbol{x}^{(1)}}{\boldsymbol{a}_t^{\mathrm{T}}\boldsymbol{d}_1}$. 由于

$$\boldsymbol{a}_t^{\mathrm{T}}\boldsymbol{x}^{(2)}=\boldsymbol{a}_t^{\mathrm{T}}(\boldsymbol{x}^{(1)}+\alpha_1\boldsymbol{d}_1)=b_t,\ t\notin A_1,$$

可见(也结合前面关于 $I\cap A_1\subset I(\boldsymbol{x}^{(2)})$ 的论述)，$I\cap[A_1\cup\{t\}]\subset I(\boldsymbol{x}^{(2)})$，此时可取

$$A_2=A_1\cup\{t\}.$$

即有 $I\cap A_2\subset I(x_2)$. 而当 $\alpha_1=1$，$\boldsymbol{x}^{(2)}=\boldsymbol{x}^{(1)}+\boldsymbol{d}_1=\boldsymbol{x}^{(1)}+(\bar{\boldsymbol{x}}^{(1)}-\boldsymbol{x}^{(1)})=\bar{\boldsymbol{x}}^{(1)}$，可见 $\boldsymbol{x}^{(2)}\in X\cap X_{P_1}$. 由于当 $i\in A_1$，$\bar{\boldsymbol{x}}^{(1)}\in X_{P_1}$，有 $\boldsymbol{a}_i^{\mathrm{T}}\boldsymbol{x}^{(2)}=\boldsymbol{a}_i^{\mathrm{T}}\bar{\boldsymbol{x}}^{(1)}=b_i$，即 $i\in A(\boldsymbol{x}^{(2)})$，所以有 $A_1\subset A(\boldsymbol{x}^{(2)})$. 即 $I\cap A_1\subset I(\boldsymbol{x}^{(2)})$. 因而当 $\alpha_1=\min\{1,\ \bar{\alpha}_1\}=1$ 时，可取

$$A_2=A_1.$$

这样就总有 $I\cap A_2\subset I(\boldsymbol{x}^{(2)})$，可对 A_2 重复关于 A_1 的论述，而找到所需可行点 $x^{(3)}\in X$ 和下标集 A_3，以得到下一个辅助二次正定规划.

情形二：$d_1=0$，即 $\bar{\boldsymbol{x}}^{(1)}=\boldsymbol{x}^{(1)}$. 由于 $\bar{\boldsymbol{x}}^{(1)}$ 是 P_1 的最优点，从而 $\boldsymbol{x}^{(1)}$ 是 P_1 的 K-T点，就有

$$\nabla Q(\boldsymbol{x}^{(1)})-\sum_{i\in I\cap A_1}\lambda_i\nabla c_i(\boldsymbol{x}^{(1)})-\sum_{i\in E}\mu_i\nabla c_i(\boldsymbol{x}^{(1)})=0. \tag{4.7}$$

由此再区分两种情形：

(i) P_1 的与 $I(\boldsymbol{x}^{(1)})$ 相关的乘数 $\lambda_i\geqslant 0,\ i\in I(\boldsymbol{x}^{(1)})$. 这一情形下有

$$\nabla Q(\boldsymbol{x}^{(1)})-\sum_{i\in A_1\cap I}\lambda_i\nabla c_i(\boldsymbol{x}^{(1)})-\sum_{i\in I\setminus A_1}0\cdot\nabla c_i(\boldsymbol{x}^{(1)})-\sum_{i\in E}\mu_i\nabla c_i(\boldsymbol{x}^{(1)})=0.$$

可知，$\boldsymbol{x}^{(1)}$ 是 P 的 K-T 点，也就是 P 的唯一最小点.

(ii) P_1 的与 $A_1\cap I$ 相关的乘数满足 $\min\{\lambda_i\mid i\in A_1\cap I\}=\lambda_q^{(1)}<0$. 这一情形下可取 $\boldsymbol{x}^{(2)}=\boldsymbol{x}^{(1)}$，$A_2=A_1\setminus\{q\}$，形成新的辅助规划，记为 $P_2(\boldsymbol{x}^{(2)},\ A_2)$，求得最优解 $\bar{\boldsymbol{x}}^{(2)}$. 此时若仍有 $\bar{\boldsymbol{x}}^{(2)}=\boldsymbol{x}^{(2)}$，但相应的 K-T 条件的 Lagrange 等式中已少一个关于不等式约束的负的乘子分量. 重复进行必导致在某一步有 $\bar{\boldsymbol{x}}^{(*)}\neq\boldsymbol{x}^{(*)}$. 否则，在某一步时 $A_1\cap I$ 中的不等式约束指标裁撤干净，相应的 K-T 条件的 Lagrange 等式(4.7)变为

$$\nabla Q(\boldsymbol{x}^{(*)})-\sum_{i\in E}\mu_i\nabla c_i(\boldsymbol{x}^{(*)})=0$$

或

$$\nabla Q(\boldsymbol{x}^{(*)})-\sum_{i\in I(\boldsymbol{x}^{(*)})}0\cdot\nabla c_i(\boldsymbol{x}^{(*)})-\sum_{i\in E}\mu_i\nabla c_i(\boldsymbol{x}^{(*)})=0,$$

则可知，$\boldsymbol{x}^{(*)}$是 P 的 K-T 点，也就是 P 的唯一最小点.

4.2.3 有效集算法

改写等式约束迭代子规划如次：令 $\boldsymbol{d}=\boldsymbol{x}-\boldsymbol{x}^{(k)}$，由于

$$\begin{aligned}Q(\boldsymbol{x})&=\frac{1}{2}(\boldsymbol{x}^{(k)}+\boldsymbol{d})^{\mathrm{T}}\boldsymbol{G}(\boldsymbol{x}^{(k)}+\boldsymbol{d})+\boldsymbol{c}^{\mathrm{T}}(\boldsymbol{x}^{(k)}+\boldsymbol{d})\\&=\frac{1}{2}\boldsymbol{d}^{\mathrm{T}}\boldsymbol{G}\boldsymbol{d}+(\boldsymbol{G}\boldsymbol{x}^{(k)}+\boldsymbol{c})^{\mathrm{T}}\boldsymbol{d}+Q(\boldsymbol{x}^{(k)}).\end{aligned}$$

这样求解等式约束迭代子规划 P_k 就等价于求解二次规划 q_k：

$$\begin{aligned}&\min q(\boldsymbol{x})=\frac{1}{2}\boldsymbol{d}^{\mathrm{T}}\boldsymbol{G}\boldsymbol{d}+(\boldsymbol{G}\boldsymbol{x}^{(k)}+\boldsymbol{c})^{\mathrm{T}}\boldsymbol{d},\\&\text{s.t. }\boldsymbol{a}_i^{\mathrm{T}}\boldsymbol{d}=0,\ i\in A_k.\end{aligned}$$

算法 4.2.1

(i) 取初始点 $\boldsymbol{x}^{(1)}\in X$，确定 $A_1=A(\boldsymbol{x}^{(1)})$，令 $k=1$.

(ii) 求解等式约束二次子规划 q_k，得到最优解 $\boldsymbol{d}_k$.

(iii) 若 $\boldsymbol{d}_k=\boldsymbol{0}$，求得 $\lambda_q^{(k)}=\min\{\lambda_i^{(k)},\ i\in I\cap A_k\}$，后转(iv)；否则，转(v).

(iv) 若 $\lambda_q^{(k)}\geqslant 0$，$\boldsymbol{x}^{(k)}$ 为最优解，算法停止；否则，令 $\boldsymbol{x}^{(k+1)}=\boldsymbol{x}^{(k)}$，$A_{k+1}=A_k\setminus\{q\}$，令 $k=k+1$，返回(ii).

(v) 计算步长

$$\begin{aligned}\bar{\alpha}_k&=\min\left\{-\frac{(\boldsymbol{a}_i^{\mathrm{T}}\boldsymbol{x}^{(k)}-b_i)}{\boldsymbol{a}_i^{\mathrm{T}}\boldsymbol{d}^{(k)}}\,\middle|\, i\notin A_k,\ \boldsymbol{a}_i^{\mathrm{T}}\boldsymbol{d}^{(k)}<0\right\}=-\frac{(\boldsymbol{a}_t^{\mathrm{T}}\boldsymbol{x}^{(k)}-b_t)}{\boldsymbol{a}_t^{\mathrm{T}}\boldsymbol{d}^{(k)}},\\\alpha_k&=\min\{1,\ \bar{\alpha}_k\}.\end{aligned}$$

令 $\boldsymbol{x}^{(k+1)}=\boldsymbol{x}^{(k)}+\alpha_k\boldsymbol{d}^{(k)}$，取

$$\begin{cases}A_{k+1}=A_k\cup\{t\},\alpha_k<1;\\A_{k+1}=A_k,\ \alpha_k=1.\end{cases}$$

返回(ii).

例 4.2.1 求解下列正定二次规划：

$$\begin{aligned}&\min f(\boldsymbol{x})=x_1^2+x_2^2-2x_1-4x_2,\\&\text{s.t. }\boldsymbol{a}_1^{\mathrm{T}}\boldsymbol{x}-b_1=x_1\geqslant 0,\\&\qquad\boldsymbol{a}_2^{\mathrm{T}}\boldsymbol{x}-b_2=x_2\geqslant 0,\\&\qquad\boldsymbol{a}_3^{\mathrm{T}}\boldsymbol{x}-b_3=-x_1-x_2+1\geqslant 0.\end{aligned}\tag{4.8}$$

解 取 $\boldsymbol{x}^{(1)}=(0,0)^{\mathrm{T}}\in X$，$I(\boldsymbol{x}^{(1)})=\{1,2\}$，$A_1=I(\boldsymbol{x}^{(1)})$.

$$\boldsymbol{G}=\begin{bmatrix}2&0\\0&2\end{bmatrix},\ \boldsymbol{c}=\begin{bmatrix}-2\\-4\end{bmatrix},$$

$$\boldsymbol{A}=\begin{bmatrix}1&0\\0&1\end{bmatrix},\ \boldsymbol{b}=\begin{bmatrix}0\\0\end{bmatrix},$$

$$\Rightarrow \min z=d_1^2+d_2^2-2d_1-4d_2,$$
$$\text{s. t. } d_1=0, d_2=0.$$

$$\Leftrightarrow \begin{bmatrix}\boldsymbol{G}&-\boldsymbol{A}\\\boldsymbol{A}^{\mathrm{T}}&\boldsymbol{O}\end{bmatrix}\begin{bmatrix}\boldsymbol{d}\\\boldsymbol{\lambda}\end{bmatrix}=\begin{bmatrix}-\boldsymbol{g}\\\boldsymbol{b}\end{bmatrix}$$

$$\Leftrightarrow \begin{bmatrix}2&0&-1&0\\0&2&0&-1\\1&0&0&0\\0&1&0&0\end{bmatrix}\begin{bmatrix}d_1\\d_2\\\lambda_1\\\lambda_2\end{bmatrix}=\begin{bmatrix}2\\4\\0\\0\end{bmatrix}\Rightarrow\begin{cases}\boldsymbol{d}^{(1)}=(0,0)^{\mathrm{T}},\\\boldsymbol{x}^{(1)}=(0,0)^{\mathrm{T}},\\\boldsymbol{\lambda}^{(1)}=(-2,-4)^{\mathrm{T}}.\end{cases}$$

$$\boldsymbol{d}^{(1)}=(0,0)^{\mathrm{T}},\ \lambda_2^{(1)}=-4=\min\{-2,-4\}<0$$
$$\Rightarrow A_2=A_1\backslash\{2\}=\{1\},\ \boldsymbol{x}^{(2)}=\boldsymbol{x}^{(1)}.$$

求解

$$\min z=d_1^2+d_2^2-2d_1-4d_2,$$
$$\text{s. t. } d_1=0$$

等价于求解

$$\begin{bmatrix}2&0&-1\\0&2&0\\1&0&0\end{bmatrix}\begin{bmatrix}d_1\\d_2\\\lambda_1\end{bmatrix}=\begin{bmatrix}2\\4\\0\end{bmatrix}.$$

得 $\boldsymbol{d}^{(2)}=(0,2)^{\mathrm{T}}$，计算步长

$$\bar{\alpha}_2=\min\left\{\frac{b_i-\boldsymbol{a}_i^{\mathrm{T}}\boldsymbol{x}^{(2)}}{\boldsymbol{a}_i^{\mathrm{T}}\boldsymbol{d}^{(2)}}\,\middle|\,i=2,3,\ \boldsymbol{a}_i^{\mathrm{T}}\boldsymbol{d}^{(2)}<0\right\}=\frac{b_3-\boldsymbol{a}_3^{\mathrm{T}}\boldsymbol{x}^{(2)}}{\boldsymbol{a}_3^{\mathrm{T}}\boldsymbol{d}^{(2)}}=\frac{-1}{-2}<1$$

$$\Rightarrow \alpha_2=\bar{\alpha}_2=\frac{1}{2},\ t=3.$$

所以 $\boldsymbol{x}^{(3)}=\boldsymbol{x}^{(2)}+\alpha_2\boldsymbol{d}^{(2)}=(0,1)^{\mathrm{T}}$，$A_3=A_2\cup\{3\}=\{1,3\}$. 进而求解

$$\min z=d_1^2+d_2^2-2d_1-4d_2,$$
$$\text{s. t. } d_1=0,$$
$$-d_1-d_2=0$$

$$\Leftrightarrow \begin{pmatrix} 2 & 0 & -1 & 1 \\ 0 & 2 & 0 & 1 \\ 1 & 0 & 0 & 0 \\ -1 & -1 & 0 & 0 \end{pmatrix} \begin{pmatrix} d_1 \\ d_2 \\ \lambda_1 \\ \lambda_2 \end{pmatrix} = \begin{pmatrix} 2 \\ 2 \\ 0 \\ 0 \end{pmatrix} \Rightarrow \begin{cases} \boldsymbol{d}^{(3)} = (0,\ 0)^{\mathrm{T}}, \\ \boldsymbol{x}^{(4)} = \boldsymbol{x}^{(3)} + \boldsymbol{d}^{(3)} = (0,\ 1)^{\mathrm{T}}, \\ \boldsymbol{\lambda}^{(3)} = (0,\ 2)^{\mathrm{T}}. \end{cases}$$

因 $\boldsymbol{\lambda}^{(3)}=(0,\ 2)^{\mathrm{T}}\geqslant 0$,故原问题的最优解为 $\boldsymbol{x}^*=\boldsymbol{x}^{(4)}=(0,\ 1)^{\mathrm{T}}$,相应的 K-T 乘子向量为 $\boldsymbol{\lambda}^*=(0,\ 0,\ 2)^{\mathrm{T}}$.

4.3 正定二次规划的对偶问题

对于以下一般正定二次规划:

$$QP\text{—}\min Q(\boldsymbol{x}) = \frac{1}{2}\boldsymbol{x}^{\mathrm{T}}\boldsymbol{G}\boldsymbol{x} + \boldsymbol{c}^{\mathrm{T}}\boldsymbol{x}, \quad \text{s. t. } \boldsymbol{A}^{\mathrm{T}}\boldsymbol{x} \geqslant \boldsymbol{b}, \quad \boldsymbol{C}^{\mathrm{T}}\boldsymbol{x} = \boldsymbol{d}, \tag{4.9}$$

构造下列 Lagrange 函数:

$$L(\boldsymbol{x},\ \boldsymbol{\lambda},\ \boldsymbol{\mu}) = \frac{1}{2}\boldsymbol{x}^{\mathrm{T}}\boldsymbol{G}\boldsymbol{x} + \boldsymbol{c}^{\mathrm{T}}\boldsymbol{x} - \boldsymbol{\lambda}^{\mathrm{T}}(\boldsymbol{A}^{\mathrm{T}}\boldsymbol{x} - \boldsymbol{b}) + \boldsymbol{\mu}^{\mathrm{T}}(\boldsymbol{C}^{\mathrm{T}}\boldsymbol{x} - \boldsymbol{d}),$$

其中 $\boldsymbol{\lambda}\geqslant\boldsymbol{0}$,$\mu\in\mathbf{R}^{d_E}$(这里 d_E 表示等式约束方程的个数).

定义两个优化问题:

$$(P^L)\text{—}\min_{x\in X}\ \max_{\lambda\geqslant 0,\ \mu\in\mathbf{R}^{d_E}} L(\boldsymbol{x},\ \boldsymbol{\lambda},\ \boldsymbol{\mu}) \text{ 和 } (D^L)\text{—}\max_{\lambda\geqslant 0,\ \mu\in\mathbf{R}^{d_E}}\ \min_{x\in X} L(\boldsymbol{x},\ \boldsymbol{\lambda},\ \boldsymbol{\mu}).$$

按照 Lagrange 对偶理论,D^L 是 P^L 的对偶问题. 先看前一个优化问题(P^L),当 $\boldsymbol{x}\in X$,有 $\boldsymbol{C}^{\mathrm{T}}\boldsymbol{x}-\boldsymbol{d}=\boldsymbol{0}$,$\boldsymbol{A}^{\mathrm{T}}\boldsymbol{x}-\boldsymbol{b}\geqslant\boldsymbol{0}$,于是

$$\max_{\lambda\geqslant 0,\ \mu\in\mathbf{R}^{d_E}} L(\boldsymbol{x},\ \boldsymbol{\lambda},\ \boldsymbol{\mu}) = \frac{1}{2}\boldsymbol{x}^{\mathrm{T}}\boldsymbol{G}\boldsymbol{x} + \boldsymbol{c}^{\mathrm{T}}\boldsymbol{x},$$

所以

$$\min_{x\in X}\ \max_{\lambda\geqslant 0,\ \mu\in\mathbf{R}^{d_E}} L(\boldsymbol{x},\ \boldsymbol{\lambda},\ \boldsymbol{\mu}) = \min_{x\in X} \frac{1}{2}\boldsymbol{x}^{\mathrm{T}}\boldsymbol{G}\boldsymbol{x} + \boldsymbol{c}^{\mathrm{T}}\boldsymbol{x},$$

也即(P^L)就是一般正定二次规划 QP 本身. 而优化问题(D^L)称为一般正定二次规划 QP 的对偶问题. 以下先给出对偶定理,然后推导 QP 的对偶问题的明确表达式. 分别记(P^L)和(D^L)的最优值为 $Val(P^L)$ 和 $Val(D^L)$.

定理 4.3.1(对偶性) $Val(P^L)-Val(D^L)\geqslant\boldsymbol{0}$.

证明 任给 $\hat{\boldsymbol{x}}\in X$, $\hat{\boldsymbol{\lambda}}\geqslant 0$, $\hat{\boldsymbol{\mu}}\in\mathbf{R}^{d_E}$,有

$$\min_{x\in X} L(\boldsymbol{x},\hat{\boldsymbol{\lambda}},\hat{\boldsymbol{\mu}})\leqslant L(\hat{\boldsymbol{x}},\hat{\boldsymbol{\lambda}},\hat{\boldsymbol{\mu}})\leqslant \max_{\boldsymbol{\lambda}\geqslant\mathbf{0},\,\boldsymbol{\mu}\in\mathbf{R}^{d_E}} L(\hat{\boldsymbol{x}},\boldsymbol{\lambda},\boldsymbol{\mu}).$$

对上式第二个不等式两端取$\min\limits_{x\in X}$,得到

$$\min_{x\in X} L(\boldsymbol{x},\hat{\boldsymbol{\lambda}},\hat{\boldsymbol{\mu}})\leqslant \min_{x\in X}\max_{\boldsymbol{\lambda}\geqslant 0,\,\boldsymbol{\mu}\in\mathbf{R}^{d_E}} L(\boldsymbol{x},\boldsymbol{\lambda},\boldsymbol{\mu}).$$

上式对于任意给定的 $\hat{\boldsymbol{\lambda}}\geqslant\mathbf{0}$, $\hat{\boldsymbol{\mu}}\in\mathbf{R}^{d_E}$ 都是对的,所以在上式左边取 $\max\limits_{\boldsymbol{\lambda}\geqslant\mathbf{0},\,\boldsymbol{\mu}\in\mathbf{R}^{d_E}}$,得到以下不等式,

$$\max_{\boldsymbol{\lambda}\geqslant\mathbf{0},\,\boldsymbol{\mu}\in\mathbf{R}^{d_E}}\min_{x\in X} L(\boldsymbol{x},\boldsymbol{\lambda},\boldsymbol{\mu})\leqslant \min_{x\in X}\max_{\boldsymbol{\lambda}\geqslant\mathbf{0},\,\boldsymbol{\mu}\in\mathbf{R}^{d_E}} L(\boldsymbol{x},\boldsymbol{\lambda},\boldsymbol{\mu}),$$

即有 $Val(P^L)-Val(D^L)\geqslant\mathbf{0}$.

$Val(P^L)-Val(D^L)$被称为(P^L)和(D^L)的对偶间隙. 以下推导 QP 的对偶问题的明确表达式.

定义对偶问题的可行集 $X_D=\{(\boldsymbol{\lambda},\boldsymbol{\mu})\mid\lambda\geqslant\mathbf{0},\ \mu\in\mathbf{R}^{d_E}\}$. 当 $\boldsymbol{x}\in X$,因 $\boldsymbol{C}^{\mathrm{T}}\boldsymbol{x}-\boldsymbol{d}=\mathbf{0}$, $\boldsymbol{A}^{\mathrm{T}}\boldsymbol{x}-\boldsymbol{b}\geqslant\mathbf{0}$,有

$$\max_{\boldsymbol{\lambda}\geqslant\mathbf{0},\,\boldsymbol{\mu}\in\mathbf{R}^{d_E}} L(\boldsymbol{x},\boldsymbol{\lambda},\boldsymbol{\mu})=\frac{1}{2}\boldsymbol{x}^{\mathrm{T}}\boldsymbol{G}\boldsymbol{x}+\boldsymbol{c}^{\mathrm{T}}\boldsymbol{x},$$

所以有

$$\min_{x\in X}\max_{\boldsymbol{\lambda}\geqslant\mathbf{0},\,\boldsymbol{\mu}\in\mathbf{R}^{d_E}} L(\boldsymbol{x},\boldsymbol{\lambda},\boldsymbol{\mu})=\min_{x\in X}\frac{1}{2}\boldsymbol{x}^{\mathrm{T}}\boldsymbol{G}\boldsymbol{x}+\boldsymbol{c}^{\mathrm{T}}\boldsymbol{x}. \tag{4.10}$$

再应用对偶定理 4.3.1,有

$$\begin{aligned}&\min_{x\in X}\frac{1}{2}\boldsymbol{x}^{\mathrm{T}}\boldsymbol{G}\boldsymbol{x}+\boldsymbol{c}^{\mathrm{T}}\boldsymbol{x}\\ &=\min_{x\in X}\max_{\boldsymbol{\lambda}\geqslant 0,\,\boldsymbol{\mu}\in\mathbf{R}^{d_E}} L(\boldsymbol{x},\boldsymbol{\lambda},\boldsymbol{\mu})\geqslant\max_{\boldsymbol{\lambda}\geqslant\mathbf{0},\,\boldsymbol{\mu}\in\mathbf{R}^{d_E}}\min_{x\in X} L(\boldsymbol{x},\boldsymbol{\lambda},\boldsymbol{\mu}) \qquad (4.11)\\ &\geqslant\max_{\boldsymbol{\lambda}\geqslant\mathbf{0},\,\boldsymbol{\mu}\in\mathbf{R}^{d_E}}\min_{x\in\mathbf{R}^n}\frac{1}{2}\boldsymbol{x}^{\mathrm{T}}\boldsymbol{G}\boldsymbol{x}+\boldsymbol{c}^{\mathrm{T}}\boldsymbol{x}-\boldsymbol{\lambda}^{\mathrm{T}}(\boldsymbol{A}^{\mathrm{T}}\boldsymbol{x}-\boldsymbol{b})+\boldsymbol{\mu}^{\mathrm{T}}(\boldsymbol{C}^{\mathrm{T}}\boldsymbol{x}-\boldsymbol{d}).\end{aligned}$$

下面对于给定的$(\boldsymbol{\lambda},\boldsymbol{\mu})\in X_D$,寻求 $\min\limits_{x\in\mathbf{R}^n}\frac{1}{2}\boldsymbol{x}^{\mathrm{T}}\boldsymbol{G}\boldsymbol{x}+\boldsymbol{c}^{\mathrm{T}}\boldsymbol{x}-\boldsymbol{\lambda}^{\mathrm{T}}(\boldsymbol{A}^{\mathrm{T}}\boldsymbol{x}-\boldsymbol{b})+\boldsymbol{\mu}^{\mathrm{T}}(\boldsymbol{C}^{\mathrm{T}}\boldsymbol{x}-\boldsymbol{d})$的表达式. 由于给定的$(\boldsymbol{\lambda},\boldsymbol{\mu})\in X_D$,

$$\begin{aligned}&\frac{1}{2}\boldsymbol{x}^{\mathrm{T}}\boldsymbol{G}\boldsymbol{x}+\boldsymbol{c}^{\mathrm{T}}\boldsymbol{x}-\boldsymbol{\lambda}^{\mathrm{T}}(\boldsymbol{A}^{\mathrm{T}}\boldsymbol{x}-\boldsymbol{b})+\boldsymbol{\mu}^{\mathrm{T}}(\boldsymbol{C}^{\mathrm{T}}\boldsymbol{x}-\boldsymbol{d})\\ &=\frac{1}{2}\boldsymbol{x}^{\mathrm{T}}\boldsymbol{G}\boldsymbol{x}+(\boldsymbol{c}-\boldsymbol{A}\boldsymbol{\lambda}+\boldsymbol{C}\boldsymbol{\mu})^{\mathrm{T}}\boldsymbol{x}+\boldsymbol{\lambda}^{\mathrm{T}}\boldsymbol{b}-\boldsymbol{\mu}^{\mathrm{T}}\boldsymbol{d}\end{aligned}$$

是 $\mathbf{R}^n$ 上的正定二次型，在 $\mathbf{R}^n$ 上其有唯一最小点 $\boldsymbol{x}^*=-\boldsymbol{G}^{-1}(\boldsymbol{c}-\boldsymbol{A\lambda}+\boldsymbol{C\mu})$（参见例 1.1.1）. 所以，对于给定的 $(\boldsymbol{\lambda},\boldsymbol{\mu})\in X_D$，

$$\begin{aligned}&\min_{x\in\mathbf{R}^n}\frac{1}{2}\boldsymbol{x}^{\mathrm{T}}\boldsymbol{Gx}+\boldsymbol{c}^{\mathrm{T}}\boldsymbol{x}-\boldsymbol{\lambda}^{\mathrm{T}}(\boldsymbol{A}^{\mathrm{T}}\boldsymbol{x}-\boldsymbol{b})+\boldsymbol{\mu}^{\mathrm{T}}(\boldsymbol{C}^{\mathrm{T}}\boldsymbol{x}-\boldsymbol{d})\\&=\frac{1}{2}(\boldsymbol{x}^*)^{\mathrm{T}}\boldsymbol{Gx}^*+\boldsymbol{c}^{\mathrm{T}}\boldsymbol{x}^*-\boldsymbol{\lambda}^{\mathrm{T}}(\boldsymbol{A}^{\mathrm{T}}\boldsymbol{x}^*-\boldsymbol{b})+\boldsymbol{\mu}^{\mathrm{T}}(\boldsymbol{C}^{\mathrm{T}}\boldsymbol{x}^*-\boldsymbol{d})\\&=\frac{-1}{2}(\boldsymbol{c}-\boldsymbol{A\lambda}+\boldsymbol{C\mu})^{\mathrm{T}}\boldsymbol{G}^{-1}(\boldsymbol{c}-\boldsymbol{A\lambda}+\boldsymbol{C\mu})+\boldsymbol{\lambda}^{\mathrm{T}}\boldsymbol{b}-\boldsymbol{\mu}^{\mathrm{T}}\boldsymbol{d}.\end{aligned}$$

而利用 K-T 方法可证明：

$$\max_{\boldsymbol{\lambda}\geqslant\boldsymbol{0},\ \boldsymbol{\mu}\in\mathbf{R}^{d_E}}\frac{-1}{2}(\boldsymbol{c}-\boldsymbol{A\lambda}+\boldsymbol{C\mu})^{\mathrm{T}}\boldsymbol{G}^{-1}(\boldsymbol{c}-\boldsymbol{A\lambda}+\boldsymbol{C\mu})+\boldsymbol{\lambda}^{\mathrm{T}}\boldsymbol{b}-\boldsymbol{\mu}^{\mathrm{T}}\boldsymbol{d}=\min_{x\in X}\frac{1}{2}\boldsymbol{x}^{\mathrm{T}}\boldsymbol{Gx}+\boldsymbol{c}^{\mathrm{T}}\boldsymbol{x}. \tag{4.12}$$

注：事实上，上式左边的数学规划可等价地表示为

$$\min_{\boldsymbol{\lambda}\geqslant 0,\ \boldsymbol{\mu}\in\mathbf{R}^{d_E}}\frac{1}{2}(\boldsymbol{c}-\boldsymbol{A\lambda}+\boldsymbol{C\mu})^{\mathrm{T}}\boldsymbol{G}^{-1}(\boldsymbol{c}-\boldsymbol{A\lambda}+\boldsymbol{C\mu})-\boldsymbol{\lambda}^{\mathrm{T}}\boldsymbol{b}+\boldsymbol{\mu}^{\mathrm{T}}\boldsymbol{d}, \tag{4.13}$$

由于 $\boldsymbol{G}^{-1}>\boldsymbol{O}$，这是一个凸规划，其 K-T 点即为最优点. 而式(4.12)右边的原正定二次规划的 K-T 点的 Lagrange 乘子正是凸规划(4.13)的 K-T 点. 并可算得式(4.12)两边各目标函数在相应的 K-T 点处取值相同.

于是，由式(4.10)，式(4.11)，式(4.12)可知，(P^L) 和 (D^L) 的对偶间隙为零. 而 QP 的对偶问题 (D^L) 可明确表达为以下数学规划：

$$(D^L)—\max_{\boldsymbol{\lambda}\geqslant\boldsymbol{0},\ \boldsymbol{\mu}\in\mathbf{R}^{d_E}}\frac{-1}{2}(\boldsymbol{c}-\boldsymbol{A\lambda}+\boldsymbol{C\mu})^{\mathrm{T}}\boldsymbol{G}^{-1}(\boldsymbol{c}-\boldsymbol{A\lambda}+\boldsymbol{C\mu})+\boldsymbol{\lambda}^{\mathrm{T}}\boldsymbol{b}-\boldsymbol{\mu}^{\mathrm{T}}\boldsymbol{d}.$$

4.4 K-T 倒向微分方程

本节考虑以下球约束下的二次优化问题：

$$P—\min Q(\boldsymbol{x})=\frac{1}{2}\boldsymbol{x}^{\mathrm{T}}\boldsymbol{Ax}-\boldsymbol{f}^{\mathrm{T}}\boldsymbol{x}, \tag{4.14}$$

$$\text{s.t. } \boldsymbol{x}\in D=\{\boldsymbol{x}\in\mathbf{R}^n\mid\boldsymbol{x}^{\mathrm{T}}\boldsymbol{x}\leqslant 1\}.$$

其中 $\boldsymbol{A}=\boldsymbol{A}^{\mathrm{T}}$，$f\in\mathbf{R}^n\backslash\{0\}$. 球约束下的二次优化问题是一类广义二次规划，在数学规划理论和应用中经常出现，尤其在非线性优化的信赖域方法中作为重要的子问

题，凸显其在最优化理论和方法的研究中有着重要的作用. 本节先介绍关于球约束下的二次优化问题的K-T倒向微分方程及其应用，并导出关于球约束下的二次优化问题的Lagrange对偶性质，为下一节得到球约束下的二次优化问题的求解方法做准备工作.

构造下列Lagrange函数：

$$L(\boldsymbol{x},\ \rho)=\frac{1}{2}\boldsymbol{x}^{\mathrm{T}}\boldsymbol{A}\boldsymbol{x}-\boldsymbol{f}^{\mathrm{T}}\boldsymbol{x}+\frac{\rho}{2}(\boldsymbol{x}^{\mathrm{T}}\boldsymbol{x}-1),\ \rho\geqslant 0. \tag{4.15}$$

定义如下Lagrange乘数集：

$$K=\{\rho\in\mathbf{R}\,|\,\boldsymbol{A}+\rho\boldsymbol{I}>\boldsymbol{0},\ \rho\geqslant 0\}. \tag{4.16}$$

若$\rho\in K$且$\rho>0$，则$\rho\in\operatorname{int}K$. 当$\hat{\rho}\in K$时，有$[\hat{\rho},\ +\infty)\subset K$. 球约束下的二次优化问题$P$的K-T点条件是

$$\boldsymbol{A}\boldsymbol{x}-\boldsymbol{f}+\rho\boldsymbol{x}=\boldsymbol{0}, \tag{4.17}$$

$$\rho(\boldsymbol{x}^{\mathrm{T}}\boldsymbol{x}-1)=0,\ \rho\geqslant 0,\ \boldsymbol{x}^{\mathrm{T}}\boldsymbol{x}-1\leqslant 0\ . \tag{4.18}$$

对于$(\rho^*,\ \boldsymbol{x}^*)\in K\times D, x^*\neq 0$，建立以下倒向微分方程

$$\frac{\mathrm{d}\boldsymbol{x}}{\mathrm{d}\rho}=-(\boldsymbol{A}+\rho\boldsymbol{I})^{-1}\boldsymbol{x},\ \boldsymbol{x}(\rho^*)=\boldsymbol{x}^*,\ \rho\in K\cap[0,\ \rho^*]. \tag{4.19}$$

容易得到上述倒向微分方程的一个解

$$\boldsymbol{x}(\rho)=(\boldsymbol{A}+\rho\boldsymbol{I})^{-1}\boldsymbol{f},\ \boldsymbol{x}^*=(\boldsymbol{A}+\rho^*\boldsymbol{I})^{-1}\boldsymbol{f},\ \rho\in K\cap[0,\ \rho^*]. \tag{4.20}$$

在Lagrange函数中令$\rho\in K\cap[0,\ \rho^*]$，$\boldsymbol{x}=\boldsymbol{x}(\rho)$，得到球约束下的二次优化问题的对偶函数，

$$\begin{aligned}P^d(\rho)&=L(\boldsymbol{x}(\rho),\ \rho)=\frac{1}{2}\boldsymbol{x}(\rho)^{\mathrm{T}}\boldsymbol{A}\boldsymbol{x}(\rho)-\boldsymbol{f}^{\mathrm{T}}\boldsymbol{x}(\rho)+\frac{\rho}{2}(\boldsymbol{x}(\rho)^{\mathrm{T}}\boldsymbol{x}(\rho)-1),\\&=\frac{-1}{2}\boldsymbol{f}^{\mathrm{T}}(\boldsymbol{A}+\rho\boldsymbol{I})^{-1}\boldsymbol{f}-\frac{\rho}{2},\ \rho\in K\cap[0,\ \rho^*].\end{aligned} \tag{4.21}$$

由式(4.19)，式(4.20)有

$$\frac{\mathrm{d}P^d(\rho)}{\mathrm{d}\rho}=\frac{1}{2}\boldsymbol{f}^{\mathrm{T}}(\boldsymbol{A}+\rho\boldsymbol{I})^{-2}\boldsymbol{f}-\frac{1}{2}=\frac{1}{2}\boldsymbol{x}^{\mathrm{T}}(\rho)\boldsymbol{x}(\rho)-\frac{1}{2}, \tag{4.22}$$

$$\frac{\mathrm{d}^2P^d(\rho)}{\mathrm{d}\rho^2}=-\boldsymbol{f}^{\mathrm{T}}(\boldsymbol{A}+\rho\boldsymbol{I})^{-3}\boldsymbol{f}. \tag{4.23}$$

由式(4.23)可知,当 $\hat{\rho}\in K\cap[0,+\infty)$,$\dfrac{d^2P^d(\hat{\rho})}{d\rho^2}<0$. 由式(4.22)可推知,$\boldsymbol{x}^{\mathrm{T}}(\rho)\boldsymbol{x}(\rho)$在$\rho\geqslant\hat{\rho}$ 上单调下降. 也由式(4.22)可推知,只要 $\boldsymbol{x}(\hat{\rho})\in D$,$\dfrac{dP^d(\rho)}{d\rho}\leqslant 0(\rho\geqslant\hat{\rho})$,从而 $P^d(\rho)$在$[\hat{\rho},+\infty)$上单调下降. 以下要说明,若对于某个 $\hat{\rho}\in K$ 有 $\boldsymbol{x}^{\mathrm{T}}(\hat{\rho})\boldsymbol{x}(\hat{\rho})=1$,则球约束下的二次优化问题$\min\limits_{x\in D}\frac{1}{2}\boldsymbol{x}^{\mathrm{T}}\boldsymbol{A}\boldsymbol{x}-\boldsymbol{f}^{\mathrm{T}}\boldsymbol{x}$ 的 Lagrange 对偶问题是$\max\limits_{\rho\geqslant\hat{\rho}}P^d(\rho)$.

定理 4.4.1 对于球约束下的二次优化问题,若存在 $\hat{\rho}\in K$ 使得$\boldsymbol{x}^{\mathrm{T}}(\hat{\rho})\boldsymbol{x}(\hat{\rho})=1$,则有 $\boldsymbol{x}(\hat{\rho})$是 $Q(\boldsymbol{x})=\frac{1}{2}\boldsymbol{x}^{\mathrm{T}}\boldsymbol{A}\boldsymbol{x}-\boldsymbol{f}^{\mathrm{T}}\boldsymbol{x}$ 在 $D=\{\boldsymbol{x}^{\mathrm{T}}\boldsymbol{x}\leqslant 1\}$上的最小点,且有

$$\min_{x\in D}\frac{1}{2}\boldsymbol{x}^{\mathrm{T}}\boldsymbol{A}\boldsymbol{x}-\boldsymbol{f}^{\mathrm{T}}\boldsymbol{x}=\max_{\rho\geqslant\hat{\rho}}P^d(\rho).$$

证明 任意给定 $\boldsymbol{x}\in D$,对于 $\rho\geqslant\hat{\rho}$,注意到 $\boldsymbol{A}+\rho\boldsymbol{I}>0$,$\boldsymbol{x}(\rho)$是 $L(\boldsymbol{x},\rho)$在 $\mathbf{R}^n$ 上的全局最小点,从而由式(4.21),有

$$\begin{aligned}\frac{1}{2}\boldsymbol{x}^{\mathrm{T}}\boldsymbol{A}\boldsymbol{x}-\boldsymbol{f}^{\mathrm{T}}\boldsymbol{x}&\geqslant\frac{1}{2}\boldsymbol{x}^{\mathrm{T}}\boldsymbol{A}\boldsymbol{x}-\boldsymbol{f}^{\mathrm{T}}\boldsymbol{x}+\frac{\rho}{2}(\boldsymbol{x}^{\mathrm{T}}\boldsymbol{x}-1)\\&\geqslant\frac{1}{2}\boldsymbol{x}^{\mathrm{T}}(\rho)\boldsymbol{A}\boldsymbol{x}(\rho)-\boldsymbol{f}^{\mathrm{T}}\boldsymbol{x}(\rho)+\frac{\rho}{2}(\boldsymbol{x}^{\mathrm{T}}(\rho)\boldsymbol{x}(\rho)-1)\\&=P^d(\rho).\end{aligned}$$

同时注意到 $P^d(\rho)$在$[\hat{\rho},+\infty)$上单调下降,且 $\boldsymbol{x}^{\mathrm{T}}(\hat{\rho})\boldsymbol{x}(\hat{\rho})=1$,可以推出,对于任意 $\boldsymbol{x}\in D$,有

$$\begin{aligned}\frac{1}{2}\boldsymbol{x}^{\mathrm{T}}\boldsymbol{A}\boldsymbol{x}-\boldsymbol{f}^{\mathrm{T}}\boldsymbol{x}&\geqslant\max_{\rho\geqslant\hat{\rho}}P^d(\rho)=P^d(\hat{\rho})\\&=\frac{1}{2}\boldsymbol{x}^{\mathrm{T}}(\hat{\rho})\boldsymbol{A}\boldsymbol{x}(\hat{\rho})-\boldsymbol{f}^{\mathrm{T}}\boldsymbol{x}(\hat{\rho})+\frac{\hat{\rho}}{2}(\boldsymbol{x}^{\mathrm{T}}(\hat{\rho})\boldsymbol{x}(\hat{\rho})-1)\\&=\frac{1}{2}\boldsymbol{x}^{\mathrm{T}}(\hat{\rho})\boldsymbol{A}\boldsymbol{x}(\hat{\rho})-\boldsymbol{f}^{\mathrm{T}}\boldsymbol{x}(\hat{\rho}).\end{aligned}$$

所以,$\boldsymbol{x}(\hat{\rho})$是 $Q(\boldsymbol{x})=\frac{1}{2}\boldsymbol{x}^{\mathrm{T}}\boldsymbol{A}\boldsymbol{x}-\boldsymbol{f}^{\mathrm{T}}\boldsymbol{x}$ 在 $D=\{\boldsymbol{x}^{\mathrm{T}}\boldsymbol{x}\leqslant 1\}$上的最小点,且有

$$\min_{x\in D}\frac{1}{2}\boldsymbol{x}^{\mathrm{T}}\boldsymbol{A}\boldsymbol{x}-\boldsymbol{f}^{\mathrm{T}}\boldsymbol{x}=\max_{\rho\geqslant\hat{\rho}}P^d(\rho).$$

注 1:设 $\hat{\rho}\in K$. 对于任意给定 $\boldsymbol{x}\in D$,有

$$\min_{x\in D}\max_{\rho\geqslant\hat{\rho}} L(\boldsymbol{x},\rho)\leqslant\min_{x\in D}\frac{1}{2}\boldsymbol{x}^{\mathrm{T}}\boldsymbol{A}\boldsymbol{x}-\boldsymbol{f}^{\mathrm{T}}\boldsymbol{x}$$

和

$$\max_{\rho\geqslant\hat{\rho}}\min_{x\in D} L(\boldsymbol{x},\rho)=\max_{\rho\geqslant\hat{\rho}} P^{d}(\rho),$$

由 Lagrange 对偶性定理 4.3.1 有

$$\min_{x\in D}\frac{1}{2}\boldsymbol{x}^{\mathrm{T}}\boldsymbol{A}\boldsymbol{x}-\boldsymbol{f}^{\mathrm{T}}\boldsymbol{x}\geqslant\min_{x\in D}\max_{\rho\geqslant\hat{\rho}} L(\boldsymbol{x},\rho)\geqslant\max_{\rho\geqslant\hat{\rho}}\min_{x\in D} L(\boldsymbol{x},\rho)=\max_{\rho\geqslant\hat{\rho}} P^{d}(\rho).$$

若 $\boldsymbol{x}^{\mathrm{T}}(\hat{\rho})\boldsymbol{x}(\hat{\rho})=1$，则有

$$\min_{x\in D}\frac{1}{2}\boldsymbol{x}^{\mathrm{T}}\boldsymbol{A}\boldsymbol{x}-\boldsymbol{f}^{\mathrm{T}}\boldsymbol{x}=\min_{x\in D}\max_{\rho\geqslant\hat{\rho}} L(\boldsymbol{x},\rho)=\max_{\rho\geqslant\hat{\rho}}\min_{x\in D} L(\boldsymbol{x},\rho)=\max_{\rho\geqslant\hat{\rho}} P^{d}(\rho).$$

所以，球约束下的二次优化问题 $\min_{x\in D}\frac{1}{2}\boldsymbol{x}^{\mathrm{T}}\boldsymbol{A}\boldsymbol{x}-\boldsymbol{f}^{\mathrm{T}}\boldsymbol{x}$ 的 Lagrange 对偶问题是 $\max_{\rho\geqslant\hat{\rho}} P^{d}(\rho)$，且对偶间隙为零.

类似地可以证明以下结果.

定理 4.4.2 对于球约束下的凸二次优化问题，即 $\boldsymbol{A}\geqslant\boldsymbol{0}$，若 $\boldsymbol{x}^{\mathrm{T}}(0^{+})\boldsymbol{x}(0^{+})\leqslant 1$，则 $\boldsymbol{x}(0^{+})$ 是 $Q(\boldsymbol{x})=\frac{1}{2}\boldsymbol{x}^{\mathrm{T}}\boldsymbol{A}\boldsymbol{x}-\boldsymbol{f}^{\mathrm{T}}\boldsymbol{x}$ 在 $D=\{\boldsymbol{x}^{\mathrm{T}}\boldsymbol{x}\leqslant 1\}$ 上的最小点，且有

$$\min_{x\in D}\frac{1}{2}\boldsymbol{x}^{\mathrm{T}}\boldsymbol{A}\boldsymbol{x}-\boldsymbol{f}^{\mathrm{T}}\boldsymbol{x}=\max_{\rho\geqslant 0} P^{d}(\rho). \tag{4.24}$$

注 2: 易见

$$\min_{x\in D}\max_{\rho\geqslant 0} L(\boldsymbol{x},\rho)=\min_{x\in D}\frac{1}{2}\boldsymbol{x}^{\mathrm{T}}\boldsymbol{A}\boldsymbol{x}-\boldsymbol{f}^{\mathrm{T}}\boldsymbol{x}$$

和

$$\max_{\rho\geqslant 0}\min_{x\in D} L(\boldsymbol{x},\rho)=\max_{\rho\geqslant 0} P^{d}(\rho),$$

所以，若 $\boldsymbol{x}^{\mathrm{T}}(0^{+})\boldsymbol{x}(0^{+})\leqslant 1$，则球约束下的正定二次优化问题 $\min_{x\in D}\frac{1}{2}\boldsymbol{x}^{\mathrm{T}}\boldsymbol{A}\boldsymbol{x}-\boldsymbol{f}^{\mathrm{T}}\boldsymbol{x}$ 的 Lagrange 对偶问题是 $\max_{\rho\geqslant 0} P^{d}(\rho)$，且对偶间隙为零.

注 3: 由定理 4.4.1 和 4.4.2 可以归纳出求解球约束下的二次优化问题的方法框架:

(1) 对于球约束下的非凸二次优化问题（即 $\boldsymbol{A}$ 至少有一个负的特征根），可求解有约束的代数方程 $\boldsymbol{f}^{\mathrm{T}}(\boldsymbol{A}+\rho\boldsymbol{I})^{-2}\boldsymbol{f}=1$，$\rho\in K$，若得到解 $\hat{\rho}$，则由定理 4.4.1 可

知，$x^* = (A+\hat{\rho}I)^{-1}f$ 即为 $Q(x)=\frac{1}{2}x^TAx-f^Tx$ 在 $D=\{x^Tx\leqslant 1\}$ 上的最小点.

即，若有 $\hat{\rho}>0$，满足

$$Ax^* - f + \hat{\rho}x^* = 0,\ A+\hat{\rho}I > O,\ (x^*)^Tx^* = 1,$$

则 $x^* = (A+\hat{\rho}I)^{-1}f$ 即为 $Q(x)=\frac{1}{2}x^TAx-f^Tx$ 在 $D=\{x^Tx\leqslant 1\}$ 上的最小点.

(2) 对于球约束下的凸二次优化问题(即 $A\geqslant O$)，由式(4.16)可知，$(0,+\infty)\subset K$. 若 $\lim\limits_{\rho\to 0^+} f^T(A+\rho I)^{-2}f\leqslant 1$，则由定理 4.4.2 可知，$x^* = \lim\limits_{\rho\to 0^+}(A+\rho I)^{-1}f$ 即为 $Q(x)=\frac{1}{2}x^TAx-f^Tx$ 在 $D=\{x^Tx\leqslant 1\}$ 上的最小点. 若 $\lim\limits_{\rho\to 0^+} f^T(A+\rho I)^{-2}f>1$，则因 $x^T(\rho)x(\rho)$ 在 $(0,+\infty)\subset K$ 上单调下降，可证明存在唯一的 $\hat{\rho}>0$，满足 $x^T(\hat{\rho})x(\hat{\rho})=1$，从而由定理 4.4.1 可知，$x^*=(A+\hat{\rho}I)^{-1}f$ 即为 $Q(x)=\frac{1}{2}x^TAx-f^Tx$ 在 $D=\{x^Tx\leqslant 1\}$ 上的最小点.

(3) 对于球约束下的非凸二次优化问题(即 A 至少有一个负的特征根). 若有约束的代数方程 $f^T(A+\rho I)^{-2}f=1$，$\rho\in K$ 无解，则可证明原问题可转化为一个球约束下的凸二次优化问题，用以上(2)中的方式进行求解，本书中在下一节稍后仅用一个例子加以说明.

4.5 球约束下的非凸二次规划的求解方法

考虑球约束下的非凸二次优化问题：

$$\begin{aligned} P\text{— } \min Q(x) &= \frac{1}{2}x^TAx - f^Tx, \\ \text{s.t. } x\in D &= \{x\in \mathbf{R}^n \mid x^Tx\leqslant 1\}. \end{aligned} \tag{4.25}$$

其中 $A=A^T$ 至少有一个负的特征值，$f\in \mathbf{R}^n\backslash\{0\}$. 对于 $\alpha\in(0,1)$，建立相应的球约束下的摄动二次优化问题：

$$\begin{aligned} P_\alpha\text{— } \min Q_\alpha(x) &= \frac{1}{2}x^T((1-\alpha)A+\alpha I)x-(1-\alpha)f^Tx, \\ \text{s.t. } x\in D &= \{x^Tx\leqslant 1\}. \end{aligned} \tag{4.26}$$

定理 4.5.1 给定的正实数 $\alpha\in(0,1)$，若 $\hat{x}$ 是 P_α 的最优点，且 $\|\hat{x}\|=1$，则

有$\|A\hat{x}-f\|\geqslant\frac{\alpha}{1-\alpha}$.

证明 由定理假设可知$\hat{x}\neq\mathbf{0}$. 注意到,优化问题P_α只有一个约束条件$c(x)=1-x^Tx\geqslant 0$,且$\nabla c(\hat{x})=-2\hat{x}\neq\mathbf{0}$,而一个非零向量是线性无关的,这样由K-T定理得知,$\hat{x}$作为P_α的最优点就自然也是P_α的K-T点,所以,存在实数$\lambda\geqslant 0$,满足

$$((1-\alpha)A+\alpha I)\hat{x}-(1-\alpha)f+2\lambda\hat{x}=\mathbf{0}.$$

这样由于$0<\alpha<1$,以及$\|\hat{x}\|=1$,就有

$$(1-\alpha)\|A\hat{x}-f\|=(\alpha+2\lambda)\|\hat{x}\|=(\alpha+2\lambda)\geqslant\alpha,$$

由此立刻得到,$(1-\alpha)\|A\hat{x}-f\|\geqslant\alpha$,因$1-\alpha>0$,就有$\|A\hat{x}-f\|\geqslant\frac{\alpha}{1-\alpha}$.

定理 4.5.2 给定正实数$\alpha\in(0,1)$,若摄动二次优化问题P_α的最优点都位于单位球面上,则球约束下的非凸二次优化问题P的最优点也是摄动二次优化问题P_α的最优点.

证明 设x^*是球约束下的非凸二次优化问题P的最优点,若$\|x^*\|<1$,则由初等微积分可知,$A\geqslant 0$,这与A至少有一个负的特征根相矛盾,所以有$\|x^*\|=1$. 由定理假设,P_α的最优点都位于单位球面上,从而对任意的$x\in S=\{x^Tx=1\}$有

$$\begin{aligned}
&\frac{1}{2}x^T((1-\alpha)A+\alpha I)x-(1-\alpha)f^Tx\\
&=(1-\alpha)\left[\frac{1}{2}x^TAx-f^Tx\right]+\frac{\alpha}{2}x^Tx\\
&=(1-\alpha)\left[\frac{1}{2}x^TAx-f^Tx\right]+\frac{\alpha}{2}\\
&\geqslant(1-\alpha)\left[\frac{1}{2}(x^*)^TAx^*-f^Tx^*\right]+\frac{\alpha}{2}\\
&=(1-\alpha)\left[\frac{1}{2}(x^*)^TAx^*-f^Tx^*\right]+\frac{\alpha}{2}(x^*)^Tx^*.
\end{aligned}$$

既然$Q_\alpha(x)$在单位球面上任一点处的取值都大于或等于$Q_\alpha(x^*)$,而摄动二次优化问题P_α的最优点都位于单位球面上,则可知x^*是摄动二次优化问题P_α的最优点.

记λ^*为A的最小特征值(或绝对值最大的负特征值),即$\lambda^*=\min\limits_{\lambda<0}\lambda$,又记$\alpha^*=\frac{-\lambda^*}{1-\lambda^*}$,可见$0<\alpha^*<1$.

由于$f\neq\mathbf{0}$,这里给出以下假设,称为秩条件:

$$\mathrm{rank}(\boldsymbol{A}-\boldsymbol{\lambda}^*\boldsymbol{I}) \neq \mathrm{rank}(\boldsymbol{A}-\boldsymbol{\lambda}^* I, \boldsymbol{f}). \tag{4.27}$$

注 1: 若 P_{α^*} 满足秩条件,则可知 P_{α^*} 的最优点 $\boldsymbol{x}^*$ 必位于 $S=\{\|\boldsymbol{x}\|=1\}$ 上. 若不然,则在 $\boldsymbol{x}^*$ 处有

$$((1-\alpha^*)\boldsymbol{A}+\alpha^*\boldsymbol{I})\boldsymbol{x}^* = (1-\alpha^*)\boldsymbol{f},$$

即

$$\left(\frac{1}{1-\lambda^*}\boldsymbol{A}+\frac{-\lambda^*}{1-\lambda^*}\boldsymbol{I}\right)\boldsymbol{x}^* = \frac{1}{1-\lambda^*}\boldsymbol{f},$$

从而有

$$(\boldsymbol{A}-\lambda^*\boldsymbol{I})\boldsymbol{x}^* = \boldsymbol{f}.$$

与秩条件(式(4.27))矛盾. 同时,因 $\boldsymbol{A}$ 至少有一个特征根 λ 小于零,则 $Q(\boldsymbol{x})=\frac{1}{2}\boldsymbol{x}^{\mathrm{T}}\boldsymbol{A}\boldsymbol{x}-\boldsymbol{f}^{\mathrm{T}}\boldsymbol{x}$ 在 $\|\boldsymbol{x}\|\leqslant 1$ 上的最小点位于单位球面 $\|\boldsymbol{x}\|=1$ 上, 于是由定理 4.5.2 可知, 球约束下的非凸二次优化问题 P 的最优点也是摄动二次优化问题 P_{α^*} 的最优点. 综上可得以下结果.

定理 4.5.3 设 $\boldsymbol{A}=\boldsymbol{A}^{\mathrm{T}}$, $\boldsymbol{f}\neq\boldsymbol{0}$,并设 $\boldsymbol{A}$ 至少有一个负的特征根. 假设秩条件(4.27)成立,则 $\boldsymbol{x}^*$ 是 $Q(\boldsymbol{x})=\frac{1}{2}\boldsymbol{x}^{\mathrm{T}}\boldsymbol{A}\boldsymbol{x}-\boldsymbol{f}^{\mathrm{T}}\boldsymbol{x}$ 在 $\|\boldsymbol{x}\|\leqslant 1$ 上的最小点的充分且必要条件是

$$\|\boldsymbol{A}\boldsymbol{x}^*-\boldsymbol{f}\| > -\lambda^*,\ \boldsymbol{x}^* = \frac{-(\boldsymbol{A}\boldsymbol{x}^*-\boldsymbol{f})}{\|\boldsymbol{A}\boldsymbol{x}^*-\boldsymbol{f}\|}.$$

证明 必要性:设 $\boldsymbol{x}^*$ 是 $Q(\boldsymbol{x})=\frac{1}{2}\boldsymbol{x}^{\mathrm{T}}\boldsymbol{A}\boldsymbol{x}-\boldsymbol{f}^{\mathrm{T}}\boldsymbol{x}$ 在 $\|\boldsymbol{x}\|\leqslant 1$ 上的最小点,因为 $\boldsymbol{A}$ 至少有一个特征根 λ 小于零,则 $\boldsymbol{x}^*$ 位于 $\|\boldsymbol{x}\|=1$ 上. 因秩条件(4.27)成立,由以上注 1 和定理 4.5.2 可知,$\boldsymbol{x}^*$ 也是 P_{α^*} 的最优点,且 $\|\boldsymbol{x}^*\|=1$,从而由定理 4.5.1,可得到

$$\|\boldsymbol{A}\boldsymbol{x}^*-\boldsymbol{f}\| \geqslant \frac{\alpha^*}{1-\alpha^*} = -\lambda^*.$$

进一步利用秩条件(4.27)可知,上述不等式是严格的,即有 $\|\boldsymbol{A}\boldsymbol{x}^*-\boldsymbol{f}\|>-\lambda^*$. 若不然,则有 $\|\boldsymbol{A}\boldsymbol{x}^*-\boldsymbol{f}\|=-\boldsymbol{\lambda}^*$. 由于 $\boldsymbol{x}^*$ 是 $Q(\boldsymbol{x})=\frac{1}{2}\boldsymbol{x}^{\mathrm{T}}\boldsymbol{A}\boldsymbol{x}-\boldsymbol{f}^{\mathrm{T}}\boldsymbol{x}$ 在 $\|\boldsymbol{x}\|\leqslant 1$ 上的最小点,且 $\|\boldsymbol{x}^*\|=1$,从而 $\boldsymbol{x}^*$ 是球约束下非凸二次全局优化问题 P 的 K-T 点,于是可推知,存在 $\hat{\rho}\geqslant 0$,满足 $\boldsymbol{A}\boldsymbol{x}^*-\boldsymbol{f}+\hat{\rho}\boldsymbol{x}^*=\boldsymbol{0}$,因 $\|\boldsymbol{x}^*\|=1$,这表明 $\hat{\rho}=$

$\| A\hat{x}-f \| = -\lambda^*$，从而有$(A-\lambda^* I)x^*=f$，而这又与秩条件矛盾.

但是，由于 x^* 是 $Q(x)=\frac{1}{2}x^{\mathrm{T}}Ax-f^{\mathrm{T}}x$ 在 $\|x\|\leqslant 1$ 上的最小点，且 $\|x^*\|=1$，从而 x^* 确实是球约束下非凸二次全局优化问题 P 的 K-T 点. 记 $\rho^*=\|Ax^*-f\|$，就得到 K-T 等式 $Ax^*-f+\rho^* x^*=\mathbf{0}$，$(x^*)^{\mathrm{T}}x^*=1$，而这表明 $x^*=\frac{-(Ax^*-f)}{\|Ax^*-f\|}$.

充分性：记 $\rho^*=\|Ax^*-f\|$，由充分性条件 $\rho^*>-\lambda^*$，$x^*=\frac{-(Ax^*-f)}{\|Ax^*-f\|}$，可推知 $A+\rho^* I>0$（因 $-\lambda^*$ 是 A 的最小负特征值的绝对值），及 $Ax^*-f+\rho^* x^*=\mathbf{0}$，$(x^*)^{\mathrm{T}}x^*=1$. 这样，由定理 4.4.1 可知，$x^*$ 是 $Q(x)=\frac{1}{2}x^{\mathrm{T}}Ax-f^{\mathrm{T}}x$ 在 $\|x\|\leqslant 1$ 上的最小点.

例 4.5.1 考虑以下球约束下非凸的二次函数的全局优化问题：

$$
\begin{aligned}
& Q^* - \min Q(x) = -x_1^2 - x_2^2 - x_1x_2 - x_1 - x_2, \\
& \text{s.t.}\ \ x_1^2 + x_2^2 \leqslant 1.
\end{aligned}
$$

解 由于

$$
\nabla Q = \begin{pmatrix} -2x_1 - x_2 + 1 \\ -2x_2 - x_1 + 1 \end{pmatrix},\ \nabla^2 Q = \begin{pmatrix} -2 & -1 \\ -1 & -2 \end{pmatrix} < 0,
$$

可见 $Q(x)$ 为非凸二次函数，上述全局优化问题的最优点必在边界 $x_1^2+x_2^2=1$ 上取得. 记 $A=\begin{pmatrix} -2 & -1 \\ -1 & -2 \end{pmatrix}$，$f=\begin{pmatrix} 1 \\ 1 \end{pmatrix}$. A 的特征值 $\lambda_1=-3$，$\lambda_2=-1$，选取

$$
\alpha^* = \frac{-(-3)}{1-(-3)} = \frac{3}{4}.
$$

易知 $\mathrm{rank}(A+3I)=1\neq 2=\mathrm{rank}(A+3I,\ f)$，应用定理 4.5.3，需要求取 $\rho^*>-\lambda_1=3$，使得

$$
f^{\mathrm{T}}(A+\rho^* I)^{-2}f = 1. \tag{4.28}
$$

以下对 A 进行正交变换，把矩阵等式(4.28)转化为代数等式. 由于

$$
A = P^{\mathrm{T}}\Lambda P = \begin{pmatrix} \frac{\sqrt{2}}{2} & \frac{\sqrt{2}}{2} \\ \frac{\sqrt{2}}{2} & -\frac{\sqrt{2}}{2} \end{pmatrix}^{\mathrm{T}} \begin{pmatrix} -3 & 0 \\ 0 & -1 \end{pmatrix} \begin{pmatrix} \frac{\sqrt{2}}{2} & \frac{\sqrt{2}}{2} \\ \frac{\sqrt{2}}{2} & -\frac{\sqrt{2}}{2} \end{pmatrix},
$$

$$\hat{\boldsymbol{f}}^{\mathrm{T}}=\boldsymbol{f}^{\mathrm{T}}\boldsymbol{P}^{\mathrm{T}}=(1,1)\begin{pmatrix}\frac{\sqrt{2}}{2} & \frac{\sqrt{2}}{2}\\ \frac{\sqrt{2}}{2} & -\frac{\sqrt{2}}{2}\end{pmatrix}=(\sqrt{2},0),$$

这样,由

$$\boldsymbol{f}^{\mathrm{T}}(\boldsymbol{A}+\rho^{*}\boldsymbol{I})^{-2}\boldsymbol{f}=\hat{\boldsymbol{f}}^{\mathrm{T}}(\boldsymbol{\Lambda}+\rho\boldsymbol{I})^{-2}\hat{\boldsymbol{f}}=(\sqrt{2},0)\begin{pmatrix}\frac{1}{(\rho-3)^{2}} & 0\\ 0 & \frac{1}{(\rho-1)^{2}}\end{pmatrix}\begin{pmatrix}\sqrt{2}\\ 0\end{pmatrix}$$

$$=\frac{2}{(\rho-3)^{2}}=1,$$

可得到两个参数解 $\rho=3\pm\sqrt{2}$,由于 $\rho=3+\sqrt{2}>3=-\lambda_1$,应取

$$\rho^{*}=3+\sqrt{2}. \tag{4.29}$$

于是得到

$$\boldsymbol{x}^{*}=(\boldsymbol{A}+\rho^{*}\boldsymbol{I})^{-1}\boldsymbol{f}=\begin{pmatrix}\sqrt{2}+1 & -1\\ -1 & \sqrt{2}+1\end{pmatrix}^{-1}\begin{pmatrix}1\\ 1\end{pmatrix}=\begin{pmatrix}\frac{\sqrt{2}}{2}\\ \frac{\sqrt{2}}{2}\end{pmatrix}.$$

根据定理 4.5.3 给出的充要条件得知 $\boldsymbol{x}^{*}=\left(\frac{\sqrt{2}}{2},\frac{\sqrt{2}}{2}\right)^{\mathrm{T}}$ 是原问题(Q^{*})的最优点.

例 4.5.2 考虑以下球约束下非凸的二次函数的全局优化问题:

$$Q^{*}-\min Q(\boldsymbol{x})=\frac{1}{2}x_1^2+\frac{1}{2}x_2^2+2x_1x_2+x_1-x_2,$$

$$\text{s. t. } x_1^2+x_2^2\leqslant 1.$$

解 这里

$$\boldsymbol{A}=\nabla^{2}Q=\begin{pmatrix}1 & 2\\ 2 & 1\end{pmatrix},\quad \boldsymbol{f}=\begin{pmatrix}-1\\ 1\end{pmatrix},$$

$\boldsymbol{A}$ 的特征值为 $\lambda_1=3,\ \lambda_2=-1$,可见 $Q(\boldsymbol{x})$ 为非凸的二次函数. 选取

$$\alpha^{*}=\frac{-\lambda_2}{1-\lambda_2}=\frac{-(-1)}{1-(-1)}=\frac{1}{2}.$$

易见 $\operatorname{rank}(\boldsymbol{A}+\boldsymbol{I})=1\neq 2=\operatorname{rank}(\boldsymbol{A}+\boldsymbol{I},\ \boldsymbol{f})$,应用定理 4.5.3,需要求取 $\rho^{*}>-\lambda_1=$

1,使得

$$f^{\mathrm{T}}(\boldsymbol{A}+\rho^{*}\boldsymbol{I})^{-2}\boldsymbol{f}=1.$$

以下对 $\boldsymbol{A}$ 进行正交变换.类似例 4.5.1 利用正交矩阵

$$\boldsymbol{P}=\begin{pmatrix}\frac{\sqrt{2}}{2} & \frac{\sqrt{2}}{2}\\ \frac{-\sqrt{2}}{2} & \frac{\sqrt{2}}{2}\end{pmatrix},$$

得到

$$\boldsymbol{A}=\begin{pmatrix}1 & 2\\ 2 & 1\end{pmatrix}=\boldsymbol{P}^{\mathrm{T}}\begin{pmatrix}3 & 0\\ 0 & -1\end{pmatrix}\boldsymbol{P}$$

和

$$\hat{\boldsymbol{f}}^{\mathrm{T}}=\boldsymbol{f}^{\mathrm{T}}\boldsymbol{P}^{\mathrm{T}}=(-1,\quad 1)\begin{pmatrix}\frac{\sqrt{2}}{2} & \frac{-\sqrt{2}}{2}\\ \frac{\sqrt{2}}{2} & \frac{\sqrt{2}}{2}\end{pmatrix}=(0,\sqrt{2}).$$

由

$$\boldsymbol{f}^{\mathrm{T}}(\boldsymbol{A}+\rho^{*}\boldsymbol{I})^{-2}\boldsymbol{f}=\hat{\boldsymbol{f}}^{\mathrm{T}}(\boldsymbol{\Lambda}+\rho\boldsymbol{I})-2\hat{\boldsymbol{f}}=(0,\sqrt{2})\begin{pmatrix}\frac{1}{(\rho+3)^{2}} & 0\\ 0 & \frac{1}{(\rho-1)^{2}}\end{pmatrix}\begin{pmatrix}0\\ \sqrt{2}\end{pmatrix}$$

$$=\frac{2}{(\rho-1)^{2}}=1,$$

得到两个参数解 $\rho=1\pm\sqrt{2}$.由于 $\rho=1+\sqrt{2}>-\lambda_1=1$,应取

$$\rho^{*}=1+\sqrt{2}. \tag{4.30}$$

于是得到球约束下非凸的二次函数的全局优化问题(Q^{*})的最优点

$$\boldsymbol{x}^{*}=(\boldsymbol{A}+\rho^{*}\boldsymbol{I})^{-1}\boldsymbol{f}=\begin{pmatrix}\sqrt{2}+2 & 2\\ 2 & \sqrt{2}+2\end{pmatrix}^{-1}\begin{pmatrix}-1\\ 1\end{pmatrix}=\begin{pmatrix}\frac{-\sqrt{2}}{2}\\ \frac{\sqrt{2}}{2}\end{pmatrix}.$$

以下讨论秩条件(4.27)不满足时的情形,即有

$$\operatorname{rank}(\boldsymbol{A}+(-\min_{\lambda<0}\lambda)\boldsymbol{I})=\operatorname{rank}(\boldsymbol{A}+(-\min_{\lambda<0}\lambda)\boldsymbol{I},\ \boldsymbol{f}),\tag{4.31}$$

此时可参考 4.4 节注 3 所述之方法(详见附录),这里仅以下面的例子加以说明.

例 4.5.3 考虑以下二维的非凸的全局优化问题

$$Q^*=\min Q(\boldsymbol{x})=-x_1^2-x_2^2-x_1x_2+x_1-x_2,$$
$$\text{s. t. } x_1^2+x_2^2\leqslant 1.$$

解 因$\boldsymbol{A}=\begin{pmatrix}-2 & -1\\ -1 & -2\end{pmatrix}<0$,最优点必在边界取得. 又有 $\boldsymbol{f}=\begin{pmatrix}-1\\ 1\end{pmatrix}$, $\min\lambda=-3$. 由于

$$\operatorname{rank}[\boldsymbol{A}+(-\min_{\lambda<0}\lambda)\boldsymbol{I}]=\operatorname{rank}\begin{pmatrix}-2+3 & -1\\ -1 & -2+3\end{pmatrix}=\operatorname{rank}\begin{pmatrix}1 & -1\\ -1 & 1\end{pmatrix}=1$$
$$=\operatorname{rank}\begin{pmatrix}1 & -1 & -1\\ -1 & 1 & 1\end{pmatrix}=(\boldsymbol{A}+(-\min_{\lambda<0}\lambda)\boldsymbol{I},\ \boldsymbol{f}),$$

所以这个问题不满足秩条件(4.27). 取正交矩阵

$$\boldsymbol{P}=\begin{pmatrix}\dfrac{\sqrt{2}}{2} & \dfrac{\sqrt{2}}{2}\\[2mm] \dfrac{\sqrt{2}}{2} & -\dfrac{\sqrt{2}}{2}\end{pmatrix},$$

得到

$$\widetilde{\boldsymbol{A}}=\boldsymbol{P}^{\mathrm{T}}\boldsymbol{A}\boldsymbol{P}=\begin{pmatrix}-3 & 0\\ 0 & -1\end{pmatrix},\ \widetilde{\boldsymbol{f}}=\boldsymbol{P}^{\mathrm{T}}\boldsymbol{f}=\begin{pmatrix}0\\ -\sqrt{2}\end{pmatrix}.$$

由 $\boldsymbol{x}=\boldsymbol{P}\boldsymbol{v}$, $\widetilde{\boldsymbol{A}}+3\boldsymbol{I}=\begin{pmatrix}0 & 0\\ 0 & 2\end{pmatrix}$, $\widetilde{\lambda}_1=0$, $\widetilde{\lambda}_2=2$,考虑以下球约束下的凸二次优化问题:

$$\min\ [v_2^2+\sqrt{2}v_2],\tag{4.32}$$
$$\text{s. t. } v_1^2+v_2^2\leqslant 1.$$

可以证明,如果 $\boldsymbol{x}^*$ 是问题(4.32)的最优点,且 $\|\boldsymbol{x}^*\|=1$,则 $\boldsymbol{x}^*$ 也是原问题 Q^* 的最优点(见附录). 可先求解$\min[v_2^2+\sqrt{2}v_2]$, s. t. $v_2^2\leqslant 1$. 易得其最优解为 $v_2^*=\dfrac{-\sqrt{2}}{2}$. 由于原问题的最优解位于球面上,所以要选择(4.32)的最优解 $(v_1^*, v_2^*)^{\mathrm{T}}$ 满足 $(v_1^*)^2+(v_2^*)^2=1$. 由于问题(4.32)的目标函数与 v_1 无关,可由 $(v_1^*)^2+$

$(v_2^*)^2=(v_1^*)^2+\left(\frac{-\sqrt{2}}{2}\right)^2=1$，得到 $(v_1^* \quad v_2^*)^{\mathrm{T}}=\left(\pm\frac{\sqrt{2}}{2},\frac{-\sqrt{2}}{2}\right)^{\mathrm{T}}$，再由 $\boldsymbol{x}^*=\boldsymbol{P}\boldsymbol{v}^*$，可得到原问题的最优解为

$$\boldsymbol{x}^*=\boldsymbol{P}\boldsymbol{v}^*=\begin{pmatrix}\frac{\sqrt{2}}{2} & \frac{\sqrt{2}}{2}\\ \frac{\sqrt{2}}{2} & -\frac{\sqrt{2}}{2}\end{pmatrix}\begin{pmatrix}\pm\frac{\sqrt{2}}{2}\\ \frac{-\sqrt{2}}{2}\end{pmatrix}=\begin{pmatrix}\frac{\pm 1}{2}-\frac{1}{2}\\ \frac{\pm 1}{2}+\frac{1}{2}\end{pmatrix}=\begin{pmatrix}0\\1\end{pmatrix}\text{或}\begin{pmatrix}-1\\0\end{pmatrix}.$$

习题 4

1. 求解下列等式约束的正定二次规划.

(1) $\min\ \frac{1}{3}x_1^2+x_2^2+\frac{1}{3}x_3^2$,

s. t. $x_1+x_2-2x_3=1$,

$x_1-2x_2+x_3=-3$.

(2) $\min f(\boldsymbol{x})=x_1^2+2x_2^2-2x_1+4x_2$,

s. t. $x_1+x_2-1=0$.

2. 利用 K-T 条件推导等式约束的正定二次规划的对偶规划，并证明对偶间隙为零.

3. 求解下列正定二次规划.

$$\begin{aligned}\min f(\boldsymbol{x}) &= x_1^2+x_2^2+6x_1,\\ \text{s. t. } \boldsymbol{a}_1^{\mathrm{T}}\boldsymbol{x}-b_1 &= x_1\geqslant 0,\\ \boldsymbol{a}_2^{\mathrm{T}}\boldsymbol{x}-b_2 &= x_2\geqslant 0,\\ \boldsymbol{a}_3^{\mathrm{T}}\boldsymbol{x}-b_3 &= 4-2x_1-x_2\leqslant 0.\end{aligned}$$

4. 用有效集法求解下列正定二次规划.

$$\min f(\boldsymbol{x})=\frac{1}{2}\boldsymbol{x}^{\mathrm{T}}\begin{pmatrix}3 & -1 & 2\\ -1 & 2 & 0\\ 2 & 0 & 4\end{pmatrix}\boldsymbol{x}+(1,\ -3,\ -2)\boldsymbol{x},$$

$$\begin{aligned}\text{s. t. } & 3x_1-2x_2+5x_3\leqslant 4,\\ & -2x_1+3x_2+2x_3\leqslant 3,\\ & x_1,\ x_2,\ x_3\geqslant 0.\end{aligned}$$

5. 求解以下球约束下非凸的二次函数的全局优化问题.

$$\begin{aligned}\min Q(\boldsymbol{x}) &= \frac{1}{2}x_1^2+\frac{1}{2}x_2^2+4x_1x_2-x_1-x_2,\\ \text{s. t. } & x_1^2+x_2^2\leqslant 1.\end{aligned}$$

6. 求解以下正定二次规划.

$$P-\min f(\boldsymbol{x})=\sum_{j=1}^{n}x_j^2,$$

$$\text{s. t. } \sum_{j=1}^{n}x_j=1.$$

7. 考虑下列 n 维欧氏空间中的正定二次规划：

$$QP-\min P(\boldsymbol{x})=\frac{1}{2}\boldsymbol{x}^{\mathrm{T}}\boldsymbol{G}\boldsymbol{x}+\boldsymbol{g}^{\mathrm{T}}\boldsymbol{x},$$

$$\text{s. t. } \boldsymbol{A}\boldsymbol{x}\leqslant\boldsymbol{b}$$

其中，$\boldsymbol{G}=\boldsymbol{G}^{\mathrm{T}}$，$\boldsymbol{G}>\boldsymbol{O}$，$\boldsymbol{g}\in\mathbf{R}^n$，$\boldsymbol{A}\in\mathbf{R}^{m\times n}$，$\boldsymbol{b}\in\mathbf{R}^m$. 设 $\boldsymbol{x}^{(0)}$ 为一个可行点，即满足 $\boldsymbol{A}\boldsymbol{x}^{(0)}\leqslant\boldsymbol{b}$. 记 $\boldsymbol{c}=\boldsymbol{G}\boldsymbol{x}^{(0)}+\boldsymbol{g}$，并建立线性规划

$$LP-\min \boldsymbol{c}^{\mathrm{T}}\boldsymbol{x},$$

$$\text{s. t. } \boldsymbol{A}\boldsymbol{x}\leqslant\boldsymbol{b}.$$

试证：若 $\boldsymbol{x}^{(0)}$ 为线性规划 LP 的最优解，则 $\boldsymbol{x}^{(0)}$ 为正定二次规划 QP 的最优解.

第 5 章　无约束最优化

本章围绕以下无约束最优化问题展开：

$$\begin{aligned} &\min f(\boldsymbol{x}) \\ &\text{s. t.} \quad \boldsymbol{x} \in \mathbf{R}^n. \end{aligned} \tag{5.1}$$

其中，目标函数 $f(\boldsymbol{x})$ 在 $\mathbf{R}^n$ 上连续可微，有时也会被要求满足更高阶连续可微的要求. 关于无约束最优化问题(5.1)，以下首先深入探讨在无约束情形下的线搜索的一些特点，然后依次讲最速下降法、牛顿法、共轭方向法、共轭梯度法(FR)和拟牛顿法(DFP).

5.1　无约束优化线搜索方法的一些特点

5.1.1　关于下降方向

定理 5.1.1　若 $\nabla f(\hat{\boldsymbol{x}})^{\mathrm{T}}\boldsymbol{p} < 0$，则 $\boldsymbol{p}$ 为 $\hat{\boldsymbol{x}}$ 处的下降方向，且存在正数 α，使得当 $0 < \delta \leqslant \alpha$ 时，有

$$\frac{f(\hat{\boldsymbol{x}}) - f(\hat{\boldsymbol{x}} + \delta \boldsymbol{p})}{\delta} \geqslant \frac{1}{2} |\nabla f(\hat{\boldsymbol{x}})^{\mathrm{T}}\boldsymbol{p}|.$$

证明　因目标函数 $f(\boldsymbol{x})$ 是 $\mathbf{R}^n$ 上连续可微的，在 $\hat{\boldsymbol{x}}$ 的“适当小”的邻域 $O_b(\hat{\boldsymbol{x}})$ 内应用一阶泰勒公式，对于 $0 < \delta < b$，有

$$f(\hat{\boldsymbol{x}} + \delta \boldsymbol{p}) - f(\hat{\boldsymbol{x}}) = \delta \nabla f(\hat{\boldsymbol{x}})^{\mathrm{T}}\boldsymbol{p} + o(\delta).$$

由于 $\nabla f(\hat{\boldsymbol{x}})^{\mathrm{T}}\boldsymbol{p} < 0$，存在实数 α：$0 < \alpha < b$，当 $0 < \delta \leqslant \alpha$，有 $\frac{1}{2}\delta \nabla f(\hat{\boldsymbol{x}})^{\mathrm{T}}\boldsymbol{p} + o(\delta) < 0$，从而有

$$f(\hat{\boldsymbol{x}} + \delta \boldsymbol{p}) - f(\hat{\boldsymbol{x}}) = \delta \nabla f(\hat{\boldsymbol{x}})^{\mathrm{T}}\boldsymbol{p} + o(\delta) < \frac{1}{2}\delta \nabla f(\hat{\boldsymbol{x}})^{\mathrm{T}}\boldsymbol{p} < 0,$$

所以，$\boldsymbol{p}$ 为 $\hat{\boldsymbol{x}}$ 处的下降方向. 且对每个 δ：$0<\delta\leqslant\alpha$，有

$$\frac{f(\hat{\boldsymbol{x}})-f(\hat{\boldsymbol{x}}+\delta\boldsymbol{p})}{\delta}\geqslant\frac{1}{2}\left|\nabla f(\hat{\boldsymbol{x}})^{\mathrm{T}}\boldsymbol{p}\right|.$$

注: 这个定理表明 $|\nabla f(\hat{\boldsymbol{x}})^{\mathrm{T}}\boldsymbol{p}|$ 可用于刻画在 $\hat{\boldsymbol{x}}$ 附近函数的下降率. 同时，定理中的条件 $\nabla f(\hat{\boldsymbol{x}})^{\mathrm{T}}\boldsymbol{p}<0$ 是 $\boldsymbol{p}$ 为 $\hat{\boldsymbol{x}}$ 处的下降方向的充分条件，但并非 $\boldsymbol{p}$ 为 $\hat{\boldsymbol{x}}$ 处的下降方向的必要条件，事实上从下述例子可明白之.

例 5.1.1　考虑如下优化问题：

$$\begin{aligned}&\min f(\boldsymbol{x})=x_1+\cos x_2,\\&\text{s.t. } x_1\geqslant 0.\end{aligned}$$

令 $\boldsymbol{x}^{(0)}=(0,0)^{\mathrm{T}}$，$\boldsymbol{d}=(0,\pm 1)^{\mathrm{T}}$，证明 $\nabla f(\boldsymbol{x}^{(0)})^{\mathrm{T}}\boldsymbol{d}=0$，且 $\boldsymbol{d}$ 为 $\boldsymbol{x}^{(0)}$ 处的一个下降可行方向.

解　首先容易看到，因 $\boldsymbol{x}^{(0)}=(0,0)^{\mathrm{T}}$，有

$$\nabla f(\boldsymbol{x}^{(0)})^{\mathrm{T}}\boldsymbol{d}=(1,-\sin 0)\begin{pmatrix}0\\\pm 1\end{pmatrix}=0.$$

其次，对于 $0\leqslant\alpha<\dfrac{\pi}{2}$ 有，$\boldsymbol{x}(\alpha)=\boldsymbol{x}^{(0)}+\alpha\boldsymbol{d}=\begin{pmatrix}0\\0\end{pmatrix}+\begin{pmatrix}0\\\pm\alpha\end{pmatrix}=\begin{pmatrix}0\\\pm\alpha\end{pmatrix}$，可见 $\boldsymbol{x}(\alpha)$ 的第一个分量恒为零，这说明 $\boldsymbol{x}(\alpha)$ $\left(0\leqslant\alpha<\dfrac{\pi}{2}\right)$ 含于可行集 $X=\{\boldsymbol{x}\in\mathbf{R}^2\mid x_1\geqslant 0\}$.

另一方面，对于 $0<\alpha<\dfrac{\pi}{2}$，总有

$$f(\boldsymbol{x}^{(0)}+\alpha\boldsymbol{d})=(0+\alpha 0)+\cos(0\pm\alpha)=\cos\alpha<1=\cos x_0.$$

所以 $\boldsymbol{d}$ 为 $\boldsymbol{x}^{(0)}$ 处的一个下降可行方向.

5.1.2　关于步长因子

对于给定的点 $\hat{\boldsymbol{x}}\in\mathbf{R}^n$，设 $\nabla f(\hat{\boldsymbol{x}})\neq 0$，记 $g(\hat{\boldsymbol{x}})=\nabla f(\hat{\boldsymbol{x}})$，选取方向 $\boldsymbol{p}$ 使得 $\boldsymbol{p}^{\mathrm{T}}\nabla f(\hat{\boldsymbol{x}})<0$. 由定理 5.1.1 可知，$\boldsymbol{p}$ 为 $\hat{\boldsymbol{x}}$ 处的下降方向. 沿 $\boldsymbol{p}$ 进行一维搜索. 在 $t\geqslant 0$，构作 $\varphi(t)=f(\hat{\boldsymbol{x}}+t\boldsymbol{p})$. 为了得到一个步长因子，求解 $\min\limits_{t\geqslant 0}\varphi(t)$，其最优点满足 $\varphi'(t)=0$，即 $\boldsymbol{p}^{\mathrm{T}}\nabla f(\hat{\boldsymbol{x}}+t\boldsymbol{p})=0$，$t>0$. 以下尝试得到一个步长因子.

假设 $f(\boldsymbol{x})$ 在 $\hat{\boldsymbol{x}}$ 某邻域内二阶连续可微，且 $\nabla^2 f(\hat{\boldsymbol{x}})>0$. 应用一阶 Taylor 公式，有

$$\boldsymbol{p}^{\mathrm{T}}\nabla f(\hat{\boldsymbol{x}}+t\boldsymbol{p})=\boldsymbol{p}^{\mathrm{T}}\nabla f(\hat{\boldsymbol{x}})+(\boldsymbol{p}^{\mathrm{T}}\nabla^2 f(\hat{\boldsymbol{x}})\boldsymbol{p})t+o(t),\ t\to 0^+.\quad(5.2)$$

由式(5.2)得到 $\boldsymbol{p}^{\mathrm{T}}\nabla f(\hat{\boldsymbol{x}}+t\boldsymbol{p})=0,\ t>0$ 的逼近方程:

$$\boldsymbol{p}^{\mathrm{T}}\nabla f(\hat{\boldsymbol{x}})+(\boldsymbol{p}^{\mathrm{T}}\nabla^2 f(\hat{\boldsymbol{x}})\boldsymbol{p})t+o(t)=0. \tag{5.3}$$

即有

$$t\left(1+\frac{o(t)}{t(\boldsymbol{p}^{\mathrm{T}}\nabla^2 f(\hat{\boldsymbol{x}})\boldsymbol{p})}\right)=\frac{-\boldsymbol{p}^{\mathrm{T}}\nabla f(\hat{\boldsymbol{x}})}{\boldsymbol{p}^{\mathrm{T}}\nabla^2 f(\hat{\boldsymbol{x}})\boldsymbol{p}}. \tag{5.4}$$

因 $\nabla^2 f(\hat{\boldsymbol{x}})>0$, 由式(5.4)可尝试得到一个步长因子

$$\alpha_0=\frac{-\boldsymbol{p}^{\mathrm{T}}\nabla f(\hat{\boldsymbol{x}})}{\boldsymbol{p}^{\mathrm{T}}\nabla^2 f(\hat{\boldsymbol{x}})\boldsymbol{p}+o(1)}\approx\frac{-\boldsymbol{p}^{\mathrm{T}}\nabla f(\hat{\boldsymbol{x}})}{\boldsymbol{p}^{\mathrm{T}}\nabla^2 f(\hat{\boldsymbol{x}})\boldsymbol{p}}.$$

例 5.1.2 设 $f(\boldsymbol{x})=\frac{1}{2}\boldsymbol{x}^{\mathrm{T}}\boldsymbol{A}\boldsymbol{x}+\boldsymbol{b}^{\mathrm{T}}\boldsymbol{x}$, 这里 $\boldsymbol{A}\in\mathbf{R}^{n\times n}$, $\boldsymbol{A}=\boldsymbol{A}^{\mathrm{T}}$, $\boldsymbol{A}>\boldsymbol{O}$, $\boldsymbol{b}\in\mathbf{R}^n$. 对于给定的点 $\hat{\boldsymbol{x}}\in\mathbf{R}^n$ 和方向 $\boldsymbol{p}$, 满足 $\boldsymbol{p}^{\mathrm{T}}\nabla f(\hat{\boldsymbol{x}})<0$, 从 $\hat{\boldsymbol{x}}$ 出发沿下降方向 $\boldsymbol{p}$ 进行一维搜索. 步长因子可由 $\varphi'(t)=0$ 在 $(0,+\infty)$ 内的根而得到. 利用记号 $g(\hat{\boldsymbol{x}})=\nabla f(\hat{\boldsymbol{x}})=\boldsymbol{A}\hat{\boldsymbol{x}}+\boldsymbol{b}$, 由于

$$\begin{aligned}\varphi'(t)&=\boldsymbol{p}^{\mathrm{T}}\nabla f(\hat{\boldsymbol{x}}+t\boldsymbol{p})=\boldsymbol{p}^{\mathrm{T}}(A(\hat{\boldsymbol{x}}+t\boldsymbol{p})+\boldsymbol{b})\\&=\boldsymbol{p}^{\mathrm{T}}(A\hat{\boldsymbol{x}}+\boldsymbol{b})+t\boldsymbol{p}^{\mathrm{T}}\boldsymbol{A}\boldsymbol{p}=\boldsymbol{p}^{\mathrm{T}}g(\hat{\boldsymbol{x}})+t\boldsymbol{p}^{\mathrm{T}}\boldsymbol{A}\boldsymbol{p},\end{aligned}$$

令

$$\boldsymbol{p}^{\mathrm{T}}g(\hat{\boldsymbol{x}})+t\boldsymbol{p}^{\mathrm{T}}\boldsymbol{A}\boldsymbol{p}=0,$$

得到唯一根: $t=\dfrac{-\boldsymbol{p}^{\mathrm{T}}g(\hat{\boldsymbol{x}})}{\boldsymbol{p}^{\mathrm{T}}\boldsymbol{A}\boldsymbol{p}}>0$, 所以正定二次函数 $f(\boldsymbol{x})=\frac{1}{2}\boldsymbol{x}^{\mathrm{T}}\boldsymbol{A}\boldsymbol{x}+\boldsymbol{b}^{\mathrm{T}}\boldsymbol{x}$ 从 $\hat{\boldsymbol{x}}$ 出发沿下降方向 $\boldsymbol{p}$ 进行一维搜索的步长因子为

$$\alpha_0=\frac{-\boldsymbol{p}^{\mathrm{T}}g(\hat{\boldsymbol{x}})}{\boldsymbol{p}^{\mathrm{T}}\boldsymbol{A}\boldsymbol{p}}. \tag{5.5}$$

5.1.3 关于线搜索算法的收敛性

针对无约束优化问题的线搜索算法的基本结构:

(1) $\boldsymbol{x}_0\in D\subset\mathbf{R}^n,\ k=0$;

(2) $\boldsymbol{g}_k=\nabla f(\boldsymbol{x}_k)$, 若 $\|\boldsymbol{g}_k\|=0\Rightarrow\boldsymbol{x}^*=\boldsymbol{x}_k$, stop;

(3) $\boldsymbol{d}_k$: $\boldsymbol{d}_k^{\mathrm{T}}\boldsymbol{g}_k<0,\ \varphi(\alpha)=f(\boldsymbol{x}_k+\alpha\boldsymbol{d}_k)$;

(4) $\alpha_k=\arg\min\limits_{\alpha>0}\varphi(\alpha),\ \boldsymbol{x}_{k+1}=\boldsymbol{x}_k+\alpha_k\boldsymbol{d}_k$.

注:其中第(1)步反映出算法是全局收敛还是局部收敛,例如下面要介绍的最

速下降法中 $D=\mathbf{R}^n$，这表明最速下降法具有全局收敛性，而牛顿法中 D 为某个使得 Hessen 矩阵为正定阵的区域，表明牛顿法只具有局部收敛性. 以上第(2)步表明算法一般采用目标函数在迭代点的梯度的某种向量范数的数值作为决定算法终止与否的标准. 而第(3)，(4)两步表示如何选取下降方向和决定步长因子，这里第(4)步的记号表示 α_k 是 $\min\limits_{\alpha>0}\varphi(\alpha)$ 的一个最优解，这一步是进行一次精确线搜索.

线搜索算法收敛判定准则：

(1) 设 $\{\boldsymbol{x}_k\}$ 是由某种线搜索下降算法得到的优化问题的可行点列. 若 $\|\boldsymbol{g}_k\|\to 0$，则认为算法是收敛的.

(2) 设 $\{\boldsymbol{x}_k\}$ 是由某种线搜索下降算法得到的优化问题的可行点列，若 $f(\boldsymbol{x}_k)\to-\infty$，则所论优化问题无解.

无约束优化问题的下降方向的几何意义：

记 θ_k 为 $\boldsymbol{d}_k$ 与 $-\boldsymbol{g}_k$ 的夹角，有 $\cos\theta_k=\dfrac{-\boldsymbol{g}_k^{\mathrm{T}}\boldsymbol{d}_k}{\|\boldsymbol{g}_k\|\,\|\boldsymbol{d}_k\|}$. 若线搜索法得以进行下去，即不存在一个有限的正整数 k，使得 $\boldsymbol{g}_k=\mathbf{0}$，由于 $\boldsymbol{d}_k^{\mathrm{T}}\boldsymbol{g}_k<0$，就总有 $\theta_k\in\left[0,\dfrac{\pi}{2}\right)$. 这样可引入以下基本假设.

基本假设：存在实数 $0<\mu\leqslant\dfrac{\pi}{2}$，使得对所有正整数 k，有 $0\leqslant\theta_k\leqslant\dfrac{\pi}{2}-\mu$.

定理 5.1.2(无约束优化线搜索算法的全局收敛性定理) 假设对于初始状态 $\boldsymbol{x}_0\in\mathbf{R}^n$，目标函数的梯度函数 $g(\boldsymbol{x})=\nabla f(\boldsymbol{x})$ 在水平集 $L_{x_0}=\{f(\boldsymbol{x})\leqslant f(\boldsymbol{x}_0)\}$ 上一致连续. 设 $\{\boldsymbol{x}_k\}$，$\{\boldsymbol{d}_k\}$，$\{\boldsymbol{\alpha}_k\}$ 为由线搜索法得到的相应数据列，使得 $\{\theta_k\}$ 满足基本假设. 若所论无约束优化问题有解，则无约束优化线搜索算法全局收敛.

证明 分析准备：由于 $\{f(\boldsymbol{x}_k)\}$ 严格单调下降，又因所论无约束优化问题有解，所以 $\lim\limits_{k\to\infty}f(\boldsymbol{x}_k)$ 存在(否则有 $f(\boldsymbol{x}_k)\to-\infty$，由前述判定准则的第(2)条可知无约束优化问题无解). 从而有

$$f(\boldsymbol{x}_k)-f(\boldsymbol{x}_{k+1})\to 0. \tag{5.6}$$

从而对任一子序列 $\{\boldsymbol{x}_{k_j}\}$，有

$$f(\boldsymbol{x}_{k_j})-f(\boldsymbol{x}_{k_j+1})\to 0. \tag{5.7}$$

若对于所论无约束优化问题，无约束优化线搜索算法不收敛，由前述判定准则的第(1)条可知 $\{\boldsymbol{g}_k\}$ 不趋于零，从而存在一个子序列 $\{\boldsymbol{x}_{k_j}\}$，对某个实数 $\varepsilon>0$，满足

$$\|\boldsymbol{g}_{k_j}\|\geqslant\varepsilon,\ \forall j. \tag{5.8}$$

这样由前面的基本假设就有

$$\frac{-\boldsymbol{g}_{k_j}^{\mathrm{T}}\boldsymbol{d}_{k_j}}{\|\boldsymbol{d}_{k_j}\|}=\|\boldsymbol{g}_{k_j}\|\cos\theta_{k_j}\geqslant\varepsilon\cos\left(\frac{\pi}{2}-\mu\right)=\varepsilon\sin\mu=\varepsilon_0,\ \forall j. \tag{5.9}$$

对于正数α，由中值定理，总有

$$\begin{aligned}f(\boldsymbol{x}_{k_j}+\alpha\boldsymbol{d}_{k_j})&=f(\boldsymbol{x}_{k_j})+\alpha\boldsymbol{g}(\xi_{k_j})^{\mathrm{T}}\boldsymbol{d}_{k_j}\\&=f(\boldsymbol{x}_{k_j})+\alpha\boldsymbol{g}_{k_j}^{\mathrm{T}}\boldsymbol{d}_{k_j}+\alpha[\boldsymbol{g}(\boldsymbol{\xi}_{k_j})-\boldsymbol{g}_{k_j}]^{\mathrm{T}}\boldsymbol{d}_{k_j}\\&\leqslant f(\boldsymbol{x}_{k_j})+\alpha\|\boldsymbol{d}_{k_j}\|\left[\frac{\boldsymbol{g}_{k_j}^{\mathrm{T}}\boldsymbol{d}_{k_j}}{\|\boldsymbol{d}_{k_j}\|}+\|\boldsymbol{g}(\boldsymbol{\xi}_{k_j})-\boldsymbol{g}_{k_j}\|\right].\end{aligned} \tag{5.10}$$

这里$\boldsymbol{\xi}_{k_j}=\boldsymbol{x}_{k_j}+\alpha_{k_j}\boldsymbol{d}_{k_j}$，$\alpha_{k_j}\in[0,\alpha]$.

综述：由于$g(\boldsymbol{x})$在水平集$L_{x_0}=\{f(\boldsymbol{x})\leqslant f(\boldsymbol{x}_0)\}$上一致连续，则存在实数$\bar{\alpha}>0$，使得当$\|\alpha\boldsymbol{d}_{k_j}\|\leqslant\bar{\alpha}$，对所有$j$，有

$$\|\boldsymbol{g}(\boldsymbol{\xi}_{k_j})-\boldsymbol{g}_{k_j}\|\leqslant\frac{1}{2}\varepsilon_0, \tag{5.11}$$

在式(5.10)中取$\alpha=\dfrac{\bar{\alpha}}{\|\boldsymbol{d}_{k_j}\|}$，由式(5.10)，式(5.11)，有

$$\begin{aligned}f\left(\boldsymbol{x}_{k_j}+\frac{\bar{\alpha}}{\|\boldsymbol{d}_{k_j}\|}\boldsymbol{d}_{k_j}\right)&\leqslant f(\boldsymbol{x}_{k_j})+\bar{\alpha}\left[\frac{\boldsymbol{g}_{k_j}^{\mathrm{T}}\boldsymbol{d}_{k_j}}{\|\boldsymbol{d}_{k_j}\|}+\|\boldsymbol{g}(\boldsymbol{\xi}_{k_j})-\boldsymbol{g}_{k_j}\|\right]\\&\leqslant f(\boldsymbol{x}_{k_j})+\bar{\alpha}\left(-\varepsilon_0+\frac{1}{2}\varepsilon_0\right)=f(\boldsymbol{x}_{k_j})-\frac{1}{2}\bar{\alpha}\varepsilon_0.\end{aligned} \tag{5.12}$$

由于进行了精确一维搜索

$$f(\boldsymbol{x}_{k_j+1})=\min\left\{f(\boldsymbol{x})\,\middle|\,\boldsymbol{x}=\boldsymbol{x}_{k_j}+\alpha\boldsymbol{d}_{k_j},\ \alpha\geqslant 0\right\}.$$

由式(5.12)有

$$f(\boldsymbol{x}_{k_j+1})\leqslant f\left(\boldsymbol{x}_{k_j}+\frac{\bar{\alpha}}{\|\boldsymbol{d}_{k_j}\|}\boldsymbol{d}_{k_j}\right)\leqslant f(\boldsymbol{x}_{k_j})-\frac{1}{2}\bar{\alpha}\varepsilon_0$$

与式(5.7)矛盾. 这就证明了对于给定初始状态$\boldsymbol{x}_0\in\mathbf{R}^n$，无约束优化的线搜索算法是收敛的，由于这里初始状态可任意选取，所以本定理所论的无约束优化的线搜索算法是全局收敛的.

5.2　最速下降法

5.2.1　最速下降方向

对于给定的点 $\hat{x}\in\mathbf{R}^n$，设 $\nabla f(\hat{x})\neq 0$，下述定理给出从 $\hat{x}$ 出发使得函数值局部下降最快的线搜索方向.

定理 5.2.1　给定点 $\hat{x}\in\mathbf{R}^n$，设 $\nabla f(\hat{x})\neq 0$，则存在正数 b，在 $\hat{x}$ 的邻域 $O_b(\hat{x})$ 内，沿方向 $\boldsymbol{p}=\dfrac{-\nabla f(\hat{x})}{\|\nabla f(\hat{x})\|}$ 进行线搜索，函数值下降最快.

证明　利用一阶泰勒公式，存在正数 b，对于任一单位向量 $\boldsymbol{p}$，当 $0<\delta<b$ 有

$$f(\hat{x}+\delta\boldsymbol{p})-f(\hat{x})=\delta\nabla f(\hat{x})^{\mathrm{T}}\boldsymbol{p}+o(\delta,\boldsymbol{p}).\tag{5.13}$$

除了目标函数和点 $\hat{x}$ 的信息外，式(5.13)的余项仅与 δ，$\boldsymbol{p}$ 有关. 因此，若记 $\Delta(\boldsymbol{p},\delta)=f(\hat{x})-f(\hat{x}+\delta\boldsymbol{p})$，则对于两个不同的单位下降方向 $\boldsymbol{p}_1$，$\boldsymbol{p}_2$ 有

$$\Delta(\boldsymbol{p}_2,\delta)-\Delta(\boldsymbol{p}_1,\delta)=\delta(\nabla f(\hat{x})^{\mathrm{T}}\boldsymbol{p}_1-\nabla f(\hat{x})^{\mathrm{T}}\boldsymbol{p}_2)+[o(\delta,\boldsymbol{p}_1)-o(\delta,\boldsymbol{p}_2)],$$

从而有

$$\begin{aligned}&\frac{\Delta(\boldsymbol{p}_2,\delta)-\Delta(\boldsymbol{p}_1,\delta)}{\delta}\\&=(\nabla f(\hat{x})^{\mathrm{T}}\boldsymbol{p}_1-\nabla f(\hat{x})^{\mathrm{T}}\boldsymbol{p}_2)+\frac{[o(\delta,\boldsymbol{p}_1)-o(\delta,\boldsymbol{p}_2)]}{\delta},\end{aligned}\tag{5.14}$$

当 $\delta\to 0^+$ 时，由于 $\dfrac{[o(\delta,\boldsymbol{p}_2)-o(\delta,\boldsymbol{p}_1)]}{\delta}\to 0$，式(5.14)中等式左边的符号由 $\nabla f(\hat{x})^{\mathrm{T}}\boldsymbol{p}_1-\nabla f(\hat{x})^{\mathrm{T}}\boldsymbol{p}_2$ 决定.

由此希望寻找单位下降方向 $\boldsymbol{p}$，使得 $\nabla f(\hat{x})^{\mathrm{T}}\boldsymbol{p}$ 最小. 对此，令 θ 为 $\nabla f(\hat{x})^{\mathrm{T}}$ 和 $\boldsymbol{p}$ 之间的夹角，因 $\nabla f(\hat{x})^{\mathrm{T}}\boldsymbol{p}<0$，$\theta\in\left(\dfrac{\pi}{2},\pi\right]$，$\|\boldsymbol{p}\|=1$，从而有

$$\begin{aligned}\nabla f(\hat{x})^{\mathrm{T}}\boldsymbol{p}&=\|\nabla f(\hat{x})\|\,\|\boldsymbol{p}\|\cos\theta\geqslant\|\nabla f(\hat{x})\|\,\|\boldsymbol{p}\|\cos\pi\\&=-\|\nabla f(\hat{x})\|,\end{aligned}$$

所以要使得 $\nabla f(\hat{x})^{\mathrm{T}}\boldsymbol{p}$ 最小，须令 $\theta=\pi$. 而由等式

$$\nabla f(\hat{x})^{\mathrm{T}}\boldsymbol{p}=\|\nabla f(\hat{x})\|\cos\pi=-\|\nabla f(\hat{x})\|,\quad\|\boldsymbol{p}\|=1,$$

容易得到使 $\nabla f(\hat{\boldsymbol{x}})^{\mathrm{T}}\boldsymbol{p}$ 最小的单位下降方向 $\boldsymbol{p}=\boldsymbol{p}^{*}=\dfrac{-\nabla f(\hat{\boldsymbol{x}})}{\|\nabla f(\hat{\boldsymbol{x}})\|}$. 而对于任意与 $\boldsymbol{p}^{*}$ 相异的单位向量 $\boldsymbol{p}$, $\nabla f(\hat{\boldsymbol{x}})^{\mathrm{T}}$ 和 $\boldsymbol{p}$ 之间的夹角不等于 π, 所以

$$\nabla f(\hat{\boldsymbol{x}})^{\mathrm{T}}\boldsymbol{p}-\nabla f(\hat{\boldsymbol{x}})^{\mathrm{T}}\boldsymbol{p}^{*}>0. \tag{5.15}$$

这样由式(5.14),式(5.15),注意到 $\dfrac{[o(\delta,\boldsymbol{p})-o(\delta,\boldsymbol{p}^{*})]}{\delta}=o(1)$, 当 $\delta\to0^{+}$, 有

$$\begin{aligned}\frac{\Delta(\boldsymbol{p}^{*},\delta)-\Delta(\boldsymbol{p},\delta)}{\delta}&=(\nabla f(\hat{\boldsymbol{x}})^{\mathrm{T}}\boldsymbol{p}-\nabla f(\hat{\boldsymbol{x}})^{\mathrm{T}}\boldsymbol{p}^{*})+\frac{[o(\delta,\boldsymbol{p})-o(\delta,\boldsymbol{p}^{*})]}{\delta}\\&>\frac{1}{2}(\nabla f(\hat{\boldsymbol{x}})^{\mathrm{T}}\boldsymbol{p}-\nabla f(\hat{\boldsymbol{x}})^{\mathrm{T}}\boldsymbol{p}^{*})>0.\end{aligned}$$

从而当 $\delta\to0^{+}$ 时有

$$\frac{f(\hat{\boldsymbol{x}})-f(\hat{\boldsymbol{x}}+\delta\boldsymbol{p}^{*})}{\delta}-\frac{f(\hat{\boldsymbol{x}})-f(\hat{\boldsymbol{x}}+\delta\boldsymbol{p})}{\delta}=\frac{\Delta(\boldsymbol{p}^{*},\delta)-\Delta(\boldsymbol{p},\delta)}{\delta}>0.$$

这表明,当接近给定的点 $\hat{\boldsymbol{x}}$ 时,目标函数值沿着单位向量 $\boldsymbol{p}^{*}$ 比沿着单位向量 $\boldsymbol{p}$ 有更大的下降率,也即下降得更快.

注:作为线搜索方向的向量与其单位化向量等价,一般取最速下降方向 $\boldsymbol{p}=-\nabla f(\hat{\boldsymbol{x}})$.

5.2.2 最速下降算法

算法 5.2.1 (i) $\boldsymbol{x}^{(0)}\in\mathbf{R}^{n}$, $0\leqslant\varepsilon\ll1$, $k=0$.

(ii) $\boldsymbol{g}_{k}=\nabla f(\boldsymbol{x}^{(k)})$; 若 $\|\boldsymbol{g}_{k}\|\leqslant\varepsilon$, 则取 $\boldsymbol{x}^{*}=\boldsymbol{x}^{(k)}$, 停; 否则, $\boldsymbol{p}_{k}=-\boldsymbol{g}_{k}$, 转入(iii).

(iii) 一维搜索 $f(\boldsymbol{x}^{(k)}+\alpha_{k}\boldsymbol{p}_{k})=\min\limits_{\alpha\geqslant0}f(\boldsymbol{x}^{(k)}+\alpha\boldsymbol{p}_{k})$ 求步长因子 α_{k}, 转入(iv).

(iv) $\boldsymbol{x}^{(k+1)}=\boldsymbol{x}^{(k)}+\alpha_{k}\boldsymbol{p}_{k}$; $k=k+1$; 转入(ii).

例 5.2.1 设 $\boldsymbol{A}\in\mathbf{R}^{n\times n}$, $\boldsymbol{A}=\boldsymbol{A}^{\mathrm{T}}$, $\boldsymbol{A}>\boldsymbol{O}$, $\boldsymbol{b}\in\mathbf{R}^{n}$. 用最速下降法,求解

$$\min f(\boldsymbol{x})=\frac{1}{2}\boldsymbol{x}^{\mathrm{T}}\boldsymbol{A}\boldsymbol{x}-\boldsymbol{b}^{\mathrm{T}}\boldsymbol{x},$$
$$\text{s.t. } \boldsymbol{x}\in\mathbf{R}^{n}.$$

解 当取定一点 $\hat{\boldsymbol{x}}$, 取下降方向 $\boldsymbol{p}=-\nabla f(\hat{\boldsymbol{x}})=-(A\hat{\boldsymbol{x}}-\boldsymbol{b})$, 沿 $\boldsymbol{p}$ 进行一维搜索. 辅助函数 $\varphi(\alpha)=f(\hat{\boldsymbol{x}}+\alpha\boldsymbol{p})$ 为 α 的正定二次多项式,计算导函数

$$\begin{aligned}\varphi'(\alpha) &= \boldsymbol{p}^{\mathrm{T}} \nabla f(\hat{\boldsymbol{x}} + \alpha \boldsymbol{p}) = \boldsymbol{p}^{\mathrm{T}}(\boldsymbol{A}(\hat{\boldsymbol{x}} + \alpha \boldsymbol{p}) - \boldsymbol{b}) \\ &= \alpha \boldsymbol{p}^{\mathrm{T}} \boldsymbol{A} \boldsymbol{p} + \boldsymbol{p}^{\mathrm{T}}(\boldsymbol{A} \hat{\boldsymbol{x}} - \boldsymbol{b}) = \alpha \boldsymbol{p}^{\mathrm{T}} \boldsymbol{A} \boldsymbol{p} - \boldsymbol{p}^{\mathrm{T}} \boldsymbol{p}.\end{aligned}$$

由 $\varphi'(\alpha)=0$，得到步长因子 $\alpha=\dfrac{\boldsymbol{p}^{\mathrm{T}}\boldsymbol{p}}{\boldsymbol{p}^{\mathrm{T}}\boldsymbol{A}\boldsymbol{p}}$. 当取定初始点 $\boldsymbol{x}^{(0)}$，进行最速下降迭代法，当得到点 $\boldsymbol{x}^{(k)}$ 后，则记 $\boldsymbol{g}_k=\nabla f(\boldsymbol{x}^{(k)})$，取

$$\boldsymbol{x}^{(k+1)} = \boldsymbol{x}^{(k)} - \left(\frac{\boldsymbol{g}_k^{\mathrm{T}}\boldsymbol{g}_k}{\boldsymbol{g}_k^{\mathrm{T}}\boldsymbol{A}\boldsymbol{g}_k}\right)\boldsymbol{g}_k. \tag{5.16}$$

例 5.2.2　用最速下降法，求解

$$\min f(\boldsymbol{x}) = \frac{1}{2}x_1^2 + \frac{9}{2}x_2^2.$$

取定初始点 $\boldsymbol{x}^{(0)} = (9,\ 1)^{\mathrm{T}}$.

解　$\boldsymbol{A}=\begin{pmatrix}1 & 0\\ 0 & 9\end{pmatrix}$，$\boldsymbol{g}_k=\nabla f(\boldsymbol{x}^{(k)})=\begin{pmatrix}x_1^{(k)}\\ 9x_2^{(k)}\end{pmatrix}$，令 $\boldsymbol{\beta}_k=\dfrac{\boldsymbol{x}_2^{(k)}}{\boldsymbol{x}_1^{(k)}}$，有

$$\left(\frac{\boldsymbol{g}_k^{\mathrm{T}}\boldsymbol{g}_k}{\boldsymbol{g}_k^{\mathrm{T}}\boldsymbol{A}\boldsymbol{g}_k}\right) = \frac{(\boldsymbol{x}_1^{(k)})^2 + 81\,(\boldsymbol{x}_2^{(k)})^2}{(\boldsymbol{x}_1^{(k)})^2 + 9^3\,(\boldsymbol{x}_2^{(k)})^2} = \frac{1+81\beta_k^2}{1+9^3\beta_k^2} = \alpha_k,$$

由最速下降迭代公式得到

$$\boldsymbol{x}^{(k+1)} = \boldsymbol{x}^{(k)} - \frac{1+9^2\beta_k^2}{1+9^3\beta_k^2}\begin{pmatrix}x_1^{(k)}\\ 9x_2^{(k)}\end{pmatrix} = \begin{pmatrix}x_1^{(k)}\dfrac{8\times 9^2\beta_k^2}{1+9^3\beta_k^2}\\[2ex] x_2^{(k)}\dfrac{(-8)}{1+9^3\beta_k^2}\end{pmatrix},$$

得到 $\beta_{k+1}=\dfrac{x_2^{(k+1)}}{x_1^{(k+1)}}=\dfrac{-8x_2^{(k)}}{8\times 9^2\beta_k^2 x_1^{(k)}}=\dfrac{-1}{9^2\beta_k}$. 因 $\beta_0=\dfrac{1}{9}$，得到 $\beta_k=(-1)^k\dfrac{1}{9}$，$k=0$，$1$，$2$，…. 所以

$$\boldsymbol{x}^{(k+1)} = \begin{pmatrix}x_1^{(k)}\dfrac{8\times 9^2\beta_k^2}{1+9^3\beta_k^2}\\[2ex] x_2^{(k)}\dfrac{(-8)}{1+9^3\beta_k^2}\end{pmatrix} = \begin{pmatrix}\left(\dfrac{4}{5}\right)x_1^{(k)}\\[2ex] \left(\dfrac{-4}{5}\right)x_2^{(k)}\end{pmatrix},$$

经归纳得到

$$x^{(k)}=\begin{pmatrix}\left(\frac{4}{5}\right)^k x_1^{(0)}\\ \left(\frac{-4}{5}\right)^k x_2^{(0)}\end{pmatrix}=(0.8)^k\begin{pmatrix}9\\(-1)^k\end{pmatrix},\quad k=0,1,2,\cdots,$$

从而有

$$x^{(k)}\to x^*=\begin{pmatrix}0\\0\end{pmatrix}.$$

同时可得到收敛速度：

$$\frac{\|x^{(k+1)}-x^*\|}{\|x^{(k)}-x^*\|}\to 0.8<1.$$

这表明，运用最速下降算法得到的迭代序列具有线性收敛速度.

5.2.3 最速下降算法的全局收敛性

定理 5.2.2(最速下降法的全局收敛性定理) 设 $f(x)$ 一阶连续可微. 若对于某个 $\bar{x}\in\mathbf{R}^n$，水平集 $\{x\mid f(x)\leqslant f(\bar{x})\}$ 有界，则对于 $\forall x_0\in\mathbf{R}^n$，由最速下降算法产生的点列 $\{x_k\}$，或有限步终止，即 $\exists k_0$，$\nabla f(x_{k_0})=0$ 或 $\lim\limits_{k\to\infty}\nabla f(x_k)=0$.

注: 对某个 $\bar{x}\in\mathbf{R}^n$，$\{x\mid f(x)\leqslant f(\bar{x})\}$ 有界，蕴含了 $f(x)$ 下方有界(因 $f(x)$ 在 $\mathbf{R}^n$ 连续可微，从而在有界闭集 $\{x\mid f(x)\leqslant f(\bar{x})\}$ 上有界，这就保证不能有 $f(x)\to-\infty$). 另外基本假设成立，因 p_k 与 $-g_k$ 的夹角恒为零角. 进而因为对某个 $\bar{x}\in\mathbf{R}^n$，$\{x\mid f(x)\leqslant f(\bar{x})\}$ 为有界闭集，所以 $f(x)$ 在其上一致连续. 这样定理 5.1.2 的条件都得以满足，所以定理 5.2.2 可由定理 5.1.2 推得.

定理 5.2.3 若 $f(x)$ 二次连续可微，$\|\nabla^2 f(x)\|\leqslant M$，且最速下降算法产生的点列 $\{x_k\}$ 收敛到 $f(x)$ 的极小点，则它至少为线性收敛.

5.2.4 最速下降算法的讨论

最速下降法的优点是一定条件下有全局收敛性，例如在定理 5.2.2 中并没有对初始点的选取附加任何条件. 而水平集有界也不是一个很强的条件，因为这可以保证 $f(x)$ 下方有界，从而使得最优化过程是合理的. 最速下降法的缺点是收敛速度很慢，其原因是，这是一种微观的线搜索. 最速下降法依赖于目标函数在迭代点处的一个充分小的领域内的一阶泰勒展开. 当取定点 x_k，虽然找到了最速下降方向 $p_k=-\nabla f(x_k)$，但是这仅表示函数在 x_k 的这个充分小领域内的最快下降方向. 下降最快但是仅走很小一步，离真正的极小点还远得很. 另外，由于 $x_{k+1}=x_k$

$+\alpha_k \boldsymbol{p}_k$，而 α_k 为线搜索函数 $\varphi(\alpha)=f(\boldsymbol{x}_k+\alpha \boldsymbol{p}_k)$ 在 $(0, \infty)$ 内某个极小点，所以

$$0=\frac{\mathrm{d} f(\boldsymbol{x}_k+\alpha_k \boldsymbol{p}_k)}{\mathrm{d} \alpha}=\nabla f(\boldsymbol{x}_{k+1})^{\mathrm{T}} \boldsymbol{p}_k.$$

由于 $\boldsymbol{p}_{k+1}=-\nabla f(\boldsymbol{x}_{k+1})$，这说明 $\boldsymbol{p}_{k+1}^{\mathrm{T}} \boldsymbol{p}_k=0$. 故最速下降法在相继两次迭代中，搜索方向是相互正交的，可见最速下降法的迭代点的逼近极小点的路线呈锯齿形，而且越靠近极小点，步长往往越是变小，即步长越来越小. 这也是最速下降法的收敛速度较慢的原因. 总之，最速下降法是一个最基本，但不很有效实用的算法.

5.3 牛　顿　法

5.3.1 想法

牛顿法迭代序列 $\{\boldsymbol{x}_k\}$ 的形成是基于目标函数在 $\boldsymbol{x}_k$ 的附近的二阶 Taylor 公式逼近. 若 $\nabla^2 f(\boldsymbol{x}_k)>0$，在 $\boldsymbol{x}_k$ 的一个邻域内有，

$$f(\boldsymbol{x}_k+\boldsymbol{s}) \approx Q_k(\boldsymbol{s})=f(\boldsymbol{x}_k)+\nabla f(\boldsymbol{x}_k)^{\mathrm{T}} \boldsymbol{s}+\frac{1}{2} \boldsymbol{s}^{\mathrm{T}} \nabla^2 f(\boldsymbol{x}_k) \boldsymbol{s}.$$

虽然仅在微观层面有目标函数的这个近似表达式，却大胆地在 $\mathbf{R}^n$ 上求二次多项式 $Q_k(\boldsymbol{s})$ 的最小点，记为 $\boldsymbol{s}_k$. 诚然不能苛求 $\boldsymbol{x}_k+\boldsymbol{s}_k$ 为目标函数在 $\mathbf{R}^n$ 上的全局极小点，却由此萌发了牛顿法的思想，即令 $\boldsymbol{x}_{k+1}=\boldsymbol{x}_k+\boldsymbol{s}_k$ 作为下一个代点. 参考例 1.1.1，求解 $\min\limits_{s \in \mathbf{R}^n} Q_k(\boldsymbol{s})$ 相当于求解方程 $\dfrac{\partial Q_k(\boldsymbol{s})}{\partial \boldsymbol{s}}=\nabla f(\boldsymbol{x}_k)+[\nabla^2 f(\boldsymbol{x}_k)] \boldsymbol{s}=0$，因 $\nabla^2 f(\boldsymbol{x}_k)>0$，得到唯一解

$$\boldsymbol{s}_k=-[\nabla^2 f(\boldsymbol{x}_k)]^{-1} \nabla f(\boldsymbol{x}_k).$$

尝试 $\boldsymbol{x}_{k+1}=\boldsymbol{x}_k+\boldsymbol{s}_k=\boldsymbol{x}_k-[\nabla^2 f(\boldsymbol{x}_k)]^{-1} \nabla f(\boldsymbol{x}_k)$ 为下一个迭代点.

算法 5.3.1　(i) $\boldsymbol{x}^{(0)} \in \mathbf{R}^n$，$0 \leqslant \varepsilon \ll 1$，$k=0$.

(ii) 计算 $\boldsymbol{g}_k=\nabla f(\boldsymbol{x}_k)$；$\boldsymbol{G}_k=\nabla^2 f(\boldsymbol{x}_k)$. 若 $\|\boldsymbol{g}_k\| \leqslant \varepsilon$，则取 $\boldsymbol{x}^*=\boldsymbol{x}^{(k)}$，停. 否则，$\boldsymbol{p}_k=-\boldsymbol{g}_k$；若 $\boldsymbol{G}_k>\boldsymbol{O}$，转入(iii).

(iii) $\boldsymbol{s}_k=[\nabla^2 f(\boldsymbol{x}_k)]^{-1} \boldsymbol{p}_k$. 转入(iv).

(iv) $\boldsymbol{x}_{k+1}=\boldsymbol{x}_k+\boldsymbol{s}_k$，$k=k+1$. 转入(ii).

5.3.2 算法讨论

(1) 牛顿法基于迭代点附近的二阶泰勒展开（而最速下降法仅基于迭代点附

近的一阶泰勒展开)，在迭代点附近对目标函数的二次近似优于线性近似. 每次迭代，最速下降法只得到目标函数在开球的一个外法向线段上的极小点，而牛顿法则得到目标函数的二次近似多项式的全局的最小点.

(2) 从一维搜索的概念看，$\boldsymbol{x}_{k+1}=\boldsymbol{x}_k+\boldsymbol{s}_k$，表示 $\boldsymbol{x}_{k+1}$ 是由 $\boldsymbol{x}_k$ 出发沿方向 $\boldsymbol{s}_k$ 走步长为 1 而得到，而 $\boldsymbol{s}_k=\boldsymbol{G}_k^{-1}\boldsymbol{p}_k=-\boldsymbol{G}_k^{-1}\boldsymbol{g}_k$，表示方向 $\boldsymbol{s}_k$ 是由对最速下降方向 $\boldsymbol{p}_k=-\boldsymbol{g}_k$ 进行一个线性变换(左乘 $\boldsymbol{G}_k^{-1}$)而得到. 假定牛顿算法得以持续进行而产生迭代序列，则有 $\boldsymbol{g}_k\neq\boldsymbol{0}$, $\boldsymbol{G}_k^{-1}>\boldsymbol{O}$, 从而有 $\boldsymbol{g}_k^{\mathrm{T}}\boldsymbol{s}_k=-\boldsymbol{g}_k^{\mathrm{T}}\boldsymbol{G}_k^{-1}\boldsymbol{g}_k<0$. 这表明 $\boldsymbol{s}_k$ 是下降方向.

(3) 为了得到 $\boldsymbol{s}_k=\boldsymbol{G}_k^{-1}\boldsymbol{p}_k$，形式上必须求得 Hessen 矩阵的逆矩阵，这经常会有较大的计算量. 另一种处理方式是求解线性方程组 $\boldsymbol{G}_k\boldsymbol{s}_k=\boldsymbol{p}_k$，也可得到下降方向 $\boldsymbol{s}_k$.

(4) 牛顿法的不足之处在于这种算法一般是局部收敛的，从稍后证明的收敛性定理可知，要使得牛顿法迭代序列收敛，初始点的选取是有一定局限性的. 而同样由下面的收敛性定理可知，只要初始点选取得当，牛顿法迭代序列可达到平方阶收敛速度，即收敛得非常快. 而若目标函数有某种一致正定性，则牛顿法迭代序列是全局收敛的，并可达到平方阶收敛速度. 这在对以下正定二次函数使用牛顿法求解时表现得淋漓尽致.

例 5.3.1 设 $\boldsymbol{A}\in\mathbf{R}^{n\times n}$, $\boldsymbol{A}=\boldsymbol{A}^{\mathrm{T}}$, $\boldsymbol{A}>\boldsymbol{O}$, $\boldsymbol{b}\in\mathbf{R}^n$. 用牛顿法，求

$$\min f(\boldsymbol{x})=\frac{1}{2}\boldsymbol{x}^{\mathrm{T}}\boldsymbol{A}\boldsymbol{x}-\boldsymbol{b}^{\mathrm{T}}\boldsymbol{x},$$

$$\text{s. t. } \boldsymbol{x}\in\mathbf{R}^n.$$

解 对任意 $\boldsymbol{x}_0\in\mathbf{R}^n$, $\boldsymbol{g}_0=\boldsymbol{A}\boldsymbol{x}_0-\boldsymbol{b}$,

$$\boldsymbol{x}_1=\boldsymbol{x}_0-\boldsymbol{A}^{-1}\boldsymbol{g}_0=\boldsymbol{x}_0-\boldsymbol{A}^{-1}(\boldsymbol{A}\boldsymbol{x}_0-\boldsymbol{b})=\boldsymbol{A}^{-1}\boldsymbol{b}.$$

因为 $\nabla^2 f(\boldsymbol{x})=\boldsymbol{A}>\boldsymbol{O}$,

$$\boldsymbol{g}_1=\nabla f(\boldsymbol{x}_1)=\boldsymbol{A}\boldsymbol{x}_1-\boldsymbol{b}=\boldsymbol{A}(\boldsymbol{A}^{-1}\boldsymbol{b})-\boldsymbol{b}=\boldsymbol{0},$$

可见 $\boldsymbol{x}_1$ 即最优点. 所以利用牛顿法求解正定二次函数的无约束最优化问题最多只须迭代一步，就可得到全局最优点. 这也可表述为牛顿算法有二次终止性. 所谓算法有二次终止性，即当用之于二次正定目标函数时可经有限步迭代得到全局最优点.

5.3.3 收敛性

定理 5.3.1 设 $\boldsymbol{x}^*$ 为 $f(\boldsymbol{x})$ 的一个极小点，$f(\boldsymbol{x})$ 在 $\boldsymbol{x}^*$ 的一个邻域内三阶连

续可微. 若 $\boldsymbol{G}^* = \nabla^2 f(\boldsymbol{x}^*) > \boldsymbol{O}$, 则有:(1) 存在 $\delta > 0$, 在 $B_\delta(\boldsymbol{x}^*) = \{\boldsymbol{x} \mid \|\boldsymbol{x}-\boldsymbol{x}^*\| \leqslant \delta\}$ 内,牛顿法公式有定义,即当 $\boldsymbol{x}_0 \in B_\delta(\boldsymbol{x}^*)$ 时 $\boldsymbol{x}_k \in B_\delta(\boldsymbol{x}^*)$, $\forall k$; (2) $\|\boldsymbol{x}_{k+1} - \boldsymbol{x}^*\| = O(\|\boldsymbol{x}_k - \boldsymbol{x}^*\|^2)$, $k = 0, 1, 2, \cdots$.

证明 分析准备 因为 $f(\boldsymbol{x})$ 在 $\boldsymbol{x}^*$ 的一个球邻域 $O(\boldsymbol{x}^*, \delta)$ 内三阶连续可微,所以梯度 $\nabla f(\boldsymbol{x})$ 的每个分量函数在 $O(\boldsymbol{x}^*, \delta)$ 内二阶连续可微. 对于 $y \in O\left(\boldsymbol{x}^*, \dfrac{\delta}{2}\right)$, 梯度 $\nabla f(\boldsymbol{x})$ 的每个分量函数球邻域在 $O\left(\boldsymbol{y}, \dfrac{\delta}{2}\right)$ 内 Lagrange 余项型二阶 Taylor 公式成立,并且可写成向量形式的等式:

$$\nabla f(\boldsymbol{x}^*) = \nabla f(\boldsymbol{y}) + \nabla^2 f(\boldsymbol{y})(\boldsymbol{x}^* - \boldsymbol{y}) + \boldsymbol{h}(\boldsymbol{x}^* - \boldsymbol{y}). \tag{5.17}$$

其中向量函数 $\boldsymbol{h}(\boldsymbol{x}^* - \boldsymbol{y})$ 的每个分量是一个形如 $(\boldsymbol{x}^* - \boldsymbol{y})^{\mathrm{T}} \boldsymbol{H}_y (\boldsymbol{x}^* - \boldsymbol{y})$ 的二次型,而 $\boldsymbol{H}_y$ 是与 $\boldsymbol{y}$ 有关的矩阵,且关于 $\boldsymbol{y} \in O\left(\boldsymbol{x}^*, \dfrac{\delta}{2}\right)$, $\|\boldsymbol{H}_y\|$ 一致有界.

初始点的选取和迭代不等式 因 $\nabla^2 f(\boldsymbol{x}^*) > 0$, 存在 $\beta > 0$, 在球邻域 $O(\boldsymbol{x}^*, \beta)$ 内有 $\nabla^2 f(\boldsymbol{x}) > 0$, 且存在 $M > 0$, 在球邻域 $O(\boldsymbol{x}^*, \beta)$ 内, $\|(\nabla^2 f(\boldsymbol{x}))^{-1}\| \leqslant M$. 同时不妨设上一段分析准备的结论在 $O\left(\boldsymbol{x}^*, \dfrac{\beta}{2}\right)$ 内成立. 对于 $k = 0, 1, 2, \cdots$, 当 $\boldsymbol{x}_k \in O\left(\boldsymbol{x}^*, \dfrac{\beta}{2}\right)$, 有 $\nabla^2 f(\boldsymbol{x}_k) > 0$, 由上一段的分析准备,首先有,

$$\nabla f(\boldsymbol{x}^*) = \nabla f(\boldsymbol{x}_k) + \nabla^2 f(\boldsymbol{x}_k)(\boldsymbol{x}^* - \boldsymbol{x}_k) + h(\boldsymbol{x}^* - \boldsymbol{x}_k) \tag{5.18}$$

由于 $\boldsymbol{x}^*$ 为 $f(\boldsymbol{x})$ 的一个极小点而致 $\nabla f(\boldsymbol{x}^*) = 0$, 以及 $\boldsymbol{s}_k = -(\nabla^2 f(\boldsymbol{x}_k))^{-1} \nabla f(\boldsymbol{x}_k)$, 进而有

$$\begin{aligned} 0 &= (\nabla^2 f(\boldsymbol{x}_k))^{-1} \nabla f(\boldsymbol{x}_k) - (\boldsymbol{x}_k - \boldsymbol{x}^*) + (\nabla^2 f(\boldsymbol{x}_k))^{-1} \boldsymbol{h}(\boldsymbol{x}^* - \boldsymbol{x}_k) \\ &= -\boldsymbol{s}_k - \boldsymbol{x}_k + \boldsymbol{x}^* + (\nabla^2 f(\boldsymbol{x}_k))^{-1} \boldsymbol{h}(\boldsymbol{x}^* - \boldsymbol{x}_k). \end{aligned}$$

因 $\boldsymbol{x}_{k+1} = \boldsymbol{x}_k + \boldsymbol{s}_k$, 从而导出

$$\boldsymbol{x}_{k+1} - \boldsymbol{x}^* = (\nabla^2 f(\boldsymbol{x}_k))^{-1} \boldsymbol{h}(\boldsymbol{x}^* - \boldsymbol{x}_k). \tag{5.19}$$

向量函数 $\boldsymbol{h}(\boldsymbol{x}^* - \boldsymbol{y})$ 的每个分量是一个形如 $(\boldsymbol{x}^* - \boldsymbol{y})^{\mathrm{T}} \boldsymbol{H}_y (\boldsymbol{x}^* - \boldsymbol{y})$ 的二次型,而 $\boldsymbol{H}_y$ 是与 $\boldsymbol{y}$ 有关的矩阵,且存在正数 L, 关于 $\boldsymbol{y} \in O\left(\boldsymbol{x}^*, \dfrac{\beta}{2}\right)$, 一致有 $\|\boldsymbol{H}_y\| \leqslant L$, 从而有,当 $\boldsymbol{x}_k \in O\left(\boldsymbol{x}^*, \dfrac{\beta}{2}\right)$ 时, $\|\boldsymbol{h}(\boldsymbol{x}^* - \boldsymbol{x}_k)\| \leqslant L \|\boldsymbol{x}^* - \boldsymbol{x}_k\|^2$. 而在球邻域

$O(\boldsymbol{x}^*, \beta)$ 内，$\|(\nabla^2 f(\boldsymbol{x}))^{-1}\| \leqslant M$，这样由式(5.19)导出，当 $\boldsymbol{x}_k \in O\left(\boldsymbol{x}^*, \dfrac{\beta}{2}\right)$ 时，有

$$\|\boldsymbol{x}_{k+1} - \boldsymbol{x}^*\| \leqslant ML \|\boldsymbol{x}_k - \boldsymbol{x}^*\|^2. \tag{5.20}$$

递推归纳 若取 $\boldsymbol{x}_0 \in O\left(\boldsymbol{x}^*, \dfrac{\beta}{2}\right)$，由式(5.20)有，$\|\boldsymbol{x}_1 - \boldsymbol{x}^*\| \leqslant ML\|\boldsymbol{x}_0 - \boldsymbol{x}^*\|^2 \leqslant \dfrac{ML\beta^2}{4} < \dfrac{ML\beta^2}{2}$. 易见若缩小正数 β，则上一段得到的正常数 M, L 依然有效，以下保持正常数 M, L 不变，而缩小正数 β 致使

$$\beta < 1,\ ML\beta < 1. \tag{5.21}$$

这样就有 $\|\boldsymbol{x}_1 - \boldsymbol{x}^*\| \leqslant ML\|\boldsymbol{x}_0 - \boldsymbol{x}^*\|^2 < \dfrac{ML\beta^2}{2} < \dfrac{\beta}{2}$. 由递推归纳法得到，当 $\boldsymbol{x}_k \in O\left(\boldsymbol{x}^*, \dfrac{\beta}{2}\right)$ 时有

$$\|\boldsymbol{x}_{k+1} - \boldsymbol{x}^*\| \leqslant ML\|\boldsymbol{x}_k - \boldsymbol{x}^*\|^2 \leqslant \frac{ML\beta^2}{2} < \frac{\beta}{2}. \tag{5.22}$$

同时，因 $ML\beta < 1$，有

$$\begin{aligned}\|\boldsymbol{x}_{k+1} - \boldsymbol{x}^*\| &\leqslant ML\|\boldsymbol{x}_k - \boldsymbol{x}^*\|^2 < ML\beta\|\boldsymbol{x}_k - \boldsymbol{x}^*\| \\ &< \cdots < (ML\beta)^{k+1}\|x_0 - \boldsymbol{x}^*\| \to 0.\end{aligned} \tag{5.23}$$

令常数 $C = ML$，只要 $\boldsymbol{x}_0 \in O\left(\boldsymbol{x}^*, \dfrac{\beta}{2}\right)$，由式(5.22)可知，对 $k = 0, 1, 2, \cdots$，$\boldsymbol{x}_k \in O\left(\boldsymbol{x}^*, \dfrac{\beta}{2}\right)$，且 $\|\boldsymbol{x}_{k+1} - \boldsymbol{x}^*\| \leqslant C\|\boldsymbol{x}_k - \boldsymbol{x}^*\|^2$，而由式(5.23)可知，$\|\boldsymbol{x}_k - \boldsymbol{x}^*\| \to 0$. 所以，$\{\boldsymbol{x}_k\}$ 在 $O\left(\boldsymbol{x}^*, \dfrac{\beta}{2}\right)$ 内以二阶收敛速度收敛到 $\boldsymbol{x}^*$.

5.4 共轭方向法

虽然最速下降法具有全局收敛性，但是收敛速度慢. 而牛顿法虽然达到二阶收敛速度，但是一般只具有局部收敛性. 它们共同的局限性是仅在迭代点的充分小的球邻域内施展初等分析工具，那就是一阶和二阶 Taylor 公式. 显然，对于最速下

降法的改进应该希望冲出迭代点的充分小的球邻域的局限性，从而使得线搜索有更大的步长，同时应设法使得前后两次搜索的方向不再正交，少走弯路. 这一改进工作的最基本和实用的部分要在本节和下一节加以介绍，即要讲共轭方向法和共轭梯度法. 而对于牛顿法的改进，显然希望简化每次迭代时的 Hassen 矩阵的逆矩阵的计算，并希望在更一般的情况下具有全局收敛性. 这一改进工作的最基本和实用的部分要在稍后的 5.7 节加以介绍，即要讲拟牛顿法.

这一节讲共轭方向法. 与线搜索法的不同在于共轭方向法是从一个可行点出发依次沿一组搜索方向行进，最后到达下一个合适的可行点，使得目标函数值下降. 以下先定义关于一个对称正定矩阵 $\boldsymbol{G}$ 的一组共轭方向.

定义 5.4.1 设 $\boldsymbol{G}$ 为 n 阶对称正定矩阵，$\boldsymbol{p}_1, \boldsymbol{p}_2, \cdots, \boldsymbol{p}_k \in \mathbf{R}^n \backslash \{\mathbf{0}\}$，如果

$$\boldsymbol{p}_i^{\mathrm{T}} \boldsymbol{G} \boldsymbol{p}_j = 0, \ \forall i \neq j, \ i, j = 1, 2, \cdots, k \tag{5.24}$$

则称 $\boldsymbol{p}_1, \boldsymbol{p}_2, \cdots, \boldsymbol{p}_k$ 是一组关于 $\boldsymbol{G}$ 的共轭方向.

以下这些有用的注都很容易利用高等代数知识加以说明.

注 1：若 $\boldsymbol{p}, \boldsymbol{q} \in \mathbf{R}^n \backslash \{\mathbf{0}\}$，满足 $\boldsymbol{p}^{\mathrm{T}} \boldsymbol{q} = 0$，即 $\boldsymbol{p}, \boldsymbol{q}$ 是相互正交的. 若记 $\boldsymbol{G} = \boldsymbol{I}$（$\boldsymbol{I}$ 表示 $\boldsymbol{n}$ 阶恒等矩阵），则有 $\boldsymbol{p}^{\mathrm{T}} \boldsymbol{G} \boldsymbol{q} = \boldsymbol{p}^{\mathrm{T}} \boldsymbol{I} \boldsymbol{q} = 0$. 于是可知，相互正交的非零向量是关于恒等矩阵共轭的.

注 2：设 $\boldsymbol{G}$ 为 n 阶对称正定矩阵. 如果 $\boldsymbol{p}_1, \boldsymbol{p}_2, \cdots, \boldsymbol{p}_k$ 是一组关于 $\boldsymbol{G}$ 的共轭方向，则 $\boldsymbol{p}_1, \boldsymbol{p}_2, \cdots, \boldsymbol{p}_k$ 是线性无关的，于是有 $k \leqslant n$.

注 3：设 $\boldsymbol{G}$ 为 n 阶对称正定矩阵. 如果 $\boldsymbol{p}_1, \boldsymbol{p}_2, \cdots, \boldsymbol{p}_n$ 是一组关于 $\boldsymbol{G}$ 的共轭方向，则 $\boldsymbol{p}_1, \boldsymbol{p}_2, \cdots, \boldsymbol{p}_k$ 是 $\mathbf{R}^n$ 的一组基向量.

注 4：设 $\boldsymbol{G}$ 为 n 阶对称正定矩阵. 如果 $\boldsymbol{p}_1, \boldsymbol{p}_2, \cdots, \boldsymbol{p}_n$ 是一组关于 $\boldsymbol{G}$ 的共轭方向，设 $\boldsymbol{v} \in \mathbf{R}^n$，若 $\boldsymbol{v}^{\mathrm{T}} \boldsymbol{G} \boldsymbol{p}_i = 0, \ \forall i = 1, 2, \cdots, n$，则 $\boldsymbol{v} = \mathbf{0}$.

注 5：设 $\boldsymbol{x}_1 \in \mathbf{R}^n$，$n$ 维向量 $\boldsymbol{p}_1, \boldsymbol{p}_2, \cdots, \boldsymbol{p}_k \in \mathbf{R}^n$ 线性无关，则称

$$\boldsymbol{H}_k = \left\{ \boldsymbol{x} \,\middle|\, \boldsymbol{x} = \boldsymbol{x}_1 + \sum_{i=1}^{k} \alpha_i \boldsymbol{p}_i, \ \alpha_i \in \mathbf{R}^1, \ i = 1, 2, \cdots, k \right\} \tag{5.25}$$

是 $\mathbf{R}^n$ 中的 k 维超平面. 显然 $\boldsymbol{H}_k$ 是凸集. 而 $S = \left\{ (\alpha_1, \cdots, \alpha_k)^{\mathrm{T}} \,\middle|\, \boldsymbol{x}_1 + \sum_{i=1}^{k} \alpha_i \boldsymbol{p}_i \in \mathbf{R}^n \right\}$ 是一个 k 维线性空间.

注 6：$\boldsymbol{H}_n = \mathbf{R}^n$.

定理 5.4.1 假设函数 $f(\boldsymbol{x})$ 在 $\mathbf{R}^n$ 上是严格凸和连续可微的. 又设 $\boldsymbol{x}_1 \in \mathbf{R}^n$，$\boldsymbol{p}_1, \boldsymbol{p}_2, \cdots, \boldsymbol{p}_k (\in \mathbf{R}^n)$ 是线性无关的. 则 $\boldsymbol{x}_{k+1} = \boldsymbol{x}_1 + \sum_{i=1}^{k} \bar{\alpha}_i \boldsymbol{p}_i$ 是 $\min_{\boldsymbol{H}_k} f(\boldsymbol{x})$ 的唯一

最优点的充分必要条件是 $\boldsymbol{p}_i^{\mathrm{T}}\boldsymbol{g}_{k+1}=0$, $i=1, 2, \cdots, k$, 这里 $\boldsymbol{g}_{k+1}=\nabla f(\boldsymbol{x}_{k+1})$.

证明 构造以 $\alpha_1, \cdots, \alpha_k$ 为多元变量的严格凸和连续可微函数

$$\boldsymbol{h}(\alpha_1, \cdots, \alpha_k)=f\Big(\boldsymbol{x}_1+\sum_{i=1}^{k}\alpha_i\boldsymbol{p}_i\Big).$$

因 $\boldsymbol{p}_1, \boldsymbol{p}_2, \cdots, \boldsymbol{p}_k (\in \mathbf{R}^n)$ 是线性无关的,所以在映射 $\boldsymbol{x}=\boldsymbol{x}_1+\sum\limits_{i=1}^{k}\alpha_i\boldsymbol{p}_i$ 下, $\boldsymbol{S}$ 与 $\boldsymbol{H}_k$ 是同构的,求解 $\min\limits_{\boldsymbol{H}_k} f(\boldsymbol{x})$ 与求解 $\boldsymbol{h}(\alpha_1, \cdots, \alpha_k)$ 的无约束全局优化问题是等价的. 由初等微积分可知,求解 $\min\limits_{\mathbf{R}^k}\boldsymbol{h}(\alpha_1, \cdots, \alpha_k)$ 等价于求解方程 $\nabla\boldsymbol{h}(\alpha_1, \cdots, \alpha_k)=0$. 但是计算表明

$$\nabla\boldsymbol{h}(\alpha_1, \cdots, \alpha_k)=(\boldsymbol{p}_1^{\mathrm{T}}\boldsymbol{g}_{k+1}, \cdots, \boldsymbol{p}_k^{\mathrm{T}}\boldsymbol{g}_{k+1})^{\mathrm{T}}_{\boldsymbol{x}=\boldsymbol{x}_1+\sum\limits_{i=1}^{k}\alpha_i\boldsymbol{p}_i}.$$

所以, $\boldsymbol{x}_{k+1}=\boldsymbol{x}_1+\sum\limits_{i=1}^{k}\bar{\alpha}_i\boldsymbol{p}_i$ 是 $\min\limits_{\boldsymbol{H}_k} f(\boldsymbol{x})$ 的唯一最优点的充分必要条件是 $\boldsymbol{p}_i^{\mathrm{T}}\boldsymbol{g}_{k+1}=0$, $i=1, 2, \cdots, k$, 这里 $\boldsymbol{g}_{k+1}=\nabla f(\boldsymbol{x}_{k+1})$.

以下针对正定二次函数 $f(\boldsymbol{x})=\dfrac{1}{2}\boldsymbol{x}^{\mathrm{T}}\boldsymbol{G}\boldsymbol{x}+\boldsymbol{b}^{\mathrm{T}}\boldsymbol{x}+c$ 的无约束优化问题来设计共轭方向算法,所进行的工作是基于以下基本定理和上面的注 6.

定理 5.4.2(共轭方向法基本定理) 设 $\boldsymbol{G}>\boldsymbol{O}$. 又设 $f(\boldsymbol{x})=\dfrac{1}{2}\boldsymbol{x}^{\mathrm{T}}\boldsymbol{G}\boldsymbol{x}+\boldsymbol{b}^{\mathrm{T}}\boldsymbol{x}+c$ 按下述方式得到了点 $\boldsymbol{x}_1, \boldsymbol{x}_2, \cdots, \boldsymbol{x}_{k+1}$: $\boldsymbol{x}_1$ 是任给的初始点,对于 $i=1, 2, \cdots, k$, 要求 $\boldsymbol{p}_i$ 是从 $\boldsymbol{x}_i$ 出发的 $f(\boldsymbol{x})$ 的下降方向,沿 $\boldsymbol{p}_i$ 进行一维搜索,得到 $\boldsymbol{x}_{i+1}=\boldsymbol{x}_i+\alpha_i\boldsymbol{p}_i$, 同时要求 $\boldsymbol{p}_1, \boldsymbol{p}_2, \cdots, \boldsymbol{p}_k$ 关于 $\boldsymbol{G}$ 共轭. 若如此, 则有: (i) $\boldsymbol{p}_i^{\mathrm{T}}\boldsymbol{g}_{k+1}=0$, $i=1, 2, \cdots, k$; (ii) $\boldsymbol{x}_{k+1}$ 是 $f(\boldsymbol{x})$ 在 $\boldsymbol{H}_k$ 上的全局极小点.

证明 由于 $\boldsymbol{p}_1, \boldsymbol{p}_2, \cdots, \boldsymbol{p}_k$ 关于 $\boldsymbol{G}$ 共轭, 以及 $\boldsymbol{x}_{i+1}=\boldsymbol{x}_i+\alpha_i\boldsymbol{p}_i$, $\boldsymbol{g}_i=\boldsymbol{G}\boldsymbol{x}_i+\boldsymbol{b}$, $i=1, 2, \cdots, k+1$, 结论 (i) 可由以下数学推导而得出:对于 $i=1, 2, \cdots, k$,

$$\begin{aligned}
\boldsymbol{p}_i^{\mathrm{T}}\boldsymbol{g}_{k+1}&=\boldsymbol{p}_i^{\mathrm{T}}\boldsymbol{g}_{i+1}+\sum_{j=i+1}^{k}\boldsymbol{p}_i^{\mathrm{T}}(\boldsymbol{g}_{j+1}-\boldsymbol{g}_j)\\
&=\boldsymbol{p}_i^{\mathrm{T}}\boldsymbol{g}_{i+1}+\sum_{j=i+1}^{k}\boldsymbol{p}_i^{\mathrm{T}}\boldsymbol{G}(\boldsymbol{x}_{j+1}-\boldsymbol{x}_j)\\
&=\boldsymbol{p}_i^{\mathrm{T}}\boldsymbol{g}_{i+1}+\sum_{j=i+1}^{k}\alpha_j\boldsymbol{p}_i^{\mathrm{T}}\boldsymbol{G}\boldsymbol{p}_j\\
&=\boldsymbol{p}_i^{\mathrm{T}}\boldsymbol{g}_{i+1}=0.
\end{aligned}$$

以上，注意到 $\boldsymbol{x}_{i+1}$ 是 $f(\boldsymbol{x})=\frac{1}{2}\boldsymbol{x}^{\mathrm{T}}\boldsymbol{G}\boldsymbol{x}+\boldsymbol{b}^{\mathrm{T}}\boldsymbol{x}+c$ 从 $\boldsymbol{x}_i$ 出发沿着下降方向 $\boldsymbol{p}_i$ 进行一维搜索后得到，所以有 $\left.\frac{\mathrm{d}f(\boldsymbol{x}_i+\alpha\boldsymbol{p}_i)}{\mathrm{d}\alpha}\right|_{\alpha=\alpha_i}=0$，即有 $\boldsymbol{p}_i^{\mathrm{T}}\boldsymbol{g}_{i+1}=\boldsymbol{p}_i^{\mathrm{T}}\nabla f(\boldsymbol{x}_i+\alpha_i\boldsymbol{p}_i)=0$. 结论 (ii) 可由以上定理 5.4.1 的结论得到.

注：定理 5.4.3 表明，共轭方向算法有二次终止性.

定理 5.4.3　在上述共轭方向法基本定理中，若 $k=n$，则 $\boldsymbol{x}_{n+1}$ 是 $f(\boldsymbol{x})=\frac{1}{2}\boldsymbol{x}^{\mathrm{T}}\boldsymbol{G}\boldsymbol{x}+\boldsymbol{b}^{\mathrm{T}}\boldsymbol{x}+c$ 在 $\mathbf{R}^n$ 上的全局最小点.

证明　由定理 5.4.2 可知，$\boldsymbol{x}_{n+1}$ 是 $f(\boldsymbol{x})$ 在 $\boldsymbol{H}_n$ 上的全局极小点，而由于 $\boldsymbol{H}_n\subset\mathbf{R}_n$ 且 $\boldsymbol{H}_n$ 是 n 维线性空间，导致 $\boldsymbol{H}_n=\mathbf{R}_n$. 所以，$\boldsymbol{x}_{n+1}$ 是 $f(\boldsymbol{x})=\frac{1}{2}\boldsymbol{x}^{\mathrm{T}}\boldsymbol{G}\boldsymbol{x}+\boldsymbol{b}^{\mathrm{T}}\boldsymbol{x}+c$ 在 $\mathbf{R}^n$ 上的全局最小点.

算法 5.4.1　(i) $\boldsymbol{x}_0\in\mathbf{R}^n$，$0<\varepsilon\ll 1$，$\boldsymbol{g}_0=\boldsymbol{G}\boldsymbol{x}_0+\boldsymbol{b}$，$\boldsymbol{p}_0=-\boldsymbol{g}_0$，$k=0$.

(ii) 若 $\|\boldsymbol{g}_k\|\leqslant\varepsilon$，则取 $\boldsymbol{x}^*=\boldsymbol{x}_0$，停.

(iii) $\alpha_k=\frac{-\boldsymbol{g}_k^{\mathrm{T}}\boldsymbol{p}_k}{\boldsymbol{p}_k^{\mathrm{T}}\boldsymbol{G}\boldsymbol{p}_k}$，　$\boldsymbol{x}^{(k+1)}=\boldsymbol{x}^{(k)}+\alpha_k\boldsymbol{p}_k$，

计算 $\boldsymbol{g}_{k+1}=\boldsymbol{G}\boldsymbol{x}^{(k+1)}+\boldsymbol{b}$，并取共轭方向

$$\boldsymbol{p}_{k+1}:\ \boldsymbol{p}_{k+1}^{\mathrm{T}}\boldsymbol{g}_{k+1}<0,\quad \boldsymbol{p}_i^{\mathrm{T}}\boldsymbol{G}\boldsymbol{p}_{k+1}=0,\ i=1,2,\cdots,k.$$

(iv) $k=k+1$，转入 (ii).

例 5.4.1　用共轭方向法求解

$$\min f(\boldsymbol{x})=x_1^2-x_1x_2+x_2^2+2x_1-4x_2,$$
$$\boldsymbol{x}_0=(2,2)^{\mathrm{T}}.$$

解

$$\boldsymbol{G}=\begin{bmatrix}2&-1\\-1&2\end{bmatrix},\ \boldsymbol{g}(\boldsymbol{x})=(2x_1-x_2+2,\ 2x_2-x_1-4)^{\mathrm{T}},$$
$$\boldsymbol{x}_0=(2,2)^{\mathrm{T}}\Rightarrow\boldsymbol{g}_0=(4,-2)^{\mathrm{T}}\Rightarrow\boldsymbol{p}_0=-\boldsymbol{g}_0=(-4,2)^{\mathrm{T}}.$$

$$\alpha_0=\frac{\boldsymbol{g}_0^{\mathrm{T}}\boldsymbol{g}_0}{\boldsymbol{g}_0^{\mathrm{T}}\boldsymbol{G}\boldsymbol{g}_0}=\frac{5}{14}\Rightarrow\boldsymbol{x}_1=\boldsymbol{x}_0+\alpha_0\boldsymbol{p}_0=\begin{bmatrix}\frac{4}{7}\\\frac{19}{7}\end{bmatrix},$$

$$\boldsymbol{g}_1=\boldsymbol{g}(\boldsymbol{x}_1)=\begin{pmatrix}\dfrac{3}{7}\\[2mm]\dfrac{6}{7}\end{pmatrix}$$

令 $\boldsymbol{p}_1=\begin{pmatrix}a\\b\end{pmatrix}$, $(a,b)\begin{pmatrix}2&-1\\-1&2\end{pmatrix}\begin{pmatrix}-4\\2\end{pmatrix}=0$, $\dfrac{3a}{7}+\dfrac{6b}{7}<0\Rightarrow a=-8, b=-10.$

$$\alpha_1=\frac{-\boldsymbol{g}_1^{\mathrm{T}}\boldsymbol{p}_1}{\boldsymbol{p}_1^{\mathrm{T}}\boldsymbol{G}\boldsymbol{p}_1}=\frac{1}{14},\ \boldsymbol{x}_2=\boldsymbol{x}_1+\alpha_1\boldsymbol{p}_1=\begin{pmatrix}0\\2\end{pmatrix},$$

$$\boldsymbol{g}_2=\boldsymbol{g}(\boldsymbol{x}_2)=\begin{pmatrix}0\\0\end{pmatrix}.$$

所以，$\boldsymbol{x}^*=(0,2)^{\mathrm{T}}$ 是上述无约束优化的最优点.

5.5 共轭梯度法

共轭梯度法是在实际应用中实现共轭方向法的思想，以便应用于一般的连续可微函数的无约束优化问题. 5.4 节的共轭方向算法基本定理设想在得到迭代点 $\boldsymbol{x}^{(k)}$ 后，寻求一组共轭方向，然后在由共轭方向形成的超平面上进行搜索，这对于正定二次函数的无约束优化是可行的，例如，在 $\mathbf{R}^n$ 上，对给定 $\boldsymbol{G}>\boldsymbol{O}$，可仿照高等代数中正交向量的形成方法得到一组关于 $\boldsymbol{G}$ 的共轭方向. 但是由于计算量和计算机储存量较大，这样的做法仅具有一定的理论意义. 而在实际操作中，是在得到迭代点 $\boldsymbol{x}_k$ 的同时求得下一个搜索方向 $\boldsymbol{p}_k$，使得 $\boldsymbol{p}_0$，$\boldsymbol{p}_1$，…，$\boldsymbol{p}_k$ 是一组共轭方向. 这在以上处理正定二次函数的无约束优化的算法 5.4.1 中体现出来. 但是算法5.4.1 并没有提供有效的操作办法，本节利用高等代数中构造正交补的方式来获得搜索方向 $\boldsymbol{p}_k$，使得 $\boldsymbol{p}_0$，$\boldsymbol{p}_1$，…，$\boldsymbol{p}_k$ 是一组共轭方向. 这样的在正定二次函数上试验成功的共轭方向算法用到一般非线性函数时可考虑一步一步形成关于迭代点的 Hessen矩阵的共轭方向，这一方法称为共轭梯度法.

以下针对正定二次函数 $f(\boldsymbol{x})=\dfrac{1}{2}\boldsymbol{x}^{\mathrm{T}}\boldsymbol{G}\boldsymbol{x}+\boldsymbol{b}^{\mathrm{T}}\boldsymbol{x}+c$ 的无约束优化说明如何在迭代过程中形成关于迭代点的 Hessen 矩阵的共轭方向.

对于任意给定的初始点 $\boldsymbol{x}_0$，总假定 $\boldsymbol{g}_0=\nabla f(\boldsymbol{x}_0)\neq\boldsymbol{0}$. 在这个出发点选择最速下降方向作为搜索方向，即 $\boldsymbol{p}_0=-\boldsymbol{g}_0$. 对任意给定的正整数 k，以下用数学归纳方法. 假定已得到 $k-1$ 个点 $\boldsymbol{x}_1$，$\boldsymbol{x}_2$，…，$\boldsymbol{x}_{k-1}$ 和相应的关于 $\boldsymbol{G}$ 的搜索方向 $\boldsymbol{p}_1$，$\boldsymbol{p}_2$，

…, $\boldsymbol{p}_{k-1}$ 使得 $\boldsymbol{p}_0$, $\boldsymbol{p}_1$, $\boldsymbol{p}_2$, …, $\boldsymbol{p}_{k-1}$ 为一组关于 $\boldsymbol{G}$ 的共轭方向,同时,对于 $i = 1$, 2, …, $k-1$, $\boldsymbol{p}_i$ 是 $f(\boldsymbol{x})$ 从 $\boldsymbol{x}_i$ 出发的下降方向,而 $\boldsymbol{x}_{i+1} = \boldsymbol{x}_i + \alpha_i \boldsymbol{p}_i$, 这里 $\alpha_i > 0$ 是 $f(\boldsymbol{x})$ 从 $\boldsymbol{x}_i$ 出发沿 $\boldsymbol{p}_i$ 进行一维搜索的步长,即满足 $\boldsymbol{p}_i^{\mathrm{T}}(\boldsymbol{G}(\boldsymbol{x}_i + \alpha_i \boldsymbol{p}_i) + \boldsymbol{b}) = \boldsymbol{0}$, 即

$$\alpha_i = \frac{-[\boldsymbol{p}_i^{\mathrm{T}}(\boldsymbol{G}\boldsymbol{x}_i + \boldsymbol{b})]}{\boldsymbol{p}_i^{\mathrm{T}}\boldsymbol{G}\boldsymbol{p}}. \tag{5.26}$$

这样依次进行一维搜索后得到 $\boldsymbol{x}_k = \boldsymbol{x}_{k-1} + \alpha_{k-1}\boldsymbol{p}_{k-1}$. 若 $\boldsymbol{g}_k = \nabla f(\boldsymbol{x}_k) = \boldsymbol{0}$, 则显然 $\boldsymbol{x}_k$ 是正定二次函数 $f(\boldsymbol{x}) = \frac{1}{2}\boldsymbol{x}^{\mathrm{T}}\boldsymbol{G}\boldsymbol{x} + \boldsymbol{b}^{\mathrm{T}}\boldsymbol{x} + c$ 的全局最小点,可宣告搜索结束. 否则在 $\boldsymbol{g}_k \neq \boldsymbol{0}$ 的条件下继续寻找符合要求的搜索方向 $\boldsymbol{p}_k$. 引入线性空间

$$\boldsymbol{H}_k = \left\{\sum_{i=0}^{k-1}\beta_i \boldsymbol{p}_i \,\middle|\, \beta_i \in \mathbf{R}^1,\ i = 0, 1, \cdots, k-1\right\} \subset \mathbf{R}^n. \tag{5.27}$$

把 $\mathbf{R}^n$ 分解成 $\boldsymbol{H}_k$ 与它的共轭补(记为 $\boldsymbol{H}_k^{\perp_G}$)的直和(与欧氏空间分解成一个子集与其正交补的直和类似),这里 $\boldsymbol{H}_k^{\perp_G}$ 中的任一向量 $\boldsymbol{a}$ 与 $\boldsymbol{H}_k$ 中的任一向量 $\boldsymbol{b}$ 满足 $\boldsymbol{a}^{\mathrm{T}}\boldsymbol{G}\boldsymbol{b} = 0$. 这一直和分解可表示为

$$\mathbf{R}^n = \boldsymbol{H}_k \oplus \boldsymbol{H}_k^{\perp_G}. \tag{5.28}$$

由高等代数关于直和的性质可知 $-\boldsymbol{g}_k$ 可唯一地表示为

$$-\boldsymbol{g}_k = \boldsymbol{q}_1 + \boldsymbol{q}_2, \tag{5.29}$$

其中 $\boldsymbol{q}_1 \in \boldsymbol{H}_k$, $\boldsymbol{q}_2 \in \boldsymbol{H}_k^{\perp_G}$, 且有 $\boldsymbol{q}_2^{\mathrm{T}}\boldsymbol{G}\boldsymbol{p}_i = 0$, $i = 0, 1, \cdots, k-1$. 若取 $\boldsymbol{p}_k = \boldsymbol{q}_2$, 则有 $\boldsymbol{p}_k = \boldsymbol{q}_2 = -\boldsymbol{g}_k - \boldsymbol{q}_1$. 由于 $\boldsymbol{p}_0$, $\boldsymbol{p}_1$, $\boldsymbol{p}_2$, …, $\boldsymbol{p}_{k-1}$ 为一组关于 $\boldsymbol{G}$ 的共轭方向,所以 $\boldsymbol{p}_0$, $\boldsymbol{p}_1$, $\boldsymbol{p}_2$, …, $\boldsymbol{p}_{k-1}$ 线性无关,又因 $-\boldsymbol{q}_1 \in \boldsymbol{H}_k$, 从而存在实数 β_i, $i = 0, 1, 2$, …, $k-1$, 有以下的唯一表达式

$$-\boldsymbol{q}_1 = \sum_{i=0}^{k-1}\beta_i \boldsymbol{p}_i, \tag{5.30}$$

即有

$$\boldsymbol{p}_k = \boldsymbol{q}_2 = -\boldsymbol{g}_k - \boldsymbol{q}_1 = -\boldsymbol{g}_k + \sum_{i=0}^{k-1}\beta_i \boldsymbol{p}_i. \tag{5.31}$$

这样所需做的仅剩下决定实数 β_i, $i = 0, 1, 2, \cdots, k-1$.

引理 5.5.1

$$\beta_i = 0,\ i = 0, 1, 2, \cdots, k-2;$$

$$\beta_{k-1} = \frac{\boldsymbol{g}_k^{\mathrm{T}}\boldsymbol{G}\boldsymbol{p}_{k-1}}{\boldsymbol{p}_{k-1}^{\mathrm{T}}\boldsymbol{G}\boldsymbol{p}_{k-1}}.$$

证明 若把上述关于正整数 k 的工作同样施加于 $j \in \{0, 1, 2, \cdots k-1\}$，会有表达式

$$\boldsymbol{p}_j = -\boldsymbol{g}_j + \sum_{i=0}^{j-1} \beta_{ij} \boldsymbol{p}_i, \tag{5.32}$$

尽管此引理的证明中无须求得实数 β_{ij}，$j = 0, 1, 2, \cdots, k-1$；$i = 0, 1, \cdots, j-1$. 在式(5.32)两边左乘 $\boldsymbol{g}_j^{\mathrm{T}}$，并应用共轭方向法基本定理 5.4.2，可得到

$$\boldsymbol{g}_j^{\mathrm{T}} \boldsymbol{p}_j = -\boldsymbol{g}_j^{\mathrm{T}} \boldsymbol{g}_j. \tag{5.33}$$

同样由共轭方向法基本定理 5.4.2 可得到

$$\boldsymbol{g}_k^{\mathrm{T}} \boldsymbol{p}_j = 0, \ j = 0, 1, 2, k-1. \tag{5.34}$$

由式(5.34)，在式(5.32)两边左乘 $\boldsymbol{g}_k^{\mathrm{T}}$，可得到

$$\boldsymbol{g}_k^{\mathrm{T}} \boldsymbol{g}_j = 0, \ j = 0, 1, 2, \cdots, k-1. \tag{5.35}$$

类似地，当然也可在等式 $\boldsymbol{p}_k = -\boldsymbol{g}_k + \sum_{i=0}^{k-1} \beta_i \boldsymbol{p}_i$ 两边左乘 $\boldsymbol{g}_k^{\mathrm{T}}$ 而推导出

$$\boldsymbol{g}_k^{\mathrm{T}} \boldsymbol{p}_k = -\boldsymbol{g}_k^{\mathrm{T}} \boldsymbol{g}. \tag{5.36}$$

这样，因 $\boldsymbol{p}_0, \boldsymbol{p}_1, \boldsymbol{p}_2, \cdots, \boldsymbol{p}_{k-1}$ 为一组关于 $\boldsymbol{G}$ 的共轭方向，对于 $j = 0, 1, 2, \cdots, k-1$，在等式 $\boldsymbol{p}_k = -\boldsymbol{g}_k + \sum_{i=0}^{k-1} \beta_i \boldsymbol{p}_i$ 两边左乘 $\boldsymbol{p}_j^{\mathrm{T}} \boldsymbol{G}$，有

$$\begin{aligned} 0 = \boldsymbol{p}_j^{\mathrm{T}} \boldsymbol{G} \boldsymbol{p}_k &= -\boldsymbol{p}_j^{\mathrm{T}} \boldsymbol{G} \boldsymbol{g}_k + \sum_{i=0}^{k-1} \beta_i \boldsymbol{p}_j^{\mathrm{T}} \boldsymbol{G} \boldsymbol{p}_i \\ &= -\boldsymbol{p}_j^{\mathrm{T}} \boldsymbol{G} \boldsymbol{g}_k + \beta_i \boldsymbol{p}_j^{\mathrm{T}} \boldsymbol{G} \boldsymbol{p}_j. \end{aligned} \tag{5.37}$$

又 $\boldsymbol{x}_{j+1} = \boldsymbol{x}_j + \alpha_j \boldsymbol{p}_j$，因 $\boldsymbol{p}_j$ 是下降方向，$\alpha_j > 0$，从而有 $-\boldsymbol{p}_j^{\mathrm{T}} = -\dfrac{1}{\alpha_j} (\boldsymbol{x}_{j+1} - \boldsymbol{x}_j)^{\mathrm{T}}$，代入式(5.37)的第二行的第一项，又注意到 $(\boldsymbol{x}_{j+1} - \boldsymbol{x}_j)^{\mathrm{T}} \boldsymbol{G} = \boldsymbol{g}_{j+1}^{\mathrm{T}} - \boldsymbol{g}_j^{\mathrm{T}}$，可得到

$$\begin{aligned} 0 &= -\frac{1}{\alpha_j} (\boldsymbol{x}_{j+1} - \boldsymbol{x}_j)^{\mathrm{T}} \boldsymbol{G} \boldsymbol{g}_k + \beta_i \boldsymbol{p}_j^{\mathrm{T}} \boldsymbol{G} \boldsymbol{p}_j \\ &= -\frac{1}{\alpha_j} (\boldsymbol{g}_{j+1}^{\mathrm{T}} - \boldsymbol{g}_j^{\mathrm{T}}) \boldsymbol{g}_k + \beta_i \boldsymbol{p}_j^{\mathrm{T}} \boldsymbol{G} \boldsymbol{p}_j. \end{aligned} \tag{5.38}$$

这样当 $i = 0, 1, 2, \cdots, k-2$，由式(5.35)，式(5.38)，又因 $\boldsymbol{p}_j^{\mathrm{T}} \boldsymbol{G} \boldsymbol{p}_j > 0$，可知，$\beta_i = 0$. 而当 $i = k-1$，由式(5.37)，得到

$$\beta_{k-1}=\frac{\boldsymbol{p}_{k-1}^{\mathrm{T}}\boldsymbol{G}\boldsymbol{g}_k}{\boldsymbol{p}_{k-1}^{\mathrm{T}}\boldsymbol{G}\boldsymbol{p}_{k-1}}.$$

注1: 由引理5.5.1,结合式(5.31),可得到

$$\boldsymbol{p}_k=-\boldsymbol{g}_k+\beta_{k-1}\boldsymbol{p}_{k-1},$$

由数学归纳,只要上述寻找搜索方向的过程可进行,必有,对于 $j=0,1,2,\cdots,k-1$,

$$\boldsymbol{p}_j=-\boldsymbol{g}_j+\beta_{j-1}\boldsymbol{p}_{j-1}.$$

注2: 引理5.5.1中 β_{k-1} 的表达式中出现了Hessen矩阵 $\boldsymbol{G}$,当算法用于一般目标函数时会遇到繁杂的计算,以下改写 β_{k-1} 的表达式,使得矩阵 $\boldsymbol{G}$ 不出现,戏称隐型化.具体推导如下式:

$$\begin{aligned}\beta_{k-1}&=\frac{\boldsymbol{p}_{k-1}^{\mathrm{T}}\boldsymbol{G}\boldsymbol{g}_k}{\boldsymbol{p}_{k-1}^{\mathrm{T}}\boldsymbol{G}\boldsymbol{p}_{k-1}}=\frac{\dfrac{1}{\alpha_{k-1}}(\boldsymbol{x}_k-\boldsymbol{x}_{k-1})^{\mathrm{T}}\boldsymbol{G}\boldsymbol{g}_k}{\dfrac{1}{\alpha_{k-1}}(\boldsymbol{x}_k-\boldsymbol{x}_{k-1})^{\mathrm{T}}\boldsymbol{G}(-\boldsymbol{g}_{k-1}+\beta_{k-2}\boldsymbol{p}_{k-2})}\\&=\frac{(\boldsymbol{g}_k-\boldsymbol{g}_{k-1})^{\mathrm{T}}\boldsymbol{g}_k}{(\boldsymbol{g}_k-\boldsymbol{g}_{k-1})^{\mathrm{T}}(-\boldsymbol{g}_{k-1}+\beta_{k-2}\boldsymbol{p}_{k-2})}\\&=\frac{\boldsymbol{g}_k^{\mathrm{T}}\boldsymbol{g}_k}{\boldsymbol{g}_{k-1}^{\mathrm{T}}\boldsymbol{g}_{k-1}}.\end{aligned}\tag{5.39}$$

以上用到式(5.33)—式(5.36),也用到注1.

注: $\boldsymbol{p}_k=-\boldsymbol{g}_k+\beta_{k-1}\boldsymbol{p}_{k-1}$ 是下降方向.

证明 因为 $\boldsymbol{g}_k^{\mathrm{T}}\boldsymbol{p}_{k-1}=0$, $\boldsymbol{g}_k^{\mathrm{T}}\boldsymbol{g}_k>0$, 所以, $\boldsymbol{g}_k^{\mathrm{T}}\boldsymbol{p}_k=-\boldsymbol{g}_k^{\mathrm{T}}\boldsymbol{g}_k+\beta_{k-1}\boldsymbol{g}_k^{\mathrm{T}}\boldsymbol{p}_{k-1}=-\boldsymbol{g}_k^{\mathrm{T}}\boldsymbol{g}_k<0$. 这表明, $\boldsymbol{p}_k=-\boldsymbol{g}_k+\beta_{k-1}\boldsymbol{p}_{k-1}$ 是下降方向.

以下算法由Fletcher和Reeves于1964年提出,一般称为F-R共轭梯度法.

算法5.5.1(F-R共轭梯度算法)

(i) $\boldsymbol{x}_1\in\mathbf{R}^n$, $0<\varepsilon\ll 1$, $\boldsymbol{g}_1=\nabla f(\boldsymbol{x}_1)$, $k=1$.

(ii) 若 $\|\boldsymbol{g}_k\|\leqslant\varepsilon$, 则取 $\boldsymbol{x}^*=\boldsymbol{x}_k$, 停;否则,进入(iii).

(iii)

$$\beta_{k-1}=\begin{cases}0, & k=1;\\ \dfrac{\boldsymbol{g}_k^{\mathrm{T}}\boldsymbol{g}_k}{\boldsymbol{g}_{k-1}^{\mathrm{T}}\boldsymbol{g}_{k-1}}, & k>1.\end{cases}$$

计算 $\boldsymbol{p}_k=-\boldsymbol{g}_k+\beta_{k-1}\boldsymbol{p}_{k-1}$.

(iv) 定步长:

$$f(\boldsymbol{x}_k+\alpha_k\boldsymbol{p}_k)=\min_{\alpha\geqslant 0} f(\boldsymbol{x}_k+\alpha\boldsymbol{p}_k).$$

(v) $\boldsymbol{x}_{k+1}=\boldsymbol{x}_k+\alpha_k\boldsymbol{p}_k$, $k=k+1$, 转入 (ii).

例 5.5.1 用 F-R 共轭梯度算法求解以下无约束优化问题:

$$\min f(\boldsymbol{x})=x_1^2-x_1x_2+x_2^2+2x_1-4x_2,$$

$$\boldsymbol{x}^{(1)}=(2,\ 2)^{\mathrm{T}}.$$

解

$$\boldsymbol{G}=\begin{bmatrix}2 & -1\\ -1 & 2\end{bmatrix},\ g(\boldsymbol{x})=(2x_1-x_2+2,\ 2x_2-x_1-4)^{\mathrm{T}},$$

$$\boldsymbol{x}^{(1)}=(2,\ 2)^{\mathrm{T}}\Rightarrow \boldsymbol{g}_1=(4,\ -2)^{\mathrm{T}}\Rightarrow \boldsymbol{p}_1=-\boldsymbol{g}_1=(-4,\ 2)^{\mathrm{T}}.$$

$$\alpha_1=\frac{-\boldsymbol{g}_1^{\mathrm{T}}\boldsymbol{p}_1}{\boldsymbol{p}_1^{\mathrm{T}}\boldsymbol{G}\boldsymbol{p}_1}=\frac{5}{14}\Rightarrow \boldsymbol{x}^{(2)}=\boldsymbol{x}^{(1)}+\alpha_1\boldsymbol{p}_1=\begin{pmatrix}\frac{4}{7}\\ \frac{19}{7}\end{pmatrix}.$$

$$\boldsymbol{g}_2=g(\boldsymbol{x}^{(2)})=\begin{pmatrix}\frac{3}{7}\\ \frac{6}{7}\end{pmatrix},\ \beta_1=\frac{\boldsymbol{g}_2^{\mathrm{T}}\boldsymbol{g}_2}{\boldsymbol{g}_1^{\mathrm{T}}\boldsymbol{g}_1}=\frac{\frac{45}{49}}{20}=\frac{9}{196}.$$

$$\boldsymbol{p}_2=-\boldsymbol{g}_2+\beta_1\boldsymbol{p}_1=\begin{pmatrix}-\frac{3}{7}\\ -\frac{6}{7}\end{pmatrix}+\frac{9}{196}\begin{pmatrix}-4\\ 2\end{pmatrix}=\begin{pmatrix}-\frac{30}{49}\\ -\frac{75}{98}\end{pmatrix},$$

$$\alpha_2=\frac{-\boldsymbol{g}_2^{\mathrm{T}}\boldsymbol{p}_2}{\boldsymbol{p}_2^{\mathrm{T}}\boldsymbol{G}\boldsymbol{p}_2}=\frac{14}{15},\quad \boldsymbol{x}^{(3)}=\boldsymbol{x}^{(2)}+\alpha_2\boldsymbol{p}_2=\begin{pmatrix}\frac{4}{7}\\ \frac{19}{7}\end{pmatrix}+\frac{14}{15}\begin{pmatrix}-\frac{30}{49}\\ -\frac{75}{98}\end{pmatrix}=\begin{pmatrix}0\\ 2\end{pmatrix},$$

$$\boldsymbol{g}_3=g(\boldsymbol{x}^{(3)})=\begin{pmatrix}0\\ 0\end{pmatrix}.$$

所以, $\boldsymbol{x}^*=(0,\ 2)^{\mathrm{T}}$ 是上述无约束优化的最优点.

注: 因为 F-R 共轭梯度算法也是一类共轭方向算法,所以有二次终止性.

5.6 拟牛顿法

对于牛顿法的改进，要求简化每次迭代时的 Hassen 矩阵的逆矩阵的计算，并希望在更一般的情况下具有全局收敛性. 这一改进工作的最基础和实用部分就是这一节要讲的拟牛顿法.

把无约束最优化问题的最速下降法和牛顿法的迭代公式统一写成：

$$\boldsymbol{x}_{k+1}=\boldsymbol{x}_k+\alpha_k\boldsymbol{H}_k(-\boldsymbol{g}_k). \tag{5.40}$$

当 $\boldsymbol{H}_k=\boldsymbol{I}$ 时，上式是最速下降法的迭代公式，而若 $\boldsymbol{H}_k=\boldsymbol{G}_k^{-1}$（这里 $\boldsymbol{G}_k=\nabla^2 f(\boldsymbol{x}_k)$），且取步长因子 $\alpha_k\equiv 1$，上式则为牛顿法公式. 诚然要改进牛顿法，可在得到搜索方向 $\boldsymbol{G}_k^{-1}(-\boldsymbol{g}_k)$ 后不是简单选择 $\alpha_k\equiv 1$，而是进行一次一维搜索以决定步长因子，这可归入对于牛顿法的一类初步的改进.

更有意义的改进应该是处理 $\boldsymbol{G}_k^{-1}$，简化 $\boldsymbol{G}_k^{-1}$ 的计算，设法对 $\boldsymbol{G}_k^{-1}$ 进行估值. 拟牛顿法就是一类迭代估计 $\boldsymbol{G}_k^{-1}$ 的线搜索算法. 在这类算法中，都隐含迭代点处的 Hessen 矩阵 $\boldsymbol{G}_k=\nabla^2 f(\boldsymbol{x}_k)>\boldsymbol{O}$. 要在选择 $\boldsymbol{H}_k$ 上下功夫，要求：(1) $\boldsymbol{H}_k$ 对称正定；(2) $\boldsymbol{H}_k\approx\boldsymbol{G}_k^{-1}$；(3) 简化 $\boldsymbol{H}_k$ 的确定以代替 $\boldsymbol{G}_k^{-1}$ 的计算. 这里第(1)条要求可以保证 $\boldsymbol{p}_k=-\boldsymbol{H}_k\boldsymbol{g}_k$ 为下降方向. 这是由于 $\boldsymbol{H}_k>\boldsymbol{O}$, 从而有 $\nabla f(\boldsymbol{x}_k)\boldsymbol{p}_k=-\boldsymbol{g}_k^{\mathrm{T}}\boldsymbol{H}_k\boldsymbol{g}_k<0$. 这表明 $\boldsymbol{p}_k$ 为下降方向. 这里第(2),(3)条要求可以保证二阶 Taylor 公式逼近和减少计算量.

5.6.1 拟牛顿方程

假定已得到有关相邻两点 $\boldsymbol{x}_k$，$\boldsymbol{x}_{k+1}$ 的分析性质，超前应用目标函数在 $\boldsymbol{x}_{k+1}$ 的邻域内的二阶 Taylor 公式逼近：

$$f(\boldsymbol{x})\approx f(\boldsymbol{x}_{k+1})+\boldsymbol{g}_{k+1}^{\mathrm{T}}(\boldsymbol{x}-\boldsymbol{x}_{k+1})+\frac{1}{2}(\boldsymbol{x}-\boldsymbol{x}_{k+1})^{\mathrm{T}}\boldsymbol{G}_{k+1}(\boldsymbol{x}-\boldsymbol{x}_{k+1}), \tag{5.41}$$

在上式两边对 $f(\boldsymbol{x})$ 求梯度，得到

$$g(\boldsymbol{x})\approx\boldsymbol{g}_{k+1}+\boldsymbol{G}_{k+1}(\boldsymbol{x}-\boldsymbol{x}_{k+1}), \tag{5.42}$$

令 $\boldsymbol{x}=\boldsymbol{x}_k$ 有 $\boldsymbol{G}_{k+1}(\boldsymbol{x}_{k+1}-\boldsymbol{x}_k)\approx\boldsymbol{g}_{k+1}-\boldsymbol{g}_k$，或写成

$$\boldsymbol{G}_{k+1}^{-1}(\boldsymbol{g}_{k+1}-\boldsymbol{g}_k)\approx(\boldsymbol{x}_{k+1}-\boldsymbol{x}_k). \tag{5.43}$$

用下列方程模拟近似等式(5.43)，得到 $\boldsymbol{H}_{k+1}$ 以近似 $\boldsymbol{G}_{k+1}^{-1}$：

$$\boldsymbol{H}_{k+1}(\boldsymbol{g}_{k+1}-\boldsymbol{g}_k)=(\boldsymbol{x}_{k+1}-\boldsymbol{x}_k). \tag{5.44}$$

令 $\boldsymbol{y}_k = \boldsymbol{g}_{k+1} - \boldsymbol{g}_k$，$\boldsymbol{s}_k = \boldsymbol{x}_{k+1} - \boldsymbol{x}_k$，则方程(5.44)可写成

$$\boldsymbol{H}_{k+1}\boldsymbol{y}_k = \boldsymbol{s}_k. \tag{5.45}$$

上述等式称为拟牛顿方程.

上述看似在数学上不太严格的推导，在微观情况下可做的很严密，但这已不重要，数学家们看到了，这些分析思想所揭示的代数框架. 下面是这一用代数模拟微分的示意图：

$$\left.\begin{matrix}\boldsymbol{x}_k\\ \boldsymbol{g}_k\\ \boldsymbol{H}_k\end{matrix}\right\}\Rightarrow \boldsymbol{x}_{k+1}\Rightarrow\left\{\begin{matrix}\boldsymbol{y}_k\\ \boldsymbol{s}_k\end{matrix}\right\}\Rightarrow \boldsymbol{H}_{k+1}. \tag{5.46}$$

上述示意图揭示了形成拟牛顿方程的主要步骤：设 $\boldsymbol{x}_k$，$\boldsymbol{g}_k$，$\boldsymbol{H}_k$ 已得到.

(1) $\boldsymbol{p}_k = -\boldsymbol{H}_k\boldsymbol{g}_k$；

(2) 由 $f(\boldsymbol{x}_k + \alpha_k\boldsymbol{p}_k) = \min\limits_{\alpha\geqslant 0} f(\boldsymbol{x}_k + \alpha\boldsymbol{p}_k)$ 得到 $\boldsymbol{x}_{k+1} = \boldsymbol{x}_k + \alpha_k\boldsymbol{p}_k$，从而有 $\boldsymbol{g}_{k+1} = \nabla f(\boldsymbol{x}_{k+1})$，进而得到 $\boldsymbol{s}_k = \boldsymbol{x}_{k+1} - \boldsymbol{x}_k$，$\boldsymbol{y}_k = \boldsymbol{g}_{k+1} - \boldsymbol{g}_k$.

(3) 求解拟牛顿方程，解得 $\hat{\boldsymbol{H}}$，满足 $\hat{\boldsymbol{H}}\boldsymbol{y}_k = \boldsymbol{s}_k$，令 $\boldsymbol{H}_{k+1} = \hat{\boldsymbol{H}}$.

但是拟牛顿方程不好解，它有 n 个方程，$\dfrac{n(n-1)}{2}$ 个未知元，是个不定方程. 于是，数学家的任务就是如何由 $\boldsymbol{y}_k$，$\boldsymbol{s}_k$，$\boldsymbol{H}_k$，借助拟牛顿方程，得到 $\boldsymbol{H}_{k+1}$ 的表达式. 由 $\boldsymbol{H}_k$ 得到 $\boldsymbol{H}_{k+1}$ 的公式一般称为校正公式. 一个适当的校正公式形成的 $\boldsymbol{H}_k$ 的迭代过程伴随着线搜索的下降算法形成一类拟牛顿算法.

以下介绍由 Davidon(1959)提出，后来由 Fletcher 和 Power(1963)发展的求解拟牛顿方程的秩二校正公式，简称 DFP 校正公式.

5.6.2 DFP 校正公式

待定 $\boldsymbol{u}, \boldsymbol{v} \in \mathbf{R}^n$，令

$$\boldsymbol{H}_{k+1} = \boldsymbol{H}_k + a\boldsymbol{u}\boldsymbol{u}^{\mathrm{T}} + b\boldsymbol{v}\boldsymbol{v}^{\mathrm{T}},$$

代入拟牛顿方程 $\boldsymbol{H}_{k+1}\boldsymbol{y}_k = \boldsymbol{s}_k$，得到

$$\boldsymbol{H}_k\boldsymbol{y}_k + a\boldsymbol{u}\boldsymbol{u}^{\mathrm{T}}\boldsymbol{y}_k + b\boldsymbol{v}\boldsymbol{v}^{\mathrm{T}}\boldsymbol{y}_k = \boldsymbol{s}_k,$$

选择 $\boldsymbol{u} = \boldsymbol{s}_k$，$\boldsymbol{v} = \boldsymbol{H}_k\boldsymbol{y}_k$，若选择实数 a, b, 使得

$$a\boldsymbol{u}^{\mathrm{T}}\boldsymbol{y}_k = 1,\quad b\boldsymbol{v}^{\mathrm{T}}\boldsymbol{y}_k = -1,$$

则得到恒等式：

$$\boldsymbol{H}_k\boldsymbol{y}_k + \boldsymbol{s}_k - \boldsymbol{H}_k\boldsymbol{y}_k = \boldsymbol{s}_k.$$

于是当 $\boldsymbol{s}_k^{\mathrm{T}}\boldsymbol{y}_k>0$（隐含 $\boldsymbol{y}_k\neq\boldsymbol{0}$），可得到

$$a=\frac{1}{\boldsymbol{s}_k^{\mathrm{T}}\boldsymbol{y}_k},\quad b=\frac{-1}{\boldsymbol{y}_k^{\mathrm{T}}\boldsymbol{H}_k\boldsymbol{y}_k}.$$

这样就得到 DFP 校正公式：

$$\boldsymbol{H}_{k+1}=\boldsymbol{H}_k+\frac{\boldsymbol{s}_k\boldsymbol{s}_k^{\mathrm{T}}}{\boldsymbol{s}_k^{\mathrm{T}}\boldsymbol{y}_k}-\frac{\boldsymbol{H}_k\boldsymbol{y}_k\boldsymbol{y}_k^{\mathrm{T}}\boldsymbol{H}_k}{\boldsymbol{y}_k^{\mathrm{T}}\boldsymbol{H}_k\boldsymbol{y}_k}. \tag{5.47}$$

注:稍后的关于 DFP 拟牛顿法的理论补充要说明 DFP 校正公式的下述性质：

(1) DFP 校正公式中，只要 $\boldsymbol{H}_k>\boldsymbol{O}$，就有 $\boldsymbol{H}_{k+1}>\boldsymbol{O}$.

(2) DFP 算法有二次终止性,即当用之于二次正定目标函数时可经有限步迭代得到全局最优点. 更确切的结论是：当用 DFP 算法于二次正定目标函数时 $\boldsymbol{H}_{n-1}=\boldsymbol{G}^{-1}$.

5.6.3　DFP 拟牛顿算法

把 DFP 校正公式融入线搜索下降算法不难写出以下 DFP 算法.

算法 5.6.1　(i) $\boldsymbol{x}_0\in\mathbf{R}^n$，$\boldsymbol{H}_0=\boldsymbol{I}$，$0\leqslant\varepsilon\ll1$，$k=0$.

(ii) 计算 $\boldsymbol{g}_k=\nabla f(\boldsymbol{x}_k)$ 若 $\|\boldsymbol{g}_k\|\leqslant\varepsilon$，则取 $\boldsymbol{x}^*=\boldsymbol{x}_k$，停;否则,计算 $\boldsymbol{p}_k=-\boldsymbol{H}_k\boldsymbol{g}_k$.

(iii) 沿方向 $\boldsymbol{p}_k$ 进行一维搜索,求 α_k，使得

$$f(\boldsymbol{x}_k+\alpha_k\boldsymbol{p}_k)=\min_{\alpha\geqslant0}f(\boldsymbol{x}_k+\alpha\boldsymbol{p}_k).$$

令 $\boldsymbol{x}_{k+1}=\boldsymbol{x}_k+\alpha_k\boldsymbol{p}_k$；$\boldsymbol{g}_{k+1}=\nabla f(\boldsymbol{x}_{k+1})$，$\boldsymbol{s}_k=\boldsymbol{x}_{k+1}-\boldsymbol{x}_k=\alpha_k\boldsymbol{p}_k=-\alpha_k\boldsymbol{H}_k\boldsymbol{g}_k$，$\boldsymbol{y}_k=\boldsymbol{g}_{k+1}-\boldsymbol{g}_k$.

(iv) 对 $\boldsymbol{H}_k$DFP 校正产生 $\boldsymbol{H}_{k+1}$，使得牛顿条件 $\boldsymbol{H}_{k+1}\boldsymbol{y}_k=\boldsymbol{s}_k$. 满足，$k=k+1$；转入(ii).

例 5.6.1　试用 DFP 拟牛顿法求解以下无约束优化问题：

$$\min f(\boldsymbol{x})=x_1^2+2x_2^2-2x_1x_2-4x_1,$$

取初始点 $\boldsymbol{x}^{(0)}=(1,1)^{\mathrm{T}}$，$\boldsymbol{H}_0=\begin{bmatrix}1&0\\0&1\end{bmatrix}$.

解　$\boldsymbol{G}=\begin{bmatrix}2&-2\\-2&4\end{bmatrix}$，$g(\boldsymbol{x})=(2x_1-2x_2-4,\ -2x_1+4x_2)^{\mathrm{T}}$，

$$\boldsymbol{x}^{(0)}=(1,1)^{\mathrm{T}},\Rightarrow\boldsymbol{g}_0=(-4,2)^{\mathrm{T}},\Rightarrow\boldsymbol{p}_0=-\boldsymbol{H}_0\boldsymbol{g}_0=(4,-2)^{\mathrm{T}}.$$

第一次搜索：

$$\alpha_0=\frac{\boldsymbol{g}_0^{\mathrm{T}}\boldsymbol{g}_0}{\boldsymbol{g}_0^{\mathrm{T}}\boldsymbol{G}\boldsymbol{g}_0}=0.25\Rightarrow\boldsymbol{x}^{(1)}=\boldsymbol{x}^{(0)}+\alpha_0\boldsymbol{p}_0=(2,\ 0.5)^{\mathrm{T}},\ \boldsymbol{g}_1=(-1,\ -2)^{\mathrm{T}}.$$

第二次搜索:由 DFP 修正，有

$$\boldsymbol{s}_0=\boldsymbol{x}^{(1)}-\boldsymbol{x}^{(0)}=(1,\ -0.5)^{\mathrm{T}},\ \boldsymbol{y}_0=\boldsymbol{g}_1-\boldsymbol{g}_0=(3,\ -4)^{\mathrm{T}}.$$

$$\boldsymbol{H}_1=\boldsymbol{H}_0-\frac{(\boldsymbol{H}_0\boldsymbol{y}_0)(\boldsymbol{H}_0\boldsymbol{y}_0)^{\mathrm{T}}}{\boldsymbol{y}_0^{\mathrm{T}}\boldsymbol{H}_0\boldsymbol{y}_0}+\frac{\boldsymbol{s}_0\boldsymbol{s}_0^{\mathrm{T}}}{\boldsymbol{s}_0^{\mathrm{T}}\boldsymbol{y}_0}=\begin{bmatrix}0.84 & 0.38\\ 0.38 & 0.41\end{bmatrix}.$$

$$\boldsymbol{p}_1=-\boldsymbol{H}_1\boldsymbol{g}_1=(1.6,\ 1.2)^{\mathrm{T}}.$$

$$\alpha_1=\frac{-\boldsymbol{p}_1^{\mathrm{T}}\boldsymbol{g}_1}{\boldsymbol{p}_1^{\mathrm{T}}\boldsymbol{G}\boldsymbol{p}_1}=1.25\Rightarrow\boldsymbol{x}^{(2)}=\boldsymbol{x}^{(1)}+\alpha_1\boldsymbol{p}_1=(4,\ 2)^{\mathrm{T}},$$

$$\boldsymbol{g}_2=g(\boldsymbol{x}^{(2)})=(0,\ 0)^{\mathrm{T}}.$$

因 $\boldsymbol{G}>\boldsymbol{O}$, $f(\boldsymbol{x})$ 为严格凸函数,所以 $\boldsymbol{x}^*=\boldsymbol{x}^{(2)}=(4,\ 2)^{\mathrm{T}}$ 为 $f(\boldsymbol{x})$ 的全局最小点.

5.6.4 DFP 方法的理论补充

以下一些论证说明了前面关于 DFP 拟牛顿法的两个性质. 引理 5.6.1 和定理 5.6.1 说明了 DFP 算法具有正定继承性,而引理 5.6.2 和定理 5.6.2 说明了 DFP 算法具有二次终止性.

引理 5.6.1 设 $\boldsymbol{H}>\boldsymbol{O}$, $\boldsymbol{y},\ \boldsymbol{s}\in\mathbf{R}^n$, $\boldsymbol{y}^{\mathrm{T}}\boldsymbol{s}\neq\boldsymbol{0}$. 令 $\hat{\boldsymbol{H}}=\boldsymbol{H}-\dfrac{\boldsymbol{H}\boldsymbol{y}\boldsymbol{y}^{\mathrm{T}}\boldsymbol{H}}{\boldsymbol{y}^{\mathrm{T}}\boldsymbol{H}\boldsymbol{y}}+\dfrac{\boldsymbol{s}\boldsymbol{s}^{\mathrm{T}}}{\boldsymbol{y}^{\mathrm{T}}\boldsymbol{s}}$, 则 $\hat{\boldsymbol{H}}>\boldsymbol{O}$ 的充分必要条件是 $\boldsymbol{y}^{\mathrm{T}}\boldsymbol{s}>\boldsymbol{0}$.

证明 必要性:由所给条件 $\boldsymbol{y}^{\mathrm{T}}\boldsymbol{s}\neq\boldsymbol{0}$, 可知 $\boldsymbol{y}\neq\boldsymbol{0}$. 结合 $\hat{\boldsymbol{H}}>\boldsymbol{O}$, 有 $\boldsymbol{y}^{\mathrm{T}}\hat{\boldsymbol{H}}\boldsymbol{y}>0$. 进而有

$$0<\boldsymbol{y}^{\mathrm{T}}\hat{\boldsymbol{H}}\boldsymbol{y}=\boldsymbol{y}^{\mathrm{T}}\left[\boldsymbol{H}-\frac{\boldsymbol{H}\boldsymbol{y}\boldsymbol{y}^{\mathrm{T}}\boldsymbol{H}}{\boldsymbol{y}^{\mathrm{T}}\boldsymbol{H}\boldsymbol{y}}+\frac{\boldsymbol{s}\boldsymbol{s}^{\mathrm{T}}}{\boldsymbol{y}^{\mathrm{T}}\boldsymbol{s}}\right]\boldsymbol{y}=\boldsymbol{y}^{\mathrm{T}}\boldsymbol{H}\boldsymbol{y}-\frac{(\boldsymbol{y}^{\mathrm{T}}\boldsymbol{H}\boldsymbol{y})^2}{\boldsymbol{y}^{\mathrm{T}}\boldsymbol{H}\boldsymbol{y}}+\frac{(\boldsymbol{y}^{\mathrm{T}}\boldsymbol{s})^2}{\boldsymbol{y}^{\mathrm{T}}\boldsymbol{s}}=\boldsymbol{y}^{\mathrm{T}}\boldsymbol{s}.$$

必要性得证.

充分性:由所给条件 $\boldsymbol{H}>\boldsymbol{O}$, 可得 $\boldsymbol{H}=\boldsymbol{D}^2$ ($\boldsymbol{D}>\boldsymbol{O}$ 为 $\boldsymbol{H}$ 的正平方根矩阵). 又由 $\boldsymbol{y}^{\mathrm{T}}\boldsymbol{s}\neq 0$, 可知 $\boldsymbol{y}\neq\boldsymbol{0}$. 对于 $\boldsymbol{x}\in\mathbf{R}^n$, $\boldsymbol{x}\neq\boldsymbol{0}$, 令 $\boldsymbol{u}=\boldsymbol{D}\boldsymbol{x}$, $\boldsymbol{v}=\boldsymbol{D}\boldsymbol{y}$, 首先,由 Chauchy 不等式, $(\boldsymbol{u}^{\mathrm{T}}\boldsymbol{v})^2\leqslant(\boldsymbol{u}^{\mathrm{T}}\boldsymbol{u})(\boldsymbol{v}^{\mathrm{T}}\boldsymbol{v})$, 等号成立当且仅当 $\boldsymbol{u}=\boldsymbol{\beta}\boldsymbol{v}$, 即 $\boldsymbol{x}=\boldsymbol{\beta}\boldsymbol{y}$, 且因 $\boldsymbol{x}\neq\boldsymbol{0}$, 等号成立时有 $\boldsymbol{\beta}\neq\boldsymbol{0}$. 这样,由条件 $\boldsymbol{y}^{\mathrm{T}}\boldsymbol{s}>0$ 和 $\hat{\boldsymbol{H}}$ 的表达式,得到

$$\begin{aligned}\boldsymbol{x}^{\mathrm{T}}\hat{\boldsymbol{H}}\boldsymbol{x}&=\frac{\boldsymbol{x}^{\mathrm{T}}\boldsymbol{H}\boldsymbol{x}\boldsymbol{y}^{\mathrm{T}}\boldsymbol{H}\boldsymbol{y}-\boldsymbol{x}^{\mathrm{T}}\boldsymbol{H}\boldsymbol{y}\boldsymbol{y}^{\mathrm{T}}\boldsymbol{H}\boldsymbol{x}}{\boldsymbol{y}^{\mathrm{T}}\boldsymbol{H}\boldsymbol{y}}+\frac{(\boldsymbol{s}^{\mathrm{T}}\boldsymbol{x})^2}{\boldsymbol{y}^{\mathrm{T}}\boldsymbol{s}}\\&=\frac{\boldsymbol{u}^{\mathrm{T}}\boldsymbol{u}\boldsymbol{v}^{\mathrm{T}}\boldsymbol{v}-(\boldsymbol{u}^{\mathrm{T}}\boldsymbol{v})^2}{\boldsymbol{y}^{\mathrm{T}}\boldsymbol{H}\boldsymbol{y}}+\frac{(\boldsymbol{s}^{\mathrm{T}}\boldsymbol{x})^2}{\boldsymbol{y}^{\mathrm{T}}\boldsymbol{s}}.\end{aligned}\tag{5.48}$$

由上式可见，当 $(\boldsymbol{u}^{\mathrm{T}}\boldsymbol{u})(\boldsymbol{v}^{\mathrm{T}}\boldsymbol{v}) > (\boldsymbol{u}^{\mathrm{T}}\boldsymbol{v})^2$ 时，$\boldsymbol{x}^{\mathrm{T}}\hat{\boldsymbol{H}}\boldsymbol{x} > 0$. 而当 $(\boldsymbol{u}^{\mathrm{T}}\boldsymbol{u})(\boldsymbol{v}^{\mathrm{T}}\boldsymbol{v}) = (\boldsymbol{u}^{\mathrm{T}}\boldsymbol{v})^2$ 时，从式(5.48)得到

$$\boldsymbol{x}^{\mathrm{T}}\hat{\boldsymbol{H}}\boldsymbol{x} = \frac{\boldsymbol{u}^{\mathrm{T}}\boldsymbol{u}\boldsymbol{v}^{\mathrm{T}}\boldsymbol{v} - (\boldsymbol{u}^{\mathrm{T}}\boldsymbol{v})^2}{\boldsymbol{y}^{\mathrm{T}}\boldsymbol{H}\boldsymbol{y}} + \frac{(\boldsymbol{s}^{\mathrm{T}}\boldsymbol{x})^2}{\boldsymbol{y}^{\mathrm{T}}\boldsymbol{s}} = \frac{\beta^2(\boldsymbol{s}^{\mathrm{T}}\boldsymbol{y})^2}{\boldsymbol{y}^{\mathrm{T}}\boldsymbol{s}} = \beta^2\boldsymbol{y}^{\mathrm{T}}\boldsymbol{s} > 0.$$

定理 5.6.1　DFP 校正公式中，只要 $\boldsymbol{H}_k > \boldsymbol{O}$，就有 $\boldsymbol{H}_{k+1} > \boldsymbol{O}$(即 DFP 算法具有正定继承性).

证明　用数学归纳法. $k = 0$，$\boldsymbol{H}_0 = \boldsymbol{I} > \boldsymbol{O}$. 设 $k = i$，$\boldsymbol{H}_i > \boldsymbol{O}$. 而且可假定 $\boldsymbol{g}_i \neq \boldsymbol{0}$，否则算法已终止. 于是由 DFP 拟牛顿算法的记号约定，并由归纳法假定，可得到

$$\begin{aligned} \boldsymbol{y}_i^{\mathrm{T}}\boldsymbol{s}_i &= (\boldsymbol{g}_{i+1} - \boldsymbol{g}_i)^{\mathrm{T}}(-\alpha_i\boldsymbol{H}_i\boldsymbol{g}_i) \\ &= -\alpha_i\boldsymbol{g}_{i+1}^{\mathrm{T}}\boldsymbol{H}_i\boldsymbol{g}_i + \alpha_i\boldsymbol{g}_i^{\mathrm{T}}\boldsymbol{H}_i\boldsymbol{g}_i \\ &= \alpha_i\boldsymbol{g}_i^{\mathrm{T}}\boldsymbol{H}_i\boldsymbol{g}_i > 0. \end{aligned} \tag{5.49}$$

式(5.49)的推导中注意到如次两点：(1) α_i 为一维搜索的步长，而 $\boldsymbol{g}_i \neq 0$，$\boldsymbol{H}_i > \boldsymbol{O}$，从而，$-\boldsymbol{H}_i\boldsymbol{g}_i$ 为下降方向，所以 $\alpha_i > 0$；(2) 由一维搜索导致

$$\frac{\mathrm{d}}{\mathrm{d}\alpha}f(\boldsymbol{x}_i - \alpha_i\boldsymbol{H}_i\boldsymbol{g}_i) = 0,$$

但是 $\frac{\mathrm{d}}{\mathrm{d}\alpha}f(\boldsymbol{x}_i - \alpha_i\boldsymbol{H}_i\boldsymbol{g}_i) = -\boldsymbol{g}_{i+1}^{\mathrm{T}}\boldsymbol{H}_i\boldsymbol{g}_i$，所以，式(5.49)的中第二行的第一加项为零. 应用引理 5.6.1，由式(5.49)可知，$\boldsymbol{H}_{i+1} > \boldsymbol{O}$.

设 $\boldsymbol{A}$ 为 n 阶正定二次函数，$\boldsymbol{b} \in \mathbf{R}^n$，$c \in \mathbf{R}$. 以下考虑目标函数为正定二次函数 $f(\boldsymbol{x}) = \frac{1}{2}\boldsymbol{x}^{\mathrm{T}}\boldsymbol{A}\boldsymbol{x} + \boldsymbol{b}^{\mathrm{T}}\boldsymbol{x} + c$ 的无约束优化. 容易看到正定二次函数 $f(\boldsymbol{x}) = \frac{1}{2}\boldsymbol{x}^{\mathrm{T}}\boldsymbol{A}\boldsymbol{x} + \boldsymbol{b}^{\mathrm{T}}\boldsymbol{x} + c$ 在 $\mathbf{R}^n$ 上的最小点 $\boldsymbol{x}^* = -\boldsymbol{A}^{-1}\boldsymbol{b}$.

引理 5.6.2　将 DFP 算法用于正定二次函数 $f(\boldsymbol{x})$ 的无约束优化. 设 $\boldsymbol{H}_0 > \boldsymbol{O}$，并产生了 $k+1(>1)$ 个互不相同的迭代点及相应的搜索方向：$\boldsymbol{p}_0$，$\boldsymbol{p}_1$，…，$\boldsymbol{p}_k$，则有：(i) $\boldsymbol{p}_i^{\mathrm{T}}\boldsymbol{A}\boldsymbol{p}_j = 0$，$0 \leqslant i < j \leqslant k$；(ii) $\boldsymbol{H}_k\boldsymbol{y}_i = \boldsymbol{s}_i$，$0 \leqslant i \leqslant k-1$.

证明　先回顾以下在 DFP 算法中约定的记号：

$$\begin{aligned} \boldsymbol{s}_i &= \boldsymbol{x}_{i+1} - \boldsymbol{x}_i = \alpha_i\boldsymbol{p}_i, \\ \boldsymbol{y}_i &= \boldsymbol{g}_{i+1} - \boldsymbol{g}_i = \boldsymbol{A}(\boldsymbol{x}_{i+1} - \boldsymbol{x}_i) \\ &= \boldsymbol{A}\boldsymbol{s}_i = \alpha_i\boldsymbol{A}\boldsymbol{p}_i. \end{aligned} \tag{5.50}$$

由假设已得到 $k+1(>1)$ 个互不相同的迭代点,这意味着每个步长因子都为正数,即

$$\alpha_i > 0,\ i=0,\ 1,\ 2,\ \cdots,\ k. \tag{5.51}$$

以下应用数学归纳法进行论证.

对于 $k=1$,直接用拟牛顿方程和 DFP 算法中约定的记号(5.4.7 节),得到如下诸等式:

$$\boldsymbol{H}_1\boldsymbol{y}_0 = \boldsymbol{s}_0 = \boldsymbol{x}_1 - \boldsymbol{x}_0 = \alpha_0\boldsymbol{p}_0.$$

$$\boldsymbol{p}_0^{\mathrm{T}}\boldsymbol{A}\boldsymbol{p}_1 = (\boldsymbol{A}\boldsymbol{p}_0)^{\mathrm{T}}\boldsymbol{p}_1 = -\frac{1}{\alpha_0}(\boldsymbol{A}\boldsymbol{s}_0)^{\mathrm{T}}\boldsymbol{H}_1\boldsymbol{g}_1 = -\frac{1}{\alpha_0}\boldsymbol{y}_0^{\mathrm{T}}\boldsymbol{H}_1\boldsymbol{g}_1$$

$$= -\frac{1}{\alpha_0}\boldsymbol{s}_0^{\mathrm{T}}\boldsymbol{g}_1 = -\boldsymbol{g}_1^{\mathrm{T}}\boldsymbol{p}_0 = 0.$$

以上最后等式又一次用到一维搜索的关键性质(见定理 5.4.1 证明的最后部分). 可见 $k=1$ 时,引理结论是对的. 归纳法假设 $k=l$ 时结论成立,即 $\boldsymbol{p}_i^{\mathrm{T}}\boldsymbol{A}\boldsymbol{p}_j=0,\ 0\leqslant i<j\leqslant l$; $\boldsymbol{H}_l\boldsymbol{y}_i=\boldsymbol{s}_i,\ 0\leqslant i\leqslant l-1$. 当 $k=l+1$ 时,对于 $0\leqslant i\leqslant l-1$,有

$$\begin{aligned}\boldsymbol{H}_{l+1}\boldsymbol{y}_i &= \left[\boldsymbol{H}_l - \frac{\boldsymbol{H}_l\boldsymbol{y}_l\boldsymbol{y}_l^{\mathrm{T}}\boldsymbol{H}_l}{\boldsymbol{y}_l^{\mathrm{T}}\boldsymbol{H}_l\boldsymbol{y}_l} + \frac{\boldsymbol{s}_l\boldsymbol{s}_l^{\mathrm{T}}}{\boldsymbol{y}_l^{\mathrm{T}}\boldsymbol{s}_l}\right]\boldsymbol{y}_i = \boldsymbol{H}_l\boldsymbol{y}_i - \frac{\boldsymbol{H}_l\boldsymbol{y}_l\boldsymbol{y}_l^{\mathrm{T}}\boldsymbol{H}_l\boldsymbol{y}_i}{\boldsymbol{y}_l^{\mathrm{T}}\boldsymbol{H}_l\boldsymbol{y}_l} + \frac{\boldsymbol{s}_l\boldsymbol{s}_l^{\mathrm{T}}\boldsymbol{y}_i}{\boldsymbol{y}_l^{\mathrm{T}}\boldsymbol{s}_l}\\ &= \boldsymbol{s}_i - \frac{\boldsymbol{H}_l\boldsymbol{y}_l(\boldsymbol{y}_l^{\mathrm{T}}\boldsymbol{s}_i)}{\boldsymbol{y}_l^{\mathrm{T}}\boldsymbol{H}_l\boldsymbol{y}_l} + \frac{\boldsymbol{s}_l\boldsymbol{s}_l^{\mathrm{T}}\boldsymbol{A}\boldsymbol{s}_i}{\boldsymbol{y}_l^{\mathrm{T}}\boldsymbol{s}_l} = \boldsymbol{s}_i - \frac{\boldsymbol{H}_l\boldsymbol{y}_l(\boldsymbol{s}_l^{\mathrm{T}}\boldsymbol{A}\boldsymbol{s}_i)}{\boldsymbol{y}_l^{\mathrm{T}}\boldsymbol{H}_l\boldsymbol{y}_l} + \frac{\boldsymbol{s}_l\ (\boldsymbol{s}_l^{\mathrm{T}}\boldsymbol{A}\boldsymbol{s}_i)}{\boldsymbol{y}_l^{\mathrm{T}}\boldsymbol{s}_l}\\ &= \boldsymbol{s}_i - 0 + 0 = \boldsymbol{s}_i.\end{aligned} \tag{5.52}$$

以上用到式(5.50)和归纳法假设. 又直接应用拟牛顿方程,得到 $\boldsymbol{H}_{l+1}\boldsymbol{y}_l=\boldsymbol{s}_l$. 所以当 $k=l+1$ 时结论(ii) 成立. 再证明当 $k=l+1$ 时结论(i) 成立如次. 由归纳假设,只要证明 $\boldsymbol{p}_i^{\mathrm{T}}\boldsymbol{A}\boldsymbol{p}_{l+1}=0,\ 0\leqslant i\leqslant l$. 事实上,由归纳假设 $\boldsymbol{p}_i^{\mathrm{T}}\boldsymbol{A}\boldsymbol{p}_j=0,\ 0\leqslant i<j\leqslant l$ 和式(5.50),通过一些数学演变,可得到如次诸等式:

$$\begin{aligned}\boldsymbol{p}_i^{\mathrm{T}}\boldsymbol{A}\boldsymbol{p}_{l+1} &= (\boldsymbol{A}\boldsymbol{p}_i)^{\mathrm{T}}\boldsymbol{p}_{l+1} = \frac{1}{\alpha_i}\boldsymbol{y}_i^{\mathrm{T}}(-\boldsymbol{H}_{l+1}\boldsymbol{g}_{l+1}) = \frac{-1}{\alpha_i}\boldsymbol{s}_i^{\mathrm{T}}\boldsymbol{g}_{l+1}\\ &= -\boldsymbol{g}_{l+1}^{\mathrm{T}}\boldsymbol{p}_i = -\left[\boldsymbol{g}_{i+1} + \sum_{j=i+1}^{l}\boldsymbol{y}_j\right]^{\mathrm{T}}\boldsymbol{p}_i\\ &= -\boldsymbol{g}_{i+1}^{\mathrm{T}}\boldsymbol{p}_i - \sum_{j=i+1}^{l}(\boldsymbol{s}_j^{\mathrm{T}}\boldsymbol{A}\boldsymbol{p}_i) = -\boldsymbol{g}_{i+1}^{\mathrm{T}}\boldsymbol{p}_i - \sum_{j=i+1}^{l}(\alpha_j\boldsymbol{p}_j^{\mathrm{T}}\boldsymbol{A}\boldsymbol{p}_i) = 0.\end{aligned}$$

这里也再次用到一维搜索的关键性质

$$0=\frac{\mathrm{d}}{\mathrm{d}\alpha}f(\boldsymbol{x}_i-\alpha_i\boldsymbol{H}_i\boldsymbol{g}_i)=-\boldsymbol{g}_{i+1}^{\mathrm{T}}\boldsymbol{H}_i\boldsymbol{g}_i=\boldsymbol{g}_{i+1}^{\mathrm{T}}\boldsymbol{p}_i.$$

这就证明当 $k=l+1$ 时结论(i) 成立. 由数学归纳法，引理得证.

定理 5.6.2 将 DFP 算法用于正定二次函数 $f(\boldsymbol{x})$ 的无约束优化. 设 $\boldsymbol{H}_0>\boldsymbol{O}$, 并产生了 $k+1(>1)$ 个互不相同的迭代点及相应的搜索方向：$\boldsymbol{p}_0, \boldsymbol{p}_1, \cdots, \boldsymbol{p}_k$. 则有：(i) 至多迭代 n 次就可得到全局极小点，即存在 $k_0(\leqslant n)$ 使得迭代所得点 $\boldsymbol{x}_{k_0}=\boldsymbol{x}^*=-\boldsymbol{A}^{-1}\boldsymbol{b}$；(ii) 若 $\boldsymbol{x}_i\neq\boldsymbol{x}^*$, $0\leqslant i\leqslant n-1$, 则 $\boldsymbol{H}_n=\boldsymbol{A}^{-1}$.

证明 (i) 利用引理 5.6.2 可知，$\boldsymbol{p}_0, \boldsymbol{p}_1, \cdots, \boldsymbol{p}_k$ 是一组关于对称正定矩阵 $\boldsymbol{A}$ 的共轭方向，则 $\boldsymbol{p}_0, \boldsymbol{p}_1, \cdots, \boldsymbol{p}_k$ 线性无关，同时也可知 $k\leqslant n-1$. 利用共轭方向法基本定理 5.4.1 和定理 5.4.2 可知，若此迭代过程可进行到 $k+1=n$, 则 $\boldsymbol{x}_n$ 是 $f(\boldsymbol{x})=\frac{1}{2}\boldsymbol{x}^{\mathrm{T}}\boldsymbol{G}\boldsymbol{x}+\boldsymbol{b}^{\mathrm{T}}\boldsymbol{x}+c$ 在 $\mathbf{R}^n$ 上的全局最小点. 所以在此迭代过程下，至多迭代 n 次就可得到全局极小点，即存在 $k_0(\leqslant n)$ 使得迭代所得点 $\boldsymbol{x}_{k_0}$ 为最优点，当然满足 $\nabla f(\boldsymbol{x}_{k_0})=0$, 即 $\boldsymbol{A}\boldsymbol{x}_{k_0}+\boldsymbol{b}=\boldsymbol{0}$, 或 $\boldsymbol{x}_{k_0}=\boldsymbol{x}^*=-\boldsymbol{A}^{-1}\boldsymbol{b}$.

(ii) 因 $\boldsymbol{x}_i\neq\boldsymbol{x}^*$, $0\leqslant i\leqslant n-1$, 所以此迭代过程可进行到 $k+1=n$, 所得到的搜索方向 $\boldsymbol{p}_0, \cdots, \boldsymbol{p}_{n-1}$ 线性无关，由于

$$\boldsymbol{s}_i=\boldsymbol{x}_{i+1}-\boldsymbol{x}_i=\alpha_i\boldsymbol{p}_i,\ \alpha_i>0,\ i=0, 1, 2, \cdots, n-1,$$

可知 $\boldsymbol{s}_0, \cdots, \boldsymbol{s}_{n-1}$ 线性无关. 由于 $\boldsymbol{A}\boldsymbol{s}_i=\boldsymbol{y}_i$, $i=0, 1, \cdots, n-1$, 并应用引理5.6.1, 可得到

$$\boldsymbol{H}_n\boldsymbol{A}\boldsymbol{s}_i=\boldsymbol{H}_n\boldsymbol{y}_i=\boldsymbol{s}_i,\ i=0, 1, \cdots, n-1. \tag{5.53}$$

记可逆矩阵 $\boldsymbol{S}=(\boldsymbol{s}_0, \cdots, \boldsymbol{s}_{n-1})$, 则有 $\boldsymbol{H}_n\boldsymbol{A}\boldsymbol{S}=\boldsymbol{S}$, 即有 $\boldsymbol{H}_n\boldsymbol{A}=\boldsymbol{I}$, 从而有 $\boldsymbol{H}_n=\boldsymbol{A}^{-1}$.

DFP 法的优点罗列如次：

(1) DFP 法的搜索方向是 $\boldsymbol{p}_k=-\boldsymbol{H}_k\boldsymbol{g}_k$, 在 $\boldsymbol{H}_k$ 的正定性的条件下，自然有

$$\nabla^{\mathrm{T}}f(\boldsymbol{x}_k)\boldsymbol{p}_k=-\nabla^{\mathrm{T}}f(\boldsymbol{x}_k)\boldsymbol{H}_k\nabla f(\boldsymbol{x}_k)<0,$$

从而 $\boldsymbol{p}_k=-\boldsymbol{H}_k\boldsymbol{g}_k$ 是下降方向，所以，DFP 算法是一种下降算法.

(2) 对于二次函数，DFP 法具有二次终止性(详见定理 5.6.2).

(3) 对于一般函数，DFP 算法具有超先线性收敛速度.

(4) 对于凸函数，若迭代子程序采用一维搜索，DFP 算法具有全局收敛性.

(5) DFP 算法的每次迭代需 $3n^2+O(n)$ 次乘法运算(而牛顿法需 $\frac{1}{6}n^3+$

$O(n^2)$ 次).

总之,DFP 方法是广为实用的有效算法,它有重要的理论意义和应用价值.

习题 5

1. 考虑如下优化问题:

$$\min f(\boldsymbol{x}) = x_1 + \cos x_2,$$
$$\text{s. t. } x_1 \geqslant 0.$$

令 $\boldsymbol{x}^{(0)} = (0, 0)^{\mathrm{T}}$, $\boldsymbol{d} = (0, \pm 1)^{\mathrm{T}}$, 证明 $\nabla f(\boldsymbol{x}^{(0)})^{\mathrm{T}} \boldsymbol{d} = 0$, 且 $\boldsymbol{d}$ 为 $\boldsymbol{x}^{(0)}$ 处的一个下降可行方向.

2. 用最速下降法,求

$$\min f(\boldsymbol{x}) = x_1^2 + 2x_2^2,$$

取定初始点 $\boldsymbol{x}^{(0)} = (4, 4)^{\mathrm{T}}$.

3. 作业(利用 MATLAB):用最速下降法,求

$$\min f(\boldsymbol{x}) = 4x_1^2 + x_2^2 - x_1^2 x_2,$$

取定初始点 $\boldsymbol{x}^{(0)} = (1, 1)^{\mathrm{T}}$, 迭代两次.

4. 设 $f(\boldsymbol{x})$ 为二次可微函数, $g(\boldsymbol{x})$ 是它的梯度,正定矩阵 $\boldsymbol{G}(\boldsymbol{x})$ 是它的 Hessian 矩阵.

(1) 证明用最速下降法于 $f(\boldsymbol{x})$ 时,第 k 次迭代的最优步长

$$\alpha_k \approx \frac{\boldsymbol{g}_k^{\mathrm{T}} \boldsymbol{g}_k}{\boldsymbol{g}_k^{\mathrm{T}} \boldsymbol{G}_k \boldsymbol{g}_k},$$

迭代公式为

$$\boldsymbol{x}^{(k+1)} = \boldsymbol{x}^{(k)} - \frac{\boldsymbol{g}_k^{\mathrm{T}} \boldsymbol{g}_k}{\boldsymbol{g}_k^{\mathrm{T}} \boldsymbol{G}_k \boldsymbol{g}_k} \boldsymbol{g}_k, \ k = 0, 1, 2, \cdots$$

(2) 证明上述算法为下降算法.

(3) 用上述公式解 $\min\{(x_1 - 1)^4 + 2x_2^2\}$, 取初始点 $\boldsymbol{x}^{(0)} = (0, 1)^{\mathrm{T}}$, 迭代两次.

5. 用牛顿法求解

$$\min\{x_1^2 + 4x_2^2 + 9x_3^2 - 2x_1 + 18x_3\}.$$

6. 用牛顿法求解

$$\min f(\boldsymbol{x}) = (x_1 - 2)^4 + (x_1 - 2)^2 x_2^2 + (x_2 + 1)^2.$$

7. 利用牛顿法求解无约束优化问题:

$$\min f(\boldsymbol{x}) = (x_1 - 1)^4 + 2x_2^2,$$

取初始点 $\boldsymbol{x}^{(0)} = (2, 0)^{\mathrm{T}}$.

8. 分别利用最速下降法和牛顿法求解无约束优化问题：

$$\min f(\boldsymbol{x}) = (1-x_1)^2 + 2(x_2-x_1)^2,$$

取初始点 $\boldsymbol{x}^{(0)} = (0, 0)^{\mathrm{T}}$.

9. 用 DFP 拟牛顿法求解

$$\min f(\boldsymbol{x}) = (x_1-1)^4 + 2x_2^2,$$
$$\boldsymbol{x}^* = (1, 0)^{\mathrm{T}}.$$

取初始点 $\boldsymbol{x}^{(0)} = (2, 0)^{\mathrm{T}}$.

10. 用 DFP 拟牛顿法求解

$$\min \{(1-x_1)^2 + 2(x_2-x_1^2)^2\},$$

设初始点为 $\boldsymbol{x}^{(0)} = (0, 0)^{\mathrm{T}}$，初始矩阵为单位矩阵，迭代三次.

11. 证明 F-R 共轭梯度算法所产生的每个搜索方向都是下降方向.

12. 分别用 F-R 共轭梯度法和 DFP 拟牛顿法求解

$$\min f(\boldsymbol{x}) = x_1^2 - x_1x_2 + x_2^2 + 2x_1 - 4x_2,$$

设初始点为 $\boldsymbol{x}^{(0)} = (2, 2)^{\mathrm{T}}$.

13. 用 F-R 共轭梯度法求解

$$\min \{(1-x_1)^2 + 2(x_2-x_1^2)^2\}.$$

设初始点为 $\boldsymbol{x}^{(0)} = (0, 0)^{\mathrm{T}}$，迭代三次.

14. 设最优化问题 P 的目标函数 $f(\boldsymbol{x})$ 是凸函数，可行集 D 为凸集. 又设 $\boldsymbol{x}^*$ 是 P 的一个全局极小点，而 $\hat{\boldsymbol{x}}$ 是 P 的一个可行点但不是全局极小点. 试证：向量 $\boldsymbol{x}^* - \hat{\boldsymbol{x}}$ 是 P 的目标函数在 $\hat{\boldsymbol{x}}$ 处的一个可行下降方向.

15. 设 $f(\boldsymbol{x}) = \dfrac{1}{2}\boldsymbol{x}^{\mathrm{T}}\boldsymbol{G}\boldsymbol{x} + \boldsymbol{b}^{\mathrm{T}}\boldsymbol{x}$ 为 $\mathbf{R}^n$ 正定二次函数. 给定 $\mathbf{R}^n$ 上的一点 $\boldsymbol{x}$ 和一个下降方向 $\boldsymbol{p}$. 从 $\boldsymbol{x}$ 出发，沿 $\boldsymbol{p}$ 进行一维搜索，得到目标点 $\boldsymbol{y}$，即有 $f(\boldsymbol{y}) = \min\limits_{\alpha \geqslant 0} f(\boldsymbol{x} + \alpha\boldsymbol{p})$. 试证：向量 $\boldsymbol{p}$ 与 $\nabla f(\boldsymbol{y})$ 正交，并给出 $\boldsymbol{y}$ 的表达式.

16. 先用代数方法给出一组关于下述正定二次规划的共轭方向，再用共轭方向法求解以下无约束优化问题：

$$\min f(\boldsymbol{x}) = (1+x_1)^2 + 3(x_1-x_2)^2,$$

取初始点 $\boldsymbol{x}^{(0)} = (0, 0)^{\mathrm{T}}$.

17. 设 $\boldsymbol{G}$ 为 n 阶具有不同特征值的对称正定矩阵，证明 $\boldsymbol{G}$ 的不同特征值对应的特征向量是关于共轭的.

18. 试用 F-R 共轭梯度法求解以下无约束优化问题：

$$\min f(\boldsymbol{x}) = x_1^2 + 4x_2^2 - 3x_1 + 2x_2,$$

取初始点 $\boldsymbol{x}^{(0)}=(1,1)^{\mathrm{T}}$.

19. 考虑下列 n 维欧氏空间中的负定二次规划：

$$QP-\min P(\boldsymbol{x})=\frac{1}{2}\boldsymbol{x}^{\mathrm{T}}\boldsymbol{G}\boldsymbol{x}+\boldsymbol{g}^{\mathrm{T}}\boldsymbol{x},$$

$$\text{s.t. } \boldsymbol{A}\boldsymbol{x}\leqslant\boldsymbol{b}.$$

其中 $\boldsymbol{G}=\boldsymbol{G}^{\mathrm{T}}$, $\boldsymbol{G}<\boldsymbol{O}$, $\boldsymbol{g}\in\mathbf{R}^{n}$, $\boldsymbol{A}\in\mathbf{R}^{m\times n}$, $\boldsymbol{b}\in\mathbf{R}^{m}$.

设 $\boldsymbol{x}^{(0)}$, $\boldsymbol{x}^{(1)}$ 为两个相异的可行点,记 $\boldsymbol{p}=\boldsymbol{x}^{(1)}-\boldsymbol{x}^{(0)}$, 若

$$(\boldsymbol{G}\boldsymbol{x}^{(0)}+\boldsymbol{g})^{\mathrm{T}}\boldsymbol{p}\leqslant\boldsymbol{0}.$$

则 $\boldsymbol{p}$ 是上述负定二次规划在 $\boldsymbol{x}^{(0)}$ 处的一个下降可行方向.

第 6 章　约束最优化问题的罚函数法

6.1　约束优化的外罚函数法

这一节讲求解下列非线性规划的外部逼近方法：

$$
\begin{aligned}
& NP-\min_{x\in \mathbf{R}^n} f(\boldsymbol{x}), \\
& \text{s. t. } c_i(\boldsymbol{x}) = 0,\ i = 1, \cdots, l, \\
& \qquad c_i(\boldsymbol{x}) \geqslant 0,\ i = l+1, \cdots, m.
\end{aligned} \tag{6.1}
$$

其中无论目标函数还是约束函数都是 $\mathbf{R}^n$ 上的连续可微的实值函数. 这种所谓的外罚函数法，其想法可从以下简单的仅含等式约束的问题谈起：

例 6.1.1　求解约束优化问题

$$
\begin{aligned}
& \min_{x\in \mathbf{R}^2} f(\boldsymbol{x}) = x_1^2 + x_2^2, \\
& \text{s. t. } x_1 + x_2 - 2 = 0.
\end{aligned} \tag{6.2}
$$

上述问题的可行集是 $D = \{(x_1, x_2)^{\mathrm{T}} \mid x_1 + x_2 - 2 = 0\}$. 所谓外部逼近想法，即构造一族无约束优化问题，使得无约束优化问题的最优解逼近可行集 D. 对于 $M > 0$，构作如下无约束优化问题

$$
\min_{x\in \mathbf{R}^2} P(\boldsymbol{x}, M) = x_1^2 + x_2^2 + M(x_1 + x_2 - 2)^2. \tag{6.3}
$$

容易发现，当且仅当 $\boldsymbol{x} \in D$ 时，$f(\boldsymbol{x}) = P(\boldsymbol{x}, M)$. 可见当式(6.3)的最优点 $\hat{\boldsymbol{x}}$ 在 D 上，则 $\hat{\boldsymbol{x}}$ 也是约束优化问题(6.2)的最优点. 但是对给定的 $M > 0$，$P(\boldsymbol{x}, M)$ 是正定二次函数，在全空间是严格凸的，其梯度的唯一零点便是式(6.3)的最优点，记为 $\boldsymbol{x}^{(M)} = (x_1^{(M)}, x_2^{(M)})^{\mathrm{T}}$，可如下求得

$$
\begin{cases}
\dfrac{\partial P}{\partial x_1} = 0 \\[2mm]
\dfrac{\partial P}{\partial x_2} = 0
\end{cases}
\Rightarrow
\begin{cases}
x_1^{(M)} = \dfrac{2M}{2M+1}, \\[2mm]
x_2^{(M)} = \dfrac{2M}{2M+1}.
\end{cases}
$$

令 $M \to \infty$，有 $\boldsymbol{x}^{(M)} = (x_1^{(M)}, x_2^{(M)})^{\mathrm{T}} \to (1, 1)$，而 $\boldsymbol{x}^* = (1, 1)^{\mathrm{T}}$ 正是约束优化问题(6.2)的最优点. 值得注意的是 $\boldsymbol{x}^{(M)} \notin D$，求解约束优化问题(6.2) 的过程由可行集 D 的外点向 D 的逼近来实现的. 另外，外罚函数是指 $P(\boldsymbol{x}, M)$ 的第二个加项 $M(x_1 + x_2 - 2)^2$，当 M 越大，从几何上易见无约束优化问题(6.3)的最优点必接近于 D，这就起到某种"惩罚"或限制作用，逼着无约束优化问题(6.3)的最优点奔向 D. 就此例而言，有两种极限过程是明显的，即

$$\lim_{M \to \infty} \boldsymbol{x}^{(M)} = \to (1, 1)^{\mathrm{T}} \in D, \ \lim_{M \to \infty} M(x_1^{(M)} + x_2^{(M)} - 2)^2 = 0.$$

而这一看法的一般正确性尚需稍后给出的数学论证.

上述例子的解法从感性的认识出发，回归于纯分析的套路，而其作为一种算法的内涵是值得略加深论的.

外罚函数法的基本构想可由以下式子简略刻画：

$$\begin{cases} \min P(\boldsymbol{x}, M) \underset{M \to \infty}{\Rightarrow} NP, \\ \boldsymbol{x}^{(M)} \to \boldsymbol{x}^*. \end{cases}$$

其中 $\boldsymbol{x}^{(M)}$ 是无约束优化问题 $\min P(\boldsymbol{x}, M)$ 的最优解.

首先对于 $M > 0$，构造

$$P(\boldsymbol{x}, M) = f(\boldsymbol{x}) + M\widetilde{p}(\boldsymbol{x}),$$

使得

$$\begin{cases} \widetilde{p}(\boldsymbol{x}) = 0, & \boldsymbol{x} \in X, \\ \widetilde{p}(\boldsymbol{x}) > 0 & \boldsymbol{x} \notin X. \end{cases} \tag{6.4}$$

其中 $X = \{\boldsymbol{x} \in \mathbf{R}^n \mid c_i(\boldsymbol{x}) = 0, i = 1, 2, \cdots, l; c_i(\boldsymbol{x}) = 0, i = l+1, 2, \cdots, m\}$. 一般取外罚函数

$$\widetilde{p}(\boldsymbol{x}) = \sum_{i=1}^{l} (c_i(\boldsymbol{x}))^2 + \sum_{i=l+1}^{m} [\min(0, c_i(\boldsymbol{x}))]^2. \tag{6.5}$$

则满足式(6.4)中对于罚函数的要求，事实上，上述 $\widetilde{p}(\boldsymbol{x}) \geqslant 0$，而 $\widetilde{p}(\boldsymbol{x}) = 0$ 的充要条件是(6.5)等号右边的每个加项为零，而 $\mathbf{R}^n$ 中使得(6.5)等号右边的每个加项为零的点所成之集合正是非线性规划(6.1)的可行集 X.

命题 6.1.1 如果无约束优化问题 $\min P(\boldsymbol{x}, M)$ 的最优点 $\boldsymbol{x}^{(M)}$ 属于非线性规划(6.1)的可行集 X，则 $\boldsymbol{x}^{(M)}$ 是非线性规划(6.1)的最优点.

证明 因为 $\boldsymbol{x}^M \in X$，所以 $\widetilde{\boldsymbol{p}}(\boldsymbol{x}^M) = \boldsymbol{0}$. 于是对于 $\forall \boldsymbol{x} \in X$ 有

$$f(\boldsymbol{x}^M) = P(\boldsymbol{x}^M, M) = \min_{\boldsymbol{x}\in \mathbf{R}^n} P(\boldsymbol{x}, M) \leqslant P(\boldsymbol{x}, M) = f(\boldsymbol{x}),$$

所以，$\boldsymbol{x}^{(M)}$ 是非线性规划(6.1)的最优点.

定理 6.1.1　假设非线性规划(6.1)有最优解. 又设 $M_k(k=1, 2, \cdots)$ 是一个单调增加且趋于无穷的正实数序列，对于 $k=1, 2, \cdots$，设 $\boldsymbol{x}_k$ 是无约束优化问题 $\min P(x, M_k)$ 的最优点. 若 $\hat{\boldsymbol{x}}$ 是 $\{\boldsymbol{x}_k\}$ 的一个聚点，则 $\hat{\boldsymbol{x}}$ 是非线性规划(6.1)的最优解.

注 1：上述定理是在非线性规划(6.1)存在最优解的情况下，给出一种逼近某个最优解的方法.

例 6.1.2　用外罚函数法求解约束优化问题

$$\begin{aligned} &\min_{\boldsymbol{x}\in \mathbf{R}^2} f(\boldsymbol{x}) = x_1^2 + x_2^2, \\ &\text{s. t. } \boldsymbol{x} \in X = \{x_1 + 1 \leqslant 0\}. \end{aligned} \tag{6.6}$$

解　对于 $M>0$，构造 $P(\boldsymbol{x}, M) = x_1^2 + x_2^2 + M[\min(0, -x_1 - 1)]^2$. 在 $\mathbf{R}^2$ 内，

$$P(\boldsymbol{x}, M) = \begin{cases} x_1^2 + x_2^2, & -x_1 - 1 \geqslant 0; \\ x_1^2 + x_2^2 + M(x_1+1)^2, & -x_1 - 1 < 0. \end{cases}$$

若无约束优化问题 $\min P(\boldsymbol{x}, M)$ 的最优点 $\hat{\boldsymbol{x}}^{(M)}$ 在 $x_1 < -1$ 内，则由 $\nabla P(\hat{\boldsymbol{x}}^{(M)}, M) = \begin{bmatrix} 2\hat{\boldsymbol{x}}_1^{(M)} \\ 2\hat{\boldsymbol{x}}_2^{(M)} \end{bmatrix} = \boldsymbol{0}$，有 $\hat{\boldsymbol{x}}^{(M)} = (0, 0)^{\mathrm{T}}$，但是 $(0, 0)^{\mathrm{T}} \notin \{\boldsymbol{x} \in \mathbf{R}^2 \mid -x_1 - 1 > 0\}$，得到矛盾.

另一情形是，在 $x_1 > -1$ 内求解 $\nabla P(\boldsymbol{x}, M) = \boldsymbol{0}$，由于在 $x_1 > -1$ 内，$P(\boldsymbol{x}, M) = x_1^2 + x_2^2 + M(x_1+1)^2$ 时严格凸函数，此时解 $\nabla P(\boldsymbol{x}, M) = \boldsymbol{0}$，得到唯一的根 $\boldsymbol{x}^{(M)} = \left(\dfrac{-M}{M+1}, 0\right)^{\mathrm{T}}$. 显然

$$\boldsymbol{x}^{(M)} = \left(\frac{-M}{M+1}, 0\right)^{\mathrm{T}} \in \{\boldsymbol{x} \mid x_1 > -1\}.$$

所以，$\boldsymbol{x}^{(M)} = \left(\dfrac{-M}{M+1}, 0\right)^{\mathrm{T}}$ 是 $P(\boldsymbol{x}, M)$ 在 $x_1 > -1$ 内的最小点.

又因当 $\boldsymbol{x} \in \{\boldsymbol{x} \mid x_1 = -1\}$ 有

$$\begin{aligned} P(\boldsymbol{x}, M) &= 1 + x_2^2 > \frac{M^2 + M}{(1+M)^2} = \left(\frac{-M}{1+M}\right)^2 + 0 + M\left(\frac{-M}{1+M} + 1\right)^2 \\ &= P(\boldsymbol{x}^{(M)}, M), \end{aligned}$$

所以 $x^{(M)} = \left(\frac{-M}{M+1}, 0\right)^{\mathrm{T}} = \arg\min\limits_{x\in \mathbf{R}^2} P(x, M)$（此记号表示 $x^{(M)}$ 是 $P(x, M)$ 的全局最小点）.

由于当 $M \to +\infty$ 时

$$x^{(M)} = \left(\frac{-M}{M+1}, 0\right)^{\mathrm{T}} \to (-1, 0)^{\mathrm{T}} \in X,$$

则由定理 6.1.1 及其后的注，可断言 $(-1, 0)^{\mathrm{T}}$ 是约束优化问题(6.6)的最优点.

算法 6.1.1 (i) 选定初始点 $x_0 \in \mathbf{R}^n$, $\varepsilon > 0$, $M_1 > 0$, $\beta > 1$, $k = 1$.

(ii) 构造 $P(x, M_k) = f(x) + M_k\tilde{p}(x)$，以 x_{k-1} 为初始点，求解无约束最优化问题

$$x_k = \arg\min p(x, M_k) = f(x) + M_k\tilde{p}(x).$$

(iii) 若 $M_k\tilde{p}(x_k) < \varepsilon$，则算法终止，$x^* \approx x_k$；否则令 $M_{k+1} = cM_k$, $k = k+1$，转到(ii).

注 1: 算法 6.1.1 是基于定理 6.1.1 及其证明而建立的，尤其是算法的终止准则的确立是基于稍后给出的推论 6.1.1.

注 2: 命题 6.1.1 提示关注 $\min P(x, M)$ 位于非线性规划(6.1)的可行集 X 外的最优点. 这是因为若对于某个正数 M, $\min P(x, M)$ 的最优点 $x^{(M)} \in X$，则 $x^{(M)}$ 也是非线性规划(6.1)的最优点，而这应该是一种很特殊的情形. 换句话说，若当 $M \to +\infty$，外罚函数迭代算法可持续进行，就有 $x^{(M)} \notin X$，否则算法应该停止. 而定理 6.1.1 指出，若 $\{x^{(M)}\}$ 有聚点，则这个聚点便是非线性规划(6.1)的最优点. 在这一思想的指导下，具体解题时，往往首先关注 $P(x, M)$ 在非线性规划(6.1)的可行集 X 外的表达式，由于可行集 X 的外点集是一个开集，若 $P(x, M)$ 在可行集 X 外是光滑的，则可求解

$$\nabla P(x, M) = 0,\ x \notin X, \tag{6.7}$$

以得到 $P(x, M)$ 在非线性规划(6.1)的可行集 X 外的稳定点，仍记为 $x^{(M)}$. 当然稳定点未必是 $P(x, M)$ 的全局最小点，需要一些辅助数学工作来确定 $x^{(M)}$ 是否为 $P(x, M)$ 的最小点，这可由以上的例 6.1.1 之求解过程中略见一斑，而一旦编程上机，则都可由计算机代劳完成.

定理 6.1.1 的证明：

第一步证明 $P(x_k, M_k)$ 单调增加. 这可由 $P(x_k, M_k)$ 的定义，x_k 的含义和以下数学式子得以明了：

$$
\begin{aligned}
P(\boldsymbol{x}_{k+1}, M_{k+1}) &= f(\boldsymbol{x}_{k+1}) + M_{k+1}\tilde{p}(\boldsymbol{x}_{k+1}) \\
&\geqslant f(\boldsymbol{x}_{k+1}) + M_k\tilde{p}(\boldsymbol{x}_{k+1}) = P(\boldsymbol{x}_{k+1}, M_k) \geqslant P(\boldsymbol{x}_k, M_k).
\end{aligned}
$$

第二步证明 $\tilde{p}(\boldsymbol{x}_k)$ 单调减少. 这可由 $\tilde{p}(\boldsymbol{x}_k)$ $P(\boldsymbol{x}_k, M_k)$ 的定义，$\boldsymbol{x}_k$ 的含义和以下数学式子得以明了：首先有

$$
\begin{aligned}
f(\boldsymbol{x}_{k+1}) + M_k\tilde{p}(\boldsymbol{x}_{k+1}) &= P(\boldsymbol{x}_{k+1}, M_k) \geqslant P(\boldsymbol{x}_k, M_k) \\
&= f(\boldsymbol{x}_k) + M_k\tilde{p}(\boldsymbol{x}_k)
\end{aligned} \tag{6.8}
$$

和

$$
\begin{aligned}
f(\boldsymbol{x}_k) + M_{k+1}\tilde{p}(\boldsymbol{x}_k) &= P(\boldsymbol{x}_k, M_{k+1}) \geqslant P(\boldsymbol{x}_{k+1}, M_{k+1}) \\
&= f(\boldsymbol{x}_{k+1}) + M_{k+1}\tilde{p}(\boldsymbol{x}_{k+1}).
\end{aligned} \tag{6.9}
$$

分别把式(6.8)，式(6.9)两端相减，得到

$$
f(\boldsymbol{x}_{k+1}) - f(\boldsymbol{x}_k) \geqslant M_k(\tilde{p}(\boldsymbol{x}_k) - \tilde{p}(\boldsymbol{x}_{k+1})), \tag{6.10}
$$

和

$$
f(\boldsymbol{x}_{k+1}) - f(\boldsymbol{x}_k) \leqslant M_{k+1}(\tilde{p}(\boldsymbol{x}_k) - \tilde{p}(\boldsymbol{x}_{k+1})). \tag{6.11}
$$

由式(6.10)，式(6.11)立刻得到

$$
(M_{k+1} - M_k)(\tilde{p}(\boldsymbol{x}_k) - \tilde{p}(\boldsymbol{x}_{k+1})) \geqslant 0. \tag{6.12}
$$

因 $M_{k+1} > M_k$，由式(6.12)得到

$$
\tilde{p}(\boldsymbol{x}_k) \geqslant \tilde{p}(\boldsymbol{x}_{k+1}). \tag{6.13}
$$

第三步证明 $f(\boldsymbol{x}_k)$ 单调增加. 这可由式(6.10)，式(6.13)立刻得到以下数学式子而得以明了：

$$
f(\boldsymbol{x}_{k+1}) - f(\boldsymbol{x}_k) \geqslant M_k(\tilde{p}(\boldsymbol{x}_k) - \tilde{p}(\boldsymbol{x}_{k+1})) \geqslant 0,
$$

所以

$$
f(\boldsymbol{x}_{k+1}) \geqslant f(\boldsymbol{x}_k). \tag{6.14}
$$

第四步证明 $\lim\limits_{k\to\infty} P(\boldsymbol{x}_k, M_k) = f(\boldsymbol{x}^*)$，进而证明 $\{\boldsymbol{x}_k\}$ 的聚点 $\hat{\boldsymbol{x}}$ 为非线性规划(6.1)的最优点. 首先由第一步证明得知 $P(\boldsymbol{x}_k, M_k)$ 单调增加，而由于 $\boldsymbol{x}^* \in X$，有 $\tilde{p}(\boldsymbol{x}^*) = 0$，所以对任一 k，有

$$
f(\boldsymbol{x}^*) = f(\boldsymbol{x}^*) + M_k\tilde{p}(\boldsymbol{x}^*) \geqslant f(\boldsymbol{x}_k) + M_k\tilde{p}(\boldsymbol{x}_k) = P(\boldsymbol{x}_k, M_k),
$$

这表明 $P(\boldsymbol{x}_k, M_k)$ 上方有界. 所以存在实数 P_0，使得

$$\lim_{k\to\infty} P(\boldsymbol{x}_k, M_k) = P_0 \leqslant f(\boldsymbol{x}^*). \tag{6.15}$$

另一方面,由第三步证明得知 $f(\boldsymbol{x}_k)$ 单调增加,注意到 $\tilde{p}(\boldsymbol{x}_k) \geqslant 0$ 及式(6.15),有

$$f(\boldsymbol{x}_k) \leqslant f(\boldsymbol{x}_k) + M_k\tilde{p}(\boldsymbol{x}_k) = P(\boldsymbol{x}_k, M_k) \leqslant f(\boldsymbol{x}^*). \tag{6.16}$$

所以存在实数 f_0,使得

$$\lim_{k\to\infty} f(\boldsymbol{x}_k) = f_0 \leqslant P_0 \leqslant f(\boldsymbol{x}^*). \tag{6.17}$$

于是当 $k\to\infty$,有

$$M_k\tilde{p}(\boldsymbol{x}_k) = P(\boldsymbol{x}_k, M_k) - f(\boldsymbol{x}_k) \to P_0 - f_0 \geqslant 0. \tag{6.18}$$

因 $M_k \to +\infty$, 所以 $\tilde{p}(\boldsymbol{x}_k) \to 0$. 定理给出 $\hat{\boldsymbol{x}}$ 为 $\{\boldsymbol{x}_k\}$ 的一个聚点. 不妨设 $\boldsymbol{x}_k \to \hat{\boldsymbol{x}}$. 这样就由 $\tilde{p}(\boldsymbol{x})$ 的连续性而得到 $\tilde{p}(\hat{\boldsymbol{x}}) = 0$. 从而有 $\hat{\boldsymbol{x}} \in X$. 由于 $\boldsymbol{x}^*$ 是非线性规划(6.1)的最优点,又注意到 $f(\boldsymbol{x})$ 的连续性及式(6.17),有

$$f(\boldsymbol{x}^*) \leqslant f(\hat{\boldsymbol{x}}) = \lim_{k\to\infty} f(\boldsymbol{x}_k) \leqslant f(\boldsymbol{x}^*). \tag{6.19}$$

可见 $f(\hat{\boldsymbol{x}}) = f(\boldsymbol{x}^*)$ 而证得 $\hat{\boldsymbol{x}}$ 也是非线性规划(6.1)的最优点.

另外,有

$$f_0 = \lim_{k\to\infty} f(\boldsymbol{x}_k) = f(\hat{\boldsymbol{x}}) = f(\boldsymbol{x}^*),$$

及 $f_0 \leqslant P_0 \leqslant f(\boldsymbol{x}^*)$, 得到 $f(\boldsymbol{x}^*) = f_0 \leqslant P_0 \leqslant f(\boldsymbol{x}^*)$, 所以有

$$f_0 = P_0 = f(\boldsymbol{x}^*), \tag{6.20}$$

从而有

$$\lim_{k\to\infty} P(\boldsymbol{x}_k, M_k) = P_0 = f(\boldsymbol{x}^*).$$

推论 6.1.1 $\lim\limits_{k\to\infty} M_k\tilde{p}(\boldsymbol{x}_k) = 0.$

证明 由式(6.18)看到 $\lim\limits_{k\to\infty} M_k\tilde{p}(\boldsymbol{x}_k) = P_0 - f_0$, 而由式(6.20)看到 $f_0 = P_0 = f(\boldsymbol{x}^*)$, 所以有

$$\lim_{k\to\infty} M_k\tilde{p}(\boldsymbol{x}_k) = 0. \tag{6.21}$$

6.2 约束优化的内罚函数法

这一节讲求解下列非线性规划的内部逼近方法:

$$\begin{aligned}&\min_{x\in\mathbf{R}^n} f(\boldsymbol{x}),\\ &\text{s.t. } c_i(\boldsymbol{x})\geqslant 0,\ i=1,2,\cdots,l.\end{aligned}\tag{6.22}$$

其中无论目标函数还是约束函数都是 $\mathbf{R}^n$ 上的连续可微的实值函数. 这种所谓的内罚函数迭代法,基于非线性规划(6.22)的可行集 $X=\{\boldsymbol{x}\in\mathbf{R}^n \mid c_i(\boldsymbol{x})\geqslant 0,\ i=1,2,\cdots,l\}$ 是一个闭区域,设法使得迭代点总是在 X 内部移动,从而每次迭代如同做一次无约束优化问题. 要实现这一想法,就要对原目标函数加上适当的辅助函数而形成一个增广目标函数,当迭代点追近 X 的边界时增广目标函数的值陡然增大,这样对增广目标函数进行无约束优化工作而得到的最优点必然在 X 内,而每次迭代就无需再顾及 X 的边界. 当然需要默认 X 的内域非空. 这种所谓的内罚函数,就像在 X 的边界垒起一道高高的围墙,不让迭代点穿越边界.

内罚函数法的基本方法与外罚函数法类似. 对于参数 $r>0$,构造增广目标函数

$$B(\boldsymbol{x},r)=f(\boldsymbol{x})+r\widetilde{B}(\boldsymbol{x}),\tag{6.23}$$

其中 $\widetilde{B}(\boldsymbol{x})$ 称为壁垒函数,满足

$$\begin{cases}\widetilde{B}(\boldsymbol{x})>0, & \boldsymbol{x}\in \operatorname{int} X,\\ \widetilde{B}(\boldsymbol{x})\to+\infty, & x\to\partial X.\end{cases}\tag{6.24}$$

为此可取倒数型壁垒函数

$$\widetilde{B}(\boldsymbol{x})=\sum_{i=1}^{l}\frac{1}{c_i(\boldsymbol{x})},\tag{6.25}$$

或对数型壁垒函数

$$\widetilde{B}(\boldsymbol{x})=-\sum_{i=1}^{l}\ln(c_i(\boldsymbol{x})).\tag{6.26}$$

注:当变量 $\boldsymbol{x}\in \operatorname{int} X$ 时,$\widetilde{B}(\boldsymbol{x})>0$;而当 $\boldsymbol{x}\in \operatorname{int} X$ 且逼近 X 的边界时,$\widetilde{B}(\boldsymbol{x})\to+\infty$. 这样,对给定的参数 $r>0$,增广目标函数 $B(\boldsymbol{x},r)=f(\boldsymbol{x})+r\widetilde{B}(\boldsymbol{x})$ 在靠近 X 的边界时取值巨大,这表明,以 X 的内点为初始点的无约束优化的下降算法所形成的迭代点都含于 $\operatorname{int} X$ 内,与在 $\mathbf{R}^n$ 内进行任何一种收敛的无约束优化的下降算法等效. 当然初始点必须在 $\operatorname{int} X$ 内. 而当 $r\to0^+$ 时,对给定的 $\boldsymbol{x}\in \operatorname{int} X$,增广目标函数 $B(\boldsymbol{x},r)=f(\boldsymbol{x})+r\widetilde{B}(\boldsymbol{x})$ 又非常近似 $f(\boldsymbol{x})$,所以粗略地说,当 $r\to0^+$ 时 $B(\boldsymbol{x},r)=f(\boldsymbol{x})+r\widetilde{B}(\boldsymbol{x})$ 的下降算法是对于 $f(\boldsymbol{x})$ 的下降算法的一种模拟,且一旦初始点在 $\operatorname{int} X$ 内,则迭代序列含于 $\operatorname{int} X$ 内. 这是理解内罚函数迭代法的关键点所在.

内罚函数法的基本算法可由以下式子简略刻画:

$$\begin{cases} \boldsymbol{x}^{(r)} = \arg\min_{x\in \text{int } X} B(\boldsymbol{x}, r), \\ \boldsymbol{x}^{*} = \arg\min_{x\in X} B(\boldsymbol{x}, r), \\ \boldsymbol{x}^{(r)} \to \boldsymbol{x}^{*}\ (r\to 0^{+}). \end{cases}$$

例 6.2.1 用内罚函数法求解下列约束优化问题：

$$\min_{x\in \mathbf{R}^2} f(\boldsymbol{x}) = \frac{1}{3}(x_1+1)^3 + x_2,$$

$$\text{s. t. } x_1 - 1 \geqslant 0,$$

$$x_2 \geqslant 0.$$

解 这个问题的可行集为 $X = \{\boldsymbol{x} \in \mathbf{R}^2 \mid x_1 - 1 \geqslant 0, x_2 \geqslant 0\}$. 由于目标函数 $f(\boldsymbol{x})$ 的两个加项分别仅含决策变量 $\boldsymbol{x}$ 的一个分量，易见其在可行集 X 上都是非负的，因而 $f(\boldsymbol{x})$ 在 X 上存在最小点. 以下利用内罚函数法思想求得这个最小点.

对于 $r > 0$，取增广目标函数

$$B(\boldsymbol{x}, r) = \frac{1}{3}(x_1+1)^3 + x_2 + \left(\frac{r}{x_1-1} + \frac{r}{x_2}\right).$$

在 int X 内进行最优化工作，相当于对 $B(\boldsymbol{x}, r)$ 进行无约束优化. 按优化初等必要条件寻求驻点如次：令 $\nabla B(\boldsymbol{x}, r) = 0$，得到下列方程组

$$(x_1+1)^2 + \left(\frac{-r}{(x_1-1)^2}\right) = 0,$$

$$1 - \frac{r}{x_2^2} = 0.$$

在 int X 内，即当 $x_1 - 1 \geqslant 0$, $x_2 \geqslant 0$ 时，上述方程组有唯一解

$$\boldsymbol{x}(r) = \begin{pmatrix} (1+\sqrt{r})^{\frac{1}{2}} \\ \sqrt{r} \end{pmatrix}.$$

又在 int X 内，$B(\boldsymbol{x}, r)$ 的 Hessen 矩阵

$$\begin{pmatrix} 2(x_1+1) + \dfrac{2r}{(x_1-1)^3} & 0 \\ 0 & \dfrac{2r}{x_2^3} \end{pmatrix} > \boldsymbol{O}.$$

所以，$\boldsymbol{x}(r) = \left((1+\sqrt{r})^{\frac{1}{2}},\ \sqrt{r}\right)$ 是 $B(\boldsymbol{x}, r)$ 的全局极小点. 令 $r \to 0^+$，有 $\boldsymbol{x}(r) \to \boldsymbol{x}^* = (1, 0)^{\mathrm{T}}$. 由内罚函数法思想就得到原问题的最优解 $\boldsymbol{x}^* = (1, 0)^{\mathrm{T}}$.

类似定理 6.1.1，可证明以下内罚函数法的逼近定理.

定理 6.2.1　假设非线性规划(6.22)的可行集 $X \neq \varnothing$. 又设 $r_k (k = 1, 2, \cdots)$ 是一个单调减少且趋于零的正实数序列. 对于 $k = 1, 2, \cdots$，设 $\boldsymbol{x}_k$ 是无约束优化问题 $\min B(\boldsymbol{x}, r_k)$ 的最优点. 若 $\hat{\boldsymbol{x}}$ 是 $\{\boldsymbol{x}_k\}$ 的一个聚点，则 $\hat{\boldsymbol{x}}$ 也是非线性规划(6.22)的最优点.

算法 6.2.1　(i) 选定初始点 $\boldsymbol{x}_0 \in \mathrm{int}\, X$, $\varepsilon > 0$, $r_1 > 0$, $0 < c < 1$, $k = 1$.

(ii) 以 $\boldsymbol{x}_{k-1}$ 为初始点，用无约束优化的下降算法求解

$$\min B(\boldsymbol{x}, r_k) = f(\boldsymbol{x}) + r_k \widetilde{B}(\boldsymbol{x}),$$

得到 $\boldsymbol{x}_k \in \mathrm{int}\, X$.

(iii) 若 $r_k \widetilde{B}(\boldsymbol{x}_k) < \varepsilon$，算法终止，$\boldsymbol{x}^* \approx \boldsymbol{x}_k$；否则，$r_{k+1} = c r_k$, $k = k+1$，转(ii).

下面的例子是基于定理 6.2.1 和算法 6.2.1 的思想的实践，含有对于迭代点的聚点位置的人工逻辑判断.

例 6.2.2　用内点法求解下列约束优化问题：

$$\begin{aligned} \min\ & f(\boldsymbol{x}) = x_1^2 + 4x_2^2, \\ \text{s.t.}\ & x_1 - x_2 \leqslant 1, \\ & x_1 + x_2 \geqslant 1, \\ & x_2 \leqslant 1. \end{aligned} \tag{6.27}$$

先把约束优化问题(6.27)转化为下列标准形式：

$$\begin{aligned} \min\ & f(\boldsymbol{x}) = x_1^2 + 4x_2^2, \\ \text{s.t.}\ & -x_1 + x_2 - 1 \geqslant 0, \\ & x_1 + x_2 - 1 \geqslant 0, \\ & -x_2 + 1 \geqslant 0. \end{aligned}$$

对于 $r > 0$ 和变量 $\boldsymbol{x} = (x_1, x_2)^{\mathrm{T}}$，令

$$A_r(\boldsymbol{x}) = \frac{2r}{x_1 + x_2 - 1},\quad B_r(\boldsymbol{x}) = \frac{2r}{-x_1 + x_2 + 1},\quad C_r(\boldsymbol{x}) = \frac{r}{1 - x_2},$$

取增广目标函数

$$B(\boldsymbol{x}, r) = x_1^2 + 4x_2^2 - (\ln(-x_1 + x_2 + 1) + \ln(x_1 + x_2 - 1) + \ln(1 - x_2)).$$

令 $\nabla B(\boldsymbol{x}, r) = 0$，经等式变化，有

$$2x_1 + 8x_2 = A_r(\boldsymbol{x}) - C_r(\boldsymbol{x}), \tag{6.28}$$

$$-2x_1 + 8x_2 = B_r(\boldsymbol{x}) - C_r(\boldsymbol{x}), \tag{6.29}$$

由式(6.28)，式(6.29)得到

$$4x_1 = A_r(\boldsymbol{x}) - B_r(\boldsymbol{x}). \tag{6.30}$$

在式(6.30)两边乘以 $(x_1 + x_2 - 1)(-x_1 + x_2 + 1)$，再令 $r \to 0^+$，得到方程

$$4x_1(x_1 + x_2 - 1)(-x_1 + x_2 + 1) = 0. \tag{6.31}$$

类似地由式(6.28)，式(6.29)得到

$$(2x_1 + 8x_2)(x_1 + x_2 - 1)(1 - x_2) = 0, \tag{6.32}$$

$$(8x_2 - 2x_1)(-x_1 + x_2 + 1)(1 - x_2) = 0. \tag{6.33}$$

若 $x_2 \neq 1$ 且 $-x_1 + x_2 + 1 \neq 0$，由式(6.33)，得到 $8x_2 = 2x_1$，则迭代点迫近直线 $x_1 + x_2 - 1 = 0$，于是得到迭代点列的聚点 $\hat{\boldsymbol{x}} = \left(\frac{4}{5}, \frac{1}{5}\right)^{\mathrm{T}}$. 若 $x_2 \neq 1$ 且 $x_1 + x_2 - 1 \neq 0$，由式(6.32)，得到 $8x_2 = -2x_1$，则迭代点迫近直线 $-x_1 + x_2 + 1 = 0$，于是得到迭代点列的聚点 $\tilde{\boldsymbol{x}} = \left(\frac{4}{5}, \frac{-1}{5}\right)^{\mathrm{T}}$. 但是 $\tilde{\boldsymbol{x}} = \left(\frac{4}{5}, \frac{-1}{5}\right)^{\mathrm{T}} \notin X$，应舍去. 若 $x_2 = 1$，由式(6.31)，得到 $4x_1^2(2 - x_1) = 0$，于是得到迭代点列的聚点 $\bar{\boldsymbol{x}} = (0, 1)^{\mathrm{T}}$ 或 $\hat{\boldsymbol{x}} = (2, 1)^{\mathrm{T}}$. 由于

$$f(\hat{\boldsymbol{x}}) = \frac{20}{25} < 4 = f(\bar{\boldsymbol{x}}),\ f(\hat{\boldsymbol{x}}) = \frac{20}{25} < 8 = f(\hat{\boldsymbol{x}}),$$

所以，约束优化问题(6.27)的最优点是 $\hat{\boldsymbol{x}} = \left(\frac{4}{5}, \frac{1}{5}\right)^{\mathrm{T}}$.

6.3 约束优化的乘子罚函数法

在这一节，分析一下为什么外罚函数的罚因子必须无限增大，即为什么要求 $M_k \to +\infty$. 同时指出外罚函数法失效的情形，从而引入兼顾 Lagrange 函数的乘子罚函数法.

考虑等式约束问题：

$$\min f(\boldsymbol{x}),\ \boldsymbol{x}\in\mathbf{R}^n,\quad \text{s.t. } c_i(\boldsymbol{x})=0,\ i=1,\cdots,l, \tag{6.34}$$

并假设可行集 $X=\{\boldsymbol{x}\in\mathbf{R}^n \mid c_i(\boldsymbol{x})=0,\ i=1,\cdots,l\}$ 非空. 设 $\boldsymbol{x}^*$ 为式(6.34)的最优解,则由第二章介绍的 K-T 理论可知,在一定条件下存在 $\boldsymbol{\lambda}^*$ 使 $(\boldsymbol{x}^*,\boldsymbol{\lambda}^*)$ 为 Lagrange 函数

$$L(\boldsymbol{x},\lambda)=f(\boldsymbol{x})-\sum_{j=1}^{l}\lambda_j c_j(\boldsymbol{x}) \tag{6.35}$$

的稳定点,即

$$\nabla L(\boldsymbol{x}^*,\boldsymbol{\lambda}^*)=\begin{pmatrix}\nabla_x L\\ \nabla_\lambda L\end{pmatrix}=0.$$

因此,现在的问题是,能不能找到 $\boldsymbol{\lambda}^*$,使 $(\boldsymbol{x}^*,\boldsymbol{\lambda}^*)$ 就是 $L(\boldsymbol{x},\boldsymbol{\lambda})$ 的极小点?若能找到,那么求解约束问题(6.34)就转化为求解 Lagrange 函数的无约束问题了. 但是 Lagrange 函数的极小点往往是不存在的,考虑以下约束优化问题

$$\min f(\boldsymbol{x})=x_1^2-3x_2-x_2^2,\quad \text{s.t. } x_2=0, \tag{6.36}$$

采用外罚函数法求得最优解 $\boldsymbol{x}^*=(0,0)^{\mathrm{T}}$. 现在看它的 Lagrange 函数

$$L(\boldsymbol{x},\lambda)=x_1^2-3x_2-x_2^2-\lambda x_2=x_1^2-(\lambda+3)x_2-x_2^2,$$

对于任何 λ, $L(\boldsymbol{x},\lambda)$ 关于 $\boldsymbol{x}$ 的极小点是不存在的. 正是由于 Lagrange 函数关于 $\boldsymbol{x}$ 的极小点往往不存在,人们才避开直接求 $L(\boldsymbol{x},\lambda)$ 的稳定点,而引进了外罚函数,构造辅助函数

$$P(\boldsymbol{x},M)=x_1^2-3x_2-x_2^2+Mx_2^2, \tag{6.37}$$

并且通过不断增大罚因子 M 使式(6.37)的极小点无限逼近 $\boldsymbol{x}^*$. 那么能否找到某个 $M^*>0$,使 $\boldsymbol{x}^*$ 恰好是 $P(\boldsymbol{x},M^*)$ 的无约束极小点呢? 回答是否定的,因为

$$\nabla P(\boldsymbol{x}^*,M^*)=\begin{pmatrix}2x_1\\ 2(M-1)x_2-3\end{pmatrix}_{x=(0,0)}=\begin{pmatrix}0\\-3\end{pmatrix}\neq\begin{pmatrix}0\\0\end{pmatrix}.$$

因而一般找不到有限的 M^* 使 $\nabla_x P(\boldsymbol{x}^*,M^*)=0$. 这些讨论启发人们把 Lagrange函数与罚函数结合起来. 考虑函数

$$L(\boldsymbol{x}, \lambda)+M\widetilde{P}(\boldsymbol{x}), \tag{6.38}$$

称其为增广 Lagrange 函数. 通过求解增广 Lagrange 函数的序列无约束问题的解来获得原约束问题的解,就是下面要介绍的等式约束问题的乘子罚函数法.

为简便起见,将等式约束问题(6.34)写成向量形式

$$\begin{aligned} &\min f(\boldsymbol{x}), \quad \boldsymbol{x} \in \mathbf{R}^n, \\ &\text{s.t. } c(\boldsymbol{x})=0, \end{aligned} \tag{6.39}$$

其中, $c(\boldsymbol{x})=(c_1(\boldsymbol{x}), \cdots, c_l(\boldsymbol{x}))^{\mathrm{T}}$, $f(\boldsymbol{x})$ 和 $c_i(\boldsymbol{x})$ ($i=1, \cdots, l$)是连续可微函数,可行域 $D=\{\boldsymbol{x} \in \mathbf{R}^n \mid c(\boldsymbol{x})=0\}$.

设 $\lambda \in \mathbf{R}^l$ 为 Lagrange 乘子向量,则式(6.34)的 Lagrange 函数为

$$L(\boldsymbol{x}, \lambda)=f(\boldsymbol{x})-\boldsymbol{\lambda}^{\mathrm{T}} c(\boldsymbol{x}).$$

又设 $\boldsymbol{x}^*$ 是 $f(\boldsymbol{x})$ 的极小点, $\boldsymbol{\lambda}^*$ 是相应的 Lagrange 乘子向量,则在一定条件下有

$$\begin{aligned} &\nabla_x L(\boldsymbol{x}^*, \boldsymbol{\lambda}^*)=\nabla f(\boldsymbol{x}^*)-\sum_{i=1}^{l} \boldsymbol{\lambda}_j^* \nabla c_i(\boldsymbol{x}^*), \\ &\nabla_\lambda L(\boldsymbol{x}^*, \boldsymbol{\lambda}^*)=-c(\boldsymbol{x}^*)=0. \end{aligned} \tag{6.40}$$

注意到,对任意的 $\boldsymbol{x} \in D$ 有

$$L(\boldsymbol{x}^*, \boldsymbol{\lambda}^*)=f(\boldsymbol{x}^*) \leqslant f(\boldsymbol{x})=f(\boldsymbol{x})-\boldsymbol{\lambda}^{*\mathrm{T}} c(\boldsymbol{x})=L(\boldsymbol{x}, \boldsymbol{\lambda}^*). \tag{6.41}$$

可见,此时约束问题(6.39)与如下约束问题等价:

$$\begin{aligned} &\min L(\boldsymbol{x}, \boldsymbol{\lambda}^*), \\ &\text{s.t. } c(\boldsymbol{x})=0, \end{aligned} \tag{6.42}$$

尽管这里 $\boldsymbol{\lambda}^*$ 是待定向量. 对问题(6.42)采用外罚函数法. 问题(6.42)的增广目标函数(也称为增广 Lagrange 函数)可写为

$$M(\boldsymbol{x}, \boldsymbol{\lambda}^*, M)=L(\boldsymbol{x}, \boldsymbol{\lambda}^*)+\frac{M}{2} c(\boldsymbol{x})^{\mathrm{T}} c(\boldsymbol{x}), \tag{6.43}$$

其无约束优化问题为

$$\min M(\boldsymbol{x}, \boldsymbol{\lambda}^*, M).$$

在一定条件下,由式(6.40)可得

$$\nabla_x M(\boldsymbol{x}^*, \boldsymbol{\lambda}^*, M)=\nabla_x L(\boldsymbol{x}^*, \boldsymbol{\lambda}^*)+M \sum_{i=1}^{l} c_i(\boldsymbol{x}^*) \nabla c_i(\boldsymbol{x}^*)=0,$$

可见 $\boldsymbol{x}^*$ 是 $M(\boldsymbol{x}, \boldsymbol{\lambda}^*, M)$ 的稳定点. 在一定条件下可以证明,当 M 充分大时,$\boldsymbol{x}^*$ 是 $M(\boldsymbol{x}, \boldsymbol{\lambda}^*, M)$ 的极小点. 但 $\boldsymbol{\lambda}^*$ 却还是未知向量. **乘子罚函数法的思想就是在求 $\boldsymbol{x}^*$ 的同时,采用迭代方法求出 $\boldsymbol{\lambda}^*$**. 以下避开更深入的理论探讨,而仅以下例说明等式约束问题的乘子罚函数法的操作办法.

例 6.3.1 考虑约束优化问题

$$\min f(\boldsymbol{x}) = x_1^2 - 3x_2 - x_2^2,$$
$$\text{s.t. } x_2 = 0,$$

其增广 Lagrange 函数为

$$M(\boldsymbol{x}, \lambda, M) = x_1^2 - (\lambda + 3)x_2 + \frac{M-2}{2}x_2^2,$$

当 $\lambda^* = -3$, $M \geqslant M^* = 2$ 时,原问题的最优解为 $\boldsymbol{x}^* = (0, 0)^{\mathrm{T}}$,是 $M(\boldsymbol{x}, \lambda^*, M) = x_1^2 + \left(\frac{M-2}{2}\right)x_2^2$ 的最优解.

反之,求解无约束问题

$$\min M(\boldsymbol{x}, \lambda, M) = x_1^2 + \frac{M-2}{2}x_2^2 - (\lambda + 3)x_2,$$

令

$$\frac{\partial M}{\partial x_1} = 2x_1 = 0,$$
$$\frac{\partial M}{\partial x_1} = (M-2)x_2 - (\lambda + 3) = 0,$$

得

$$x_0 = \left(0, \frac{\lambda + 3}{M-2}\right)^{\mathrm{T}}.$$

要求 $\boldsymbol{x}_0$ 满足的约束条件 $x_2 = 0$,必须取 $\lambda = -3$,从而 $\boldsymbol{x}_0 = (0, 0)^{\mathrm{T}} = \boldsymbol{x}^*$,即为原约束问题的最优解.

由上述例子看到,乘子法并不要求罚因子 M 趋于无穷大,只要求 M 大于某个正数 M^*,就能保证无约束问题 $\min M(\boldsymbol{x}, \boldsymbol{\lambda}^*, M)$ 的最优解为原约束问题 (6.39) 的最优解. 现在需要解决的问题是如何求得 $\boldsymbol{\lambda}^*$? 实际上它是 Lagrange 函数在最优解 $\boldsymbol{x}^*$ 处的最优 Lagrange 乘子向量,在未求出 $\boldsymbol{x}^*$ 之前往往无法知道. 因此,一般采用迭代法求得点列 $\{\boldsymbol{\lambda}_k\}$,在迭代过程中增大罚因子 M,与 $\{\boldsymbol{\lambda}_k\}$ 相匹配

记为 $\{M_k\}$，要使得 $\boldsymbol{\lambda}_k \to \boldsymbol{\lambda}^*$.

对每个 $\boldsymbol{\lambda}_k$，求解无约束问题

$$\min M(\boldsymbol{x}, \boldsymbol{\lambda}_k, M_k),$$

设其最优解为 $\boldsymbol{x}_k$，然后修正 λ_k 为 λ_{k+1}，再求解 $M(\boldsymbol{x}, \lambda_{k+1}, M_{k+1})$ 的极小点. 如此得到两个点列 $\{\boldsymbol{x}_k\}$ 与 $\{\lambda_k\}$，希望 $\boldsymbol{x}_k \to \boldsymbol{x}^*$，$\boldsymbol{\lambda}_k \to \boldsymbol{\lambda}^*$.

如何修正 $\boldsymbol{\lambda}_k$ 才能做到这点呢？设已有 $\boldsymbol{\lambda}_k$ 和 x_k，则由 $M(x, \boldsymbol{\lambda}, M)$ 的定义有

$$\nabla_x M(x_k, \boldsymbol{\lambda}_k, M_k) = \nabla f(x_k) - \nabla c(x_k)(\boldsymbol{\lambda}_k - M_k c(x_k)) = 0. \tag{6.44}$$

因为要求 $\boldsymbol{x}_k \to \boldsymbol{x}^*$ 和 $\boldsymbol{\lambda}_k \to \boldsymbol{\lambda}^*$，且

$$\nabla f(\boldsymbol{x}^*) - \nabla c(\boldsymbol{x}^*)\boldsymbol{\lambda}^* = 0, \tag{6.45}$$

所以采用公式

$$\boldsymbol{\lambda}_{k+1} = \boldsymbol{\lambda}_k - M_k c(\boldsymbol{x}_k), \tag{6.46}$$

或

$$(\boldsymbol{\lambda}_{k+1})_j = (\boldsymbol{\lambda}_k)_j - M_k c_j(\boldsymbol{x}_k),\ j = 1, 2, \cdots, l$$

来修正 $\boldsymbol{\lambda}_k$. 从式(6.46)看出，若 $\{\lambda_k\}$ 收敛，则 $c(\boldsymbol{x}_k) \to 0$. 当 $\boldsymbol{x}_k \to \boldsymbol{x}^*$ 时，就有 $c(\boldsymbol{x}^*) = 0$，即 $\boldsymbol{x}^*$ 为可行解. 在式(6.44)中令 $k \to \infty$ 便得式(6.45)，即 $\boldsymbol{x}^*$ 为式(6.39)的 K-T 点.

定理 6.3.1 设 $\boldsymbol{x}_k$ 是 $\min M(\boldsymbol{x}, \boldsymbol{\lambda}_k, M_k)$ 的最优解，若 $c(\boldsymbol{x}_k) = 0$，则 $\boldsymbol{x}_k$ 为式(6.39)的最优解.

证 设 $\boldsymbol{x}_k$ 是 $\min M(\boldsymbol{x}, \boldsymbol{\lambda}_k, M_k)$ 的最优解，且 $c(\boldsymbol{x}_k) = 0$，则对任意的 $\boldsymbol{x} \in D = \{\boldsymbol{x} \in \mathbf{R}^n \mid c(\boldsymbol{x}) = 0\}$，有

$$f(\boldsymbol{x}) = M(\boldsymbol{x}, \boldsymbol{\lambda}_k, M) \geqslant M(\boldsymbol{x}_k, \boldsymbol{\lambda}_k, M) = f(\boldsymbol{x}_k),$$

即 $\boldsymbol{x}_k$ 为(6.39)的最优解.

定理 6.3.2 设 $\boldsymbol{x}_k$ 是无约束优化问题 $\min M(\boldsymbol{x}, \boldsymbol{\lambda}_k, M_k)$ 的最优解且 $c(\boldsymbol{x}_k) \to 0$，并假设存在 $\boldsymbol{x}^*$ 使得 $\lim\limits_{k\to\infty} \boldsymbol{x}_k = \boldsymbol{x}^*$（或 $\boldsymbol{x}^*$ 是 $\{\boldsymbol{x}_k\}$ 的一个聚点）. 若 $\{\boldsymbol{\lambda}_k\}$ 有界，则 $\boldsymbol{x}^*$ 为式(6.39)的最优解.

以上两个定理，实际上给出了乘子法的终止准则，当 $\| c(\boldsymbol{x}_k) \| \leqslant \varepsilon$ 时，迭代停止. 在迭代过程中如果发现 $\{\boldsymbol{\lambda}_k\}$ 不收敛或收敛太慢，则增大 M 的值后再迭代. 收敛快慢可用比值 $\dfrac{\| c(\boldsymbol{x}_k) \|}{\| c(\boldsymbol{x}_{k-1}) \|}$ 来度量.

算法 6.3.1(等式约束问题的乘子法——PH 算法)

(i) 选定初始点 $\boldsymbol{x}_0$、初始乘子向量 $\boldsymbol{\lambda}_1$、初始罚因子 M_1 及其放大系数 $c>1$、控制误差 $\varepsilon>0$ 与常数 $\theta\in(0,1)$，令 $k=1$.

(ii) 以 $\boldsymbol{x}_{k-1}$ 为初始点求解无约束问题

$$\min M(\boldsymbol{x},\boldsymbol{\lambda}_k,M_k)=f(\boldsymbol{x})-\boldsymbol{\lambda}_k^{\mathrm{T}}c(\boldsymbol{x})+\frac{M_k}{2}c(\boldsymbol{x})^{\mathrm{T}}c(\boldsymbol{x})$$

得最优解 $\boldsymbol{x}_k$.

(iii) 当 $\|c(\boldsymbol{x}_k)\|\leqslant\varepsilon$ 时，$\boldsymbol{x}_k$ 为所求最优解，停. 否则转(iv).

(iv) 当 $\dfrac{\|c(\boldsymbol{x}_k)\|}{\|c(\boldsymbol{x}_{k-1})\|}\leqslant\theta$ 时，转(v)，否则令 $M_{k+1}=cM_k$，转(v).

(v) 令 $\boldsymbol{\lambda}_{k+1}=\boldsymbol{\lambda}_k-M_kc(\boldsymbol{x}_k)$，$k=k+1$，转(ii).

算法 6.3.1 最初是 Powell 和 Hestenes 几乎同时各自独立地提出，故简称为 PH 算法.

例 6.3.2　用 PH 算法求解约束优化问题

$$\min f(\boldsymbol{x})=x_1^2+x_2^2,$$
$$\text{s.t. } x_1+x_2-2=0.$$

解　增广 Lagrange 函数为

$$M(x_1,x_2,\lambda,M)=x_1^2+x_2^2-\lambda(x_1+x_2-2)+\frac{M}{2}(x_1+x_2-2)^2.$$

令

$$\frac{\partial M}{\partial x_1}=2x_1-\lambda+M(x_1+x_2-2)=0,$$
$$\frac{\partial M}{\partial x_1}=2x_2-\lambda+M(x_1+x_2-2)=0,$$

得

$$x_1=x_2=\frac{2M+\lambda}{2M+2}.$$

将上式中的 λ 换为 λ_k，却暂时固定 $M>0$，再把 x_1，x_2 的值代入乘子迭代公式(6.46)：

$$\lambda_{k+1}=\lambda_k-M(x_1+x_2-2),$$

即
$$\lambda_{k+1} = \frac{1}{M+1}\lambda_k + \frac{2M}{M+1}.$$

显然，当 $M > 0$ 时 $\{\lambda_k\}$ 收敛，且 M 越大收敛越快. 如取 $M = 10$，则
$$\lambda_{k+1} = \frac{1}{11}\lambda_k + \frac{20}{11},$$

设 $\lambda_k \to \lambda^*$，对上式取极限得
$$\lambda = \frac{1}{11}\lambda^* + \frac{20}{11}.$$

$\lambda^* = 2$，在 $x_1 = x_2 = \dfrac{2M+\lambda}{2M+2}$ 中取 $M = 10$，$\lambda = \lambda^* = 2$，由定理 6.3.1 得到原问题的最优解 $\boldsymbol{x}^* = (x_1^*, x_2^*)^{\mathrm{T}} = (1, 1)^{\mathrm{T}}$.

例 6.3.3 用乘子法求解下列问题：
$$\min_{x\in\mathbf{R}^2} f(\boldsymbol{x}) = \frac{-1}{2}(x_1^2 + x_2^2) - x_1 + x_2, \quad \text{s. t. } x_1^2 + x_2^2 \leqslant 1. \tag{6.47}$$

解 由于约束优化问题(6.47)的目标函数是负定二次函数，它在 $x_1^2 + x_2^2 \leqslant 1$ 上的最小点都位于 $x_1^2 + x_2^2 = 1$ 上，所以等价于下列等式约束的优化问题
$$\min_{x\in\mathbf{R}^2} f(\boldsymbol{x}) = \frac{-1}{2}(x_1^2 + x_2^2) - x_1 + x_2, \quad \text{s. t. } x_1^2 + x_2^2 = 1.$$

其增广 Lagrange 函数为
$$M(x_1, x_2, \lambda, M) = \frac{-1}{2}(x_1^2 + x_2^2) - x_1 + x_2 - \lambda(x_1^2 + x_2^2 - 1) + \frac{M}{2}(x_1^2 + x_2^2 - 1)^2.$$

令
$$\begin{aligned} \frac{\partial M}{\partial x_1} &= -x_1 - 1 - 2\lambda x_1 + M(x_1^2 + x_2^2 - 1)2x_1 = 0, \\ \frac{\partial M}{\partial x_1} &= -x_2 + 1 - 2\lambda x_2 + M(x_1^2 + x_2^2 - 1)2x_2 = 0, \end{aligned} \tag{6.48}$$

由此推出，
$$x_2 = -x_1. \tag{6.49}$$

由式(6.49)，式(6.48)得到，

$$x_1\left(x_1^2-\frac{(2M+2\lambda+1)}{4M}\right)=\frac{1}{4M}, \tag{6.50}$$

以及

$$x_2\left(x_2^2-\frac{(2M+2\lambda+1)}{4M}\right)=\frac{-1}{4M}. \tag{6.51}$$

由多项式优化理论可知，对于给定的实数 λ 和正数 M，无约束优化问题 $\min M(x_1, x_2, \lambda, M)$ 存在最优解. 由式(6.50)，式(6.51)，对于给定的 λ，当正数 M 充分大，为确定 $\min M(x_1, x_2, \lambda, M)$ 的最优解，注意到 $M(x_1, x_2, \lambda, M)$ 的表达式特性，从几何上可看到式(6.48)有以下明显的解 $(x_1, x_2)^{\mathrm{T}}$，满足，

$$x_1>0,\ x_2=-x_1,\ x_1^2\approx\frac{(2M+2\lambda+1)}{4M},\ x_2^2\approx\frac{(2M+2\lambda+1)}{4M}, \tag{6.52}$$

将上式中的 λ，M 换为 λ_k，M_k，再把 x_1，x_2（也依赖于 k）的值代入乘子迭代公式(6.46)：

$$\begin{aligned}\lambda_{k+1}&=\lambda_k-M_k(x_1^2+x_2^2-1)\\&=\lambda_k-M_k\left(\frac{(2M_k+2\lambda_k+1)}{2M_k}-1\right)\to\lambda^*=\frac{-1}{2}.\end{aligned}$$

再代入式(6.52)，有

$$(x_1^2, x_2^2)\to\hat{\boldsymbol{x}}=\left(\frac{1}{2}, \frac{1}{2}\right). \tag{6.53}$$

所以由式(6.53)，式(6.52)和定理 6.3.2，可知 $\boldsymbol{x}^*=\left(\frac{1}{\sqrt{2}}, \frac{-1}{\sqrt{2}}\right)^{\mathrm{T}}$ 为约束优化问题(6.47)的最优解.

注：也可以恒取 $\lambda=\lambda^*=\frac{-1}{2}$，考虑增广 Lagrange 函数

$$\begin{aligned}M(\boldsymbol{x}, \lambda^*, M)&=\frac{-1}{2}(x_1^2+x_2^2)-x_1+x_2+\frac{1}{2}(x_1^2+x_2^2-1)+\\&\quad\frac{M}{2}(x_1^2+x_2^2-1)^2\\&=\frac{M}{2}(x_1^2+x_2^2-1)^2-x_1+x_2-\frac{1}{2}.\end{aligned} \tag{6.54}$$

由多项式优化理论可知，无约束优化问题 $\min M(\boldsymbol{x}, \lambda^*, M)$ 存在最优解. 注意到

$M(x_1, x_2, \lambda, M)$ 的表达式特性，$\min M(\boldsymbol{x}, \lambda^*, M)$ 的最优解满足，

$$x_1 > 0,\ x_2 = -x_1,\ 2x_1^2 - 1 = \frac{1}{2Mx_1}.$$

从几何上可看到，当 $x_1 > 0$，方程 $2x_1^2 - 1 = \frac{1}{2Mx_1}$ 有唯一的根. 同样由式(6.53)，式(6.52)和定理6.3.2，可知 $\boldsymbol{x}^* = \left(\frac{1}{\sqrt{2}}, \frac{-1}{\sqrt{2}}\right)^{\mathrm{T}}$ 为约束优化问题(6.47)的最优解.

习题6

1. 试用外点法求解以下约束优化问题.

(1) $\min f(\boldsymbol{x}) = x_1^2 + x_2^2$,
s. t. $x_1 - x_2 = 1$.

(2) $\min f(\boldsymbol{x}) = (x_1 + x_2)^2$,
s. t. $x_1 - x_2 = 1$.

(3) $\min f(\boldsymbol{x}) = x_1^2 + 2x_2$,
s. t. $x_2 \leqslant 1$.

(4) $\min f(\boldsymbol{x}) = \frac{1}{3}(x_1 + 1)^3 + x_2$,
s. t. $x_1 - 1 \geqslant 0$,
$x_2 \geqslant 0$.

2. 试用内点法求解以下约束优化问题.

(1) $\min f(\boldsymbol{x}) = x_1 + 2x_2$,
s. t. $x_1 + x_2 \geqslant 1$,
$x_2 \geqslant 0$.

(2) $\min f(\boldsymbol{x}) = x_1 + x_2$,
s. t. $-x_1^2 + x_2 \geqslant 0$,
$x_1 \geqslant 0$.

3. 试用外点法求解以下约束优化问题.

$$\min_{\boldsymbol{x} \in \mathbf{R}^2} f(\boldsymbol{x}) = \frac{3}{2}x_1^2 + x_2^2 + \frac{1}{2}x_3^2 - x_1x_2 - x_2x_3 + x_1 + x_2 + x_3,$$
$$\text{s. t. } x_1 + 2x_2 + x_3 - 4 = 0.$$

4. 用外点法求解以下约束优化问题：

$$\begin{aligned} &\min\ (x_1^2 + x_2^2),\\ &\text{s. t. } 2x_1 + x_2 - 2 \leqslant 0,\\ &\qquad -x_2 + 1 \leqslant 0. \end{aligned}$$

5. 用内点法求解

$$\begin{aligned} &\min\ (x_1 + x_2),\\ &\text{s. t. } x_1^2 + x_2^2 \leqslant 2,\\ &\qquad x_1 \geqslant 0. \end{aligned}$$

第 7 章　MATLAB 在最优化中的应用

在科学工程领域中，最优化方法有着十分广泛的应用。根据数学理论定义，最优化是指在某种约束条件下，寻求目标函数的最大值或者最小值，其数学模型一般表示为

$$\min_{x \in S} f(\boldsymbol{x}),$$

其中，$\boldsymbol{x}$ 表示决策向量，即 $\boldsymbol{x} = (x_1, x_2, \cdots, x_n)^{\mathrm{T}} \in S \subset \mathbf{R}^n$，$f(\boldsymbol{x})$ 是目标函数，S 表示所承受的约束条件。如果 $S = \mathbf{R}^n$，则该优化模型为无约束优化问题；否则，是约束优化问题。本章将简要介绍 MATLAB 软件的 Optimization Toolbox（优化工具包）的使用方法，所涉及的内容将都是 MATLAB 内置的函数。有些比较复杂的优化处理工具将会涉及 Optimization Toolbox 中的函数和内容。如果希望自行演示本附录中的程序代码，请选择安装 Optimization Toolbox 组件。以下首先介绍线性规划和二次规划这两种在实际中比较常见的优化问题，然后涉及非线性最优化问题。

7.1　线 性 规 划

线性规划是一种特殊的优化问题，目标函数和约束条件都是线性的。对于这种优化问题，可以使用比较特殊的方法来求解. 典型的线性规划问题为：

$$\begin{aligned} \min\ & f(\boldsymbol{x}) = \boldsymbol{c}^{\mathrm{T}}\boldsymbol{x}, \\ \text{s. t.}\ & \boldsymbol{A}\boldsymbol{x} \leqslant \boldsymbol{b}, \\ & \boldsymbol{A}_{\mathrm{eq}}\boldsymbol{x} = \boldsymbol{b}_{\mathrm{eq}}, \\ & \boldsymbol{lb} \leqslant \boldsymbol{x} \leqslant \boldsymbol{ub}. \end{aligned}$$

在 MATLAB 优化工具包中，求解线性规划的命令为“linprog”，其完整的调用格式如下：

[x, fval, exitflag, output, lambda] = linprog(c, A, b, Ae, be, lb, ub, x0, options)

输入参数：参数 c 表示目标函数中的常向量，x0 表示的是优化的初始值，参数 A，b 表示的是满足线性不等式 $\boldsymbol{Ax} \leqslant \boldsymbol{b}$ 的系数矩阵和右端向量；数 Aeq，beq 表示的是满足线性等式 $\boldsymbol{A}_{\mathrm{eq}}\boldsymbol{x} = \boldsymbol{b}_{\mathrm{eq}}$ 的系数矩阵和右端向量；参数 lb，ub 则表示满足参数取值范围 $\boldsymbol{lb} \leqslant \boldsymbol{x} \leqslant \boldsymbol{ub}$ 的上限和下限；参数 options 就是进行优化的属性设置。

输出参数：exitflag 表示程序退出优化运算的类型，output 参数包含多种关于优化的信息，包含 iterations 等；参数 lambda 则表示各种约束问题的拉格朗日参数数值。

例 7.1.1 求解线性规划，其目标函数为 $f(x) = -3x_1 - 2x_2$，其中参数满足下面的关系式：$0 \leqslant x_1, x_2 \leqslant 10$，同时，该目标函数还满足下面的约束条件：

$$\begin{cases} 3x_1 + 4x_2 \leqslant 7, \\ 2x_1 + x_2 \leqslant 3, \\ -3x_1 + 2x_2 = 2. \end{cases}$$

解 (1) 在 MATLAB 的命令窗口中输入下面的程序代码：

```
x0=[0 0]；
c=[-3 -2]′；
A=[3 4;2 1]；
b=[7 3]′；
Ae=[-3 2]；
be=2；
lb=[0 0]′；
ub=[10 10]′；
[x, fval, exitflag, output, lambda]=linprog(c, A, b, Ae, be, lb, ub, x0).
```

(2) 查看线性规划求解的结果. 在命令窗口中输入下面的程序代码：x，fval。

可以看到，使用 linprog 求解例 1，可得最优解为(0.3333，1.500)，对应的最优解对应的函数值为 −4.

注：函数 linprog 的输入参数 x0 是可选的，我们看下面的例子.

例 7.1.2 求解下面的现行线性规划：

$$\begin{aligned} \min\ & -5x_1 + 4x_2 + 2x_3 \\ \text{s. t.}\ & 6x_1 - x_2 + x_3 \leqslant 8, \\ & x_1 + 2x_2 + 4x_3 \leqslant 10, \\ & -1 \leqslant x_1 \leqslant x_3, \\ & 0 \leqslant x_2 \leqslant 2, \\ & 0 \leqslant x_3. \end{aligned}$$

解　在 MATLAB 的命令窗口中输入下面的程序代码：

```
c=[-5 4 2]′;
A=[6 -1 1;1 2 4]; b=[8 10]′;
Ae=[ ]; be=[ ];
lb=[-1 0 0]′;
ub=[3 2]′;
[x, fval, exitflag, output, lambda]=linprog(c, A, b, Ae, be, lb, ub).
```

以下介绍单纯形法 MATLAB 程序，并结合具体例子加深对单纯形法的理解。

例 7.1.3　$\max\ 5x_1+2x_2$,

$$\begin{aligned}\text{s. t. }\ & 30x_1+20x_2\leqslant 160,\\ & 5x_1+x_2\leqslant 15,\\ & x_1\leqslant 4,\\ & x_1,\ x_2\geqslant 0.\end{aligned}$$

解　加入松驰变量，化为标准型，得到

```
D=[30 20 1 0 0 160; 5 1 0 1 0 15; 1 0 0 0 1 4; 5 2 0 0 0 0];
```

给出初始基变量的下标，

```
N=[3 4 5];
```

然后执行：

```
[X, val, it]=ssimplex(D, N)
```

结果输出为：

```
X=
    25    0    0    2
val =
    20
it =
    3
```

使用 MATLAB 自带的命令检查为：

```
X = linprog([-5 -2]′, [30 20; 5 1; 1 0], [160 15 4]′)
```

得到的结果为：X=[2.0000 5.0000].

例 7.1.4　$\max\ 2x_1-x_2+x_3$,

$$
\begin{aligned}
\text{s.t.}\ & 3x_1+x_2+x_3\leqslant 60,\\
& x_1-x_2+2x_3\leqslant 10,\\
& x_1+x_2-x_3\leqslant 20,\\
& x_1,\ x_2,\ x_3\geqslant 0.
\end{aligned}
$$

解 加入松弛变量,化为标准型,执行程序如下:

```
D=[3 1 1 0 0 0 60; 1 -1 2 0 1 0 10; 1 1 -1 0 0 1 20; 2 -1 1 0 0 0 0];
N=[3 4 5];
[X, val, it]=ssimplex(D, N)
```

结果输出为:

```
X =
    15    5    10    0    0    0
val =
    25
it =
    3
```

附单纯形法 MATLAB 程序:

```
%单纯形法 MATLAB 程序 ssimplex
%求解标准型线性规划:max c*x; s.t. A*x=b; x>=0
%本函数中的 D 是单纯初始表,包括:最后一行是初始的检验数,最后一列是资源向量 b
% N 是初始的基变量的下标
%输出变量 X 是最优解,其中松弛变量(或剩余变量)可能不为 0
%输出变量 val 是最优目标值,it 是迭代次数
function [X, val, it]=ssimplex(D, N)
[m, n]=size(D);
it=0; %迭代次数
flag=1;
while flag
it=it+1;
    if D(m, :)<=0% 已找到最优解
flag=0;
        X=zeros(1, n-1);
for i=1:m-1
```

```
X(N(i)) = D(i, n);
end
val = - D(m, n);
else
for i = 1:n - 1
            if D(m, i)>0 &D(1:m - 1, i)<=0 % 问题有无界解
disp('This program have infinite solution!');
flag = 0;
break;
end
end
        if flag %   还不是最优表,进行转轴运算
temp = 0;
for i = 1:n - 1
if D(m, i)>temp
temp = D(m, i);
inb = i; %   进基变量的下标
end
end
sita = zeros(1, m - 1);
for i = 1:m - 1
if D(i, inb)>0
sita(i) = D(i, n)/D(i, inb);
end
end
temp = inf;
for i = 1:m - 1
if sita(i) >0&sita(i) <temp
temp = sita(i);
outb = i;%   出基变量下标
end
end
            %   以下更新 N
for i = 1:m - 1
if i = = outb
```

```
N(i) = inb;
end
end
            % 以下进行转轴运算
D(outb, :) = D(outb, :)/D(outb, inb);
for i = 1:m
if i~ = outb
D(i, :) = D(i, :) - D(outb, :) * D(i, inb);
end
end
end
end
end
```

7.2 二次规划

若某非线性规划的目标函数为自变量 $\boldsymbol{x}$ 的二次函数，约束条件是线性的，就称这种规划为二次规划。标准的二次规划格式如下：

$$\min_{\boldsymbol{x}} f(\boldsymbol{x}) = \frac{1}{2}\boldsymbol{x}^{\mathrm{T}}\boldsymbol{H}\boldsymbol{x} + \boldsymbol{c}^{\mathrm{T}}\boldsymbol{x}$$

$$\text{s. t. } \boldsymbol{A}\boldsymbol{x} \leqslant \boldsymbol{b}, \quad \boldsymbol{A}_{\mathrm{eq}}\boldsymbol{x} = \boldsymbol{b}_{\mathrm{eq}}, \quad \boldsymbol{lb} \leqslant \boldsymbol{x} \leqslant \boldsymbol{ub}$$

这里 $\boldsymbol{H}$ 是把目标函数化成标准形式后得到的实对称矩阵，$\boldsymbol{f}$，$\boldsymbol{b}$ 是列向量，$\boldsymbol{A}$，$\boldsymbol{A}_{\mathrm{eq}}$ 是相应维数的矩阵.

在 MATLAB 中，求解二次规划的命令为 quadprog，其完整的调用格式如下：

[x, fval, exitflag, output, lambda] = quadprog(c, A, b, Aeq, beq, lb, ub, x0, options)

关于该命令中的各个参数的含义，请参考前面的 *linprog* 命令.

例 7.2.1 求解二次规划，其目标函数为

$$\min f(x) = \frac{1}{2}x_1^2 + x_2^2 - x_1x_2 - 2x_1 - 6x_2,$$

约束条件为：

$$\text{s.t.}\ \begin{aligned} & x_1 + x_2 \leqslant 2, \\ & -x_1 + 2x_2 \leqslant 2, \\ & 2x_1 + x_2 \leqslant 3, \\ & x_1 \geqslant 0,\ x_2 \geqslant 0. \end{aligned}$$

解　(1) 将二次规划进行转换,转换为标准形式. 根据线性代数知识,得到的结果为：

$$\boldsymbol{H} = \begin{pmatrix} 1 & -1 \\ -1 & 2 \end{pmatrix},\quad \boldsymbol{c} = \begin{pmatrix} -2 \\ -6 \end{pmatrix},\quad \boldsymbol{x} = \begin{pmatrix} x_1 \\ x_2 \end{pmatrix}.$$

(2) 进行二次规划求解. 在 MATLAB 的命令窗口中输入下面的代码：

```
H=[1 -1; -1 2];
c=[-2; -6];
A=[1 1; -1 2;2 1];
b=[2;2;3];
lb=[0;0];
[x, fval, exitflag, output, lambda]=quadprog(H, c, A, b, [], [], lb);
```

MATLAB 中求解二次规划的函数为“quadprog”,用法如下：

```
(1) x = quadprog(H, f)
(2) x = quadprog(H, f, A, b)
(3) x = quadprog(H, f, A, b, Aeq, beq)
(4) x = quadprog(H, f, A, b, Aeq, beq, lb, ub)
(5) x = quadprog(H, f, A, b, Aeq, beq, lb, ub, x0)
(6) x = quadprog(H, f, A, b, Aeq, beq, lb, ub, x0, options)
(7) [x, fval] = quadprog(H, f, …)
(8) [x, fval, exitflag] = quadprog(H, f, …)
(9) [x, fval, exitflag, output] = quadprog(H, f, …)
(10) [x, fval, exitflag, output, lambda] = quadprog(H, f, …)
```

其中命令(7)～(10)的等式右边可选用命令(1)～(6)的等式右边。它的返回值是向量 $\boldsymbol{x}$, $\boldsymbol{x}_0$ 是 $\boldsymbol{x}$ 的初始值; $\boldsymbol{A}$, $\boldsymbol{b}$, $\boldsymbol{A}_{eq}$, $\boldsymbol{b}_{eq}$ 定义了线性约束 $\boldsymbol{Ax} \leqslant \boldsymbol{b}$, $\boldsymbol{A}_{eq}\boldsymbol{x} = \boldsymbol{b}_{eq}$, 如果没有线性约束,则 $\boldsymbol{A} = [\ ]$, $\boldsymbol{b} = [\ ]$, $\boldsymbol{A}_{eq} = [\ ]$, $\boldsymbol{b}_{eq} = [\ ]$; $\boldsymbol{lb}$ 和 $\boldsymbol{ub}$ 是变量 $\boldsymbol{x}$ 的下界和上界,如果上界和下界没有约束,则 $\boldsymbol{lb} = [\ ]$, $\boldsymbol{ub} = [\ ]$,

"OPTIONS"定义了优化参数,可以使用 MATLAB 缺省的参数设置。"fval"是目标函数值。"lambda"是 Lagrange 乘子,它体现哪一个约束有效。"output"输出优化信息。

(3) 查看二次规划求解的结果. 在 MATLAB 的命令窗口中输入代码:", x, fval"。在上面的二次规划问题中，求得的最优解为(0.6667, 1.3333)，对应的函数数值为 −8.222.

例 7.2.2 求解二次规划

$$\min z = 2x_1^2 - 4x_1x_2 + 4x_2^2 - 6x_1 - 3x_2,$$
$$\text{s.t. } x_1 + x_2 \leqslant 3,$$
$$4x_1 + x_2 \leqslant 9,$$
$$x_1,\ x_2 \geqslant 0.$$

解 写成标准形式如下:

$$\min z = \frac{1}{2}(x_1,\ x_2)\begin{pmatrix} 4 & -4 \\ -4 & 8 \end{pmatrix}\begin{pmatrix} x_1 \\ x_2 \end{pmatrix} + (-2 \quad -6)\begin{pmatrix} x_1 \\ x_2 \end{pmatrix},$$

$$\text{s.t. } \begin{pmatrix} 1 & 1 \\ 4 & 1 \end{pmatrix}\begin{pmatrix} x_1 \\ x_2 \end{pmatrix} \leqslant \begin{pmatrix} 3 \\ 9 \end{pmatrix},$$

$$\begin{pmatrix} 0 \\ 0 \end{pmatrix} \leqslant \begin{pmatrix} x_1 \\ x_2 \end{pmatrix}.$$

编写如下程序输入窗口:

```
H=[4 -4; -4 8];
f=[-6, -3];
A=[1,1;4,1];
b=[3;9];
[x, value]=quadprog(H, f, A, b, [ ], [ ], [0;0], [ ])
```

Matlab 结果输出:

```
x =
     1.9500
     1.0500

value =
   -11.0250
```

例 7.2.3 求解二次规划

$$\min z=\frac{1}{2}x_1^2+\frac{1}{2}x_2^2-x_1-2x_2,$$
$$\text{s.t. } 2x_1+3x_2\leqslant 6,$$
$$x_1+4x_2\leqslant 5,$$
$$x_1,\ x_2\geqslant 0.$$

解 写成标准形式如下：

$$\min z=\frac{1}{2}(x_1,\ x_2)\begin{pmatrix}1 & 0\\0 & 1\end{pmatrix}\begin{bmatrix}x_1\\x_2\end{bmatrix}+(-1\quad -2)\begin{bmatrix}x_1\\x_2\end{bmatrix},$$
$$\text{s.t. }\begin{bmatrix}2 & 3\\1 & 4\end{bmatrix}\begin{bmatrix}x_1\\x_2\end{bmatrix}\leqslant\begin{pmatrix}6\\5\end{pmatrix},$$
$$\begin{bmatrix}0\\0\end{bmatrix}\leqslant\begin{bmatrix}x_1\\x_2\end{bmatrix}.$$

编写如下程序输入窗口：

```
H=[1 0;0 1];
f=[-1, -2];
A=[2, 3;1, 4];
b=[6;5];
[x, value]=quadprog(H, f, A, b, [ ], [ ], [0;0], [ ])
```

Matlab 结果输出：

```
x =
    0.7647
    1.0588
value =
    -2.0294
```

例 7.2.4 求解二次规划

$$\min z=7x_1^2+6x_1x_2+9x_2^2-3x_1-5x_2,$$
$$\text{s.t. } 4x_1+3x_2\leqslant 16,$$
$$2x_1+4x_2\leqslant 25,$$
$$x_1,\ x_2\geqslant 0.$$

解 写成标准形式如下：

$$\min z=\frac{1}{2}(x_1,x_2)\begin{pmatrix}14 & 6\\ 6 & 18\end{pmatrix}\begin{bmatrix}x_1\\ x_2\end{bmatrix}+(-3\quad -5)\begin{bmatrix}x_1\\ x_2\end{bmatrix}$$

$$\text{s. t.}\begin{bmatrix}4 & 3\\ 2 & 4\end{bmatrix}\begin{bmatrix}x_1\\ x_2\end{bmatrix}\leqslant\begin{pmatrix}16\\ 25\end{pmatrix},$$

$$\begin{bmatrix}0\\ 0\end{bmatrix}\leqslant\begin{bmatrix}x_1\\ x_2\end{bmatrix}.$$

编写如下程序输入窗口：

```
H=[14, 6; 6, 18];
f=[-3, -5];
A=[4, 3; 2, 4];
b=[16; 25];
[x, value]=quadprog(H, f, A, b, [ ], [ ], [0; 0], [ ])
```

Matlab 结果输出：

```
x =
    0.1111
    0.2407
value =
        -0.7685
```

7.3 无约束非线性优化

MATLAB 为解决无约束优化提供 fminsearch 和 fminunc 函数，其对应的详细调用格式如下：

```
[x, fval, exitflag, output] = fminsearch(fun, x0, options)
```

在上面的命令格式中，参数比较繁多，下面分别分详细介绍.

输入参数：参数“fun”表示优化的目标函数，参数“xo”表示执行优化的初始数值，参数“options”表示进行优化的各种属性，一般需要使用“optimset”函数进行设置.

输出参数：参数“x”表示最优解；“fval”表示最优解对应的函数值；参数“exitflag”则表示函数退出优化运算的原因，取值为 1、0 和 －1. 其中数值“1”表示函数收敛于最优解，“0”则表示函数迭代次数超过了优化属性的设置，“－1”则表示优化迭代算法被 output 函数终止；参数“output”是一种结构变量，显示的是关于优化的属性信息，例如优化迭代次数和优化算法等.

说明：在 MATLAB 中，“fminsearch”一般适用于没有约束条件的非线性优化情况，对于线性优化的情况，将在后面介绍.

fminunc 函数的调用格式如下：

```
[x, fval, exitflag, outflag, grad, hessian] = fminunc(fun, x0, options)
```

该函数的大部分参数的含义和 fminsearch 函数相同，而输出参数“grad”表示的是函数在最优解下的梯度；参数“hessian”则表示目标函数在最优解的 Hessian 矩阵数值；参数“exitflag”表示的也是停止最优解的类型，但是其取值包括了 －2，－1，0，1，2 和 3. 因此，该函数比上面的函数能够更加详细地描述优化情况. 关于其具体的含义，可自行查看相应的帮助文件.

下面看一个无约束非线性优化实例.

例 7.3.1　求解二元函数 $f(x)=3x_1^2+2x_1x_2+x_2^2$ 在全集范围之内的最小值，分别使用不同的优化函数和优化属性. 为了让读者能够直观查看优化求解情况，可以在求解之后绘制二元函数的图形.

解　(1) 选择命令窗口编辑栏中的“File”—“New”—“M-File”命令，打开 M 文件编辑器，在其中输入下面的程序代码：

```
function[f, g] = optfun(x)
f = 3 * x(1)^2 + 2 * x(1) * x(2) + x(2)^2;
if nargout ¿ 1
    g(1) = 6 * x(1) + 2 * x(2);
    g(2) = 2 * x(1) + 2 * x(2);
end
```

在上面的程序代码中，“g”表示的是 f 函数的梯度.

在输入完上面的程序代码后，将该代码保存为“optfun.m”文件.

(2) 选择优化的初始数值[1, 1]，分别使用不同的函数求解优化. 在 MATLAB 命令窗口中输入下面的程序代码：

```
x0 = [1, 1];
options = optimset('Display', 'iter', 'TolFun', 1e-18, 'GradObj', 'on');
[x, fval, exitflag, output, grad] = fminunc(@optfun, x0, options)
```

```
[x1, fval1, exitflag1, output1] = fminsearch(@optfun, x0, options)
```

说明：在上面的结果中，使用 fminuc 函数的最优解为(0, 0)，而且迭代的次数为 2，对应的优化求解方法为“large-scale: trust-region Newton”；使用 fminsearch 函数求解的最优解为(0, 0)，且迭代次数为 81，使用的优化求解方法为“Nelder-Mead simplex direct search”. 因此，在相同的初值条件下，两个方法求解的性质不同.

(3) 选择优化的初始值[−1, 1]，分别使用不同的函数求解优化. 在 MATLAB 的命令窗口中输入下面的程序代码：

```
x0 = [-1, 1];
options = optimset('Display', 'iter', 'TolFun', 1e-18, 'GradObj', 'on');
[x, fval, exitflag, output, grad] = fminunc(@optfun, x0, options)
[x1, fval1, exitflag1, output1] = fminsearch(@optfun, x0, options)
```

从上面的程序结果中可以看出，当修改优化的初始条件后，各种优化函数使用的迭代次数会明显的改变. 因此，设置初值将直接影响优化求解的效率.

在共轭梯度法的实际使用中，通常在迭代 n 步或者 $n+1$ 步之后，重新取负梯度方向作为搜索方向，称之为重新开始的共轭梯度法。这是因为对于一般非二次函数而言，n 步迭代后共轭梯度法产生的搜索方向往往不再具有共轭性。而对于大规模问题，常常每隔一些步数便重新开始。此外，当搜索方向不再是下降方向时，也插入负梯度方向作为搜索方向。

7.3.1 F-R 共轭梯度法

以下给出基于 Armijo 非精确线搜索的重新开始的 F-R 共轭梯度法的 MATLAB 程序，以及举例说明如何使用该方法求解无约束优化问题.

例 7.3.2 求解无约束优化问题

$$\min_{x\in \mathbf{R}^2} f(\boldsymbol{x}) = 100\,(x_1^2 - x_2)^2 + (x_1 - 1)^2,$$

该问题有精确解 $\boldsymbol{x}^* = (1, 1)^{\mathrm{T}}$, $f(\boldsymbol{x}^*) = 0$.

解 编写目标函数“fun. m”如下：

```
function y = fun(x)
y = 100 * (x(1)^2 - x(2))^2 + (x(1) - 1)^2;
```

编写导数函数“*gfun. m*”如下：

```
function y = gfun(x)
```

```
y1 = 200 * (x(1)^2 - x(2)) * 2 * x(1) + 2 * (x(1) - 1);
y2 = - 200 * (x(1)^2 - x(2));
y=[y1 y2]';
```

编写 FR 共轭梯度法 MATLAB 程序,在窗口输入:

```
x0=[ - 1.2 1]';
[x, val, it]=frcg('fun', 'gfun', x0)
```

MATLAB 结果输出:

```
x =
    1.0000
    1.0001
val =
  8.2937e - 010
it=
  102
```

利用该程序,终止准则取为 $\|\nabla f(\boldsymbol{x}_k)\| \leqslant 10^{-4}$,取不同的初始点,数值结果如表 7-1.

表 7-1

初始点	迭代步数(it)	目标函数值($f(\boldsymbol{x})$)
$\boldsymbol{x}_0=(0, 0)^T$	67	2.44e-9
$\boldsymbol{x}_0=(0.5, 0.5)^T$	87	1.69e-9
$\boldsymbol{x}_0=(1.2, -1)^T$	30	6.55e-9
$\boldsymbol{x}_0=(-1.2, 1)^T$	102	8.29e-10
$\boldsymbol{x}_0=(-1.2, -1)^T$	32	4.76e-9

F-R 共轭梯度法 MATLAB 程序:

```
function [x, val, it]=frcg(fun, gfun, x0)
% 功能:用 F-R 共轭梯度法求解无约束问题:min f(x)
% 输入:x0 是起始点,fun, gfun 分别是目标函数和梯度
% 输出:x, val 分别是近似最优点和最优值,it 是迭代次数
maxit = 500; %最大迭代步数
rho = 0.6;
sigma = 0.4;
```

```
epsilon = 1e-4;
n = length(x0);
for it=1:maxit
    g = feval(gfun, x0); % 计算梯度
if (it==1)
        d = -g;
else
beta = (g'*g)/(g0'*g0);
        d = -g+beta*d0;
gd = g'*d;
if (gd>=0.0)
            d = -g;
end
end
if (norm(g)<epsilon)
break;
end
    for m=1:20 %Armijo 搜索
if (feval(fun, x0+rho^m*d)<(feval(fun, x0)+sigma*rho^m*(g'*d)))
break;
end
end
x0 = x0+rho^m*d;
val = feval(fun, x0);
    g0 = g;
    d0 = d;
end
x = x0;
val = feval(fun, x);
```

7.3.2 修正牛顿法

以下利用修正牛顿法借助 MATLAB 求解无约束最优化问题.

例 7.3.3 $\min f(\boldsymbol{x})=(x_1-1)^4+2x_2^2$.

解 取初始点 $\boldsymbol{x}^{(0)}=(2,0)^{\mathrm{T}}$，建立以下三个 MATLAB 文件：

```
    function df = df(x1, x2)
    df = [ - 4 * (x1 - 1)^3; - 4 * x2]
    function df2 = df2(x1, x2, c)
    df2 = [12 * (x1 - 1)^2, 0; 0, 4];
    if abs(det(df2))<= c
        df2 = eye(2);
    else
        df2 = df2;
    end

function y = newton(a, b, c)
x1 = a;
x2 = b;
k = 1;
B = zeros(2, 1);
while norm(df(x1, x2), inf) >= 1.0e-4
    B = inv(df2(x1, x2, c)) * df(x1, x2);
    x1 = x1 + B(1);
    x2 = x2 + B(2);
    diary on
    strcat('step:', int2str(k))
    x1
    x2
    diary off
    k = k + 1;
end
format short
x1, x2
```

在 MATLAB 命令窗口输入下列语句：newton2(2, 0, 0.001)

迭代到第 9 步得到上述无约束最优化问题的近似最优解：

```
step:9
    x1 = 1.026
    x2 = 0
    df = 1.0e - 004 * (-0.7040, 0)T.
```

7.3.3 拟牛顿法

以下利用拟牛顿法借助 MATLAB 求解无约束最优化问题.

例 7.3.4 $\min f(\boldsymbol{x}) = (x_1 - 1)^4 + 2x_2^2$.

解 取初始点 $\boldsymbol{x}^{(0)} = (2, 0)^T$，建立以下两个 MATLAB 文件：

```
function [f, df] = quasinewton(x)
    f = (x(1) - 1)^4 + 2 * (x(2))^2;
    df = [4 * (x(1) - 1)^3, 4 * x(2)];
niniudun.m
      x = [2;0];
      H = [1 0;0 1];
      [f0, df] = quasinewton(x);
      k = 1;
      while norm(df)>0.00001
          g1 = df;
          p = - H * df';
          p = p/norm(p);
          t = 1.0;
          f = quasinewton(x + t * p);
          while   f>f0
              t = t/2;
              f = quasinewton(x + t * p);
          end
          x = x + t * p;
          [f0, df] = quasinewton(x);
          g2 = df;
      H = H + ((t * p) * (t * p)')./((g2 - g1) * (t * p)) - (H * (g2 - g1)' *
      (g2 - g1) * H)./((g2 - g1) * H * (g2 - g1)');
          diary on
          strcat('step:', int2str(k))
          x
          diary off
          k = k + 1;
      end
```

```
x
f0
```

在 MATLAB 命令窗口输入下列语句：

```
niniudun
```

得到上述无约束最优化问题的最优解

$$\boldsymbol{x}^* = (1, 0)^{\mathrm{T}}.$$

7.4 约束非线性优化

有约束条件的优化情况比无约束条件的优化情况要复杂得多，处理起来也更困难，种类也比较繁杂. 这里仅限于讨论 MATLAB 内置函数“fmincon”的使用方法. 首先，fmincom 函数主要用于解决具有下面约束条件的优化：

$$\begin{aligned} &\min\ f(\boldsymbol{x}), \\ &\text{s. t. } c(\boldsymbol{x}) \leqslant \mathbf{0}, \\ &\qquad ce(\boldsymbol{x}) = \mathbf{0}, \\ &\qquad \boldsymbol{Ax} \leqslant \boldsymbol{b}, \\ &\qquad \boldsymbol{Aex} = \boldsymbol{be}, \\ &\qquad \boldsymbol{lb} \leqslant \boldsymbol{x} \leqslant \boldsymbol{ub}. \end{aligned}$$

函数的完整调用格式如下：

```
[x, fval, exitflag, output, lambda]
= fmincon(fun, x0, A, b, Ae, be, lb, ub, nonlcon, options)
```

该函数的参数比较复杂,下面详细介绍各种参数的含义.

输入参数:参数“fun”表示的是优化目标函数,“x0”表示的是优化的初始值,参数 A, b 表示的是满足线性关系式 $\boldsymbol{Ax} \leqslant \boldsymbol{b}$ 的系数矩阵合结果矩阵；参数 Ae, be 表示的式满足线性等式 $\boldsymbol{Aex} = \boldsymbol{be}$ 的矩阵；参数 lb, ub 则表示满足参数取值范围 $\boldsymbol{lb} \leqslant \boldsymbol{x} \leqslant \boldsymbol{ub}$ 的上限和下限；参数 nonlcon 则表示需要参数满足的非线性关系式 $c(\boldsymbol{x}) \leqslant \mathbf{0}$ 和 $ce(\boldsymbol{x}) = \mathbf{0}$ 的优化情况；参数 options 就是进行优化的属性设置；

输入参数:exitflag 表示程序退出优化运算的类型,取值为 −2, −1, 0, 1, 2, 3, 4 和 5,其数值对应的类型在此不作详细说明. output 参数包含多种关于优化的信息,包含 iterations, funcCount, algorithm, cgiterations, stepsize 和 firstorderopt 等；参数 lambda 则表示 lower，upper，ublneqlin，eqlin，ineqnonlin 和 eqnonlin 等，分别表示优化问题的各种约束问题的拉格朗日参数数值.

下面给出一个约束条件的非线性优化实例.

例 7.4.1 求解在约束条件 $0 \leqslant x_1 + 2x_2 + 3x_3 \leqslant 72$，函数 $f(x) = -x_1x_2x_3$ 的最小值的最优解以及最优解的数值.

（1）转换约束条件，将上面的约束条件转换为下面的关系式

$$\begin{cases} -x_1 - 2x_2 - 3x_3 \leqslant 0, \\ x_1 + 2x_2 + 3x_3 \leqslant 72. \end{cases}$$

提示：由于在 fmincon 中，所有的约束条件都是以上面的不等式形式出现的，因此在本步骤中需要将原来的约束条件转换为不等式方程组.

（2）选择命令窗口编辑栏中的“File”—“New”—“M-File”命令，打开 M 文件编辑器，在其中输入下面的程序代码：

```
function f = optcon(x)
f = - x(1) * x(2) * x(3);
```

将上面的程序代码保存为“optcon. m”文件，该文件将是最优解的目标函数.

（3）在 MATLAB 的命令窗口中输入下面的程序代码：

```
A = [ - 1  - 2  - 3; 1 2 3];
b = [0; 72];
x0 = [10; 10; 10];
[x, fval, exitflag, output, lambda] = fmincon(@optcon, x0, A, b).
```

（4）查看优化信息. 在输入上面的程序代码后，按“Enter”键，MATLAB 将会进行优化运算，并显示对应的优化信息；在上面的程序中显示了实质起作用的约束条件和优化中止的类型.

（5）查看优化的结果. 在 MATLAB 的命令窗口中输入下面的程序代码：

```
x
fval
output
```

（6）重新设置优化条件，进行优化运算. 将最优问题的约束条件修改为下面的关系式：

$$\begin{cases} x_2 \leqslant 5, \\ x_3 \leqslant 10, \\ x_1 + 2x_2 + 3x_3 \leqslant 72 \end{cases}$$

同时，将初值设置为[1，1，1]，然后进行优化求解，得到的结果如下：

```
x0=[1, 1, 1];
A=[1, 2, 3; 0, 1, 0; 0, 0, 1];
b=[72; 5; 10];
[x, fval, exitflag, output, lambda]=fmincon(@optcon, x0, A, b);
x
fval
exitflag
output
```

提示：从上面的条件可以看出，当修改关于优化的各种属性后，优化问题会发生质的改变，因此在进行优化求解问题的时候，需要特别注意优化求解的条件.

7.5　非线性最小二乘问题

非线性最小二乘问题（nonlinear least-squares）是非线性约束优化的一种特例，其优化的目标函数为

$$\min \sum_{i=1}^{n} f_i^2(\boldsymbol{x}).$$

在 MATLAB 中，为了求解非线性最小二乘问题，提供 lsqnonlin 函数命令，其最完整的调用格式如下：

[x, resnorm, residual, exitflag, output, lambada]=lsqnonlin(fun, x0, lb, ub, options)

在上面的命令中，函数的参数比较复杂，下面详细介绍各参数的具体含义.

输入参数：参数 fun 表示优化的目标函数，参数 x0 表示优化的初值条件，lb 是进行优化求解的下限，ub 是进行优化求解的上限，相当于 $\boldsymbol{lb} \leqslant \boldsymbol{x} \leqslant \boldsymbol{ub}$；参数 options 则表示优化求解的优化属性.

输入参数：参数 x 表示所求的最优解；参数 resnorm 则表示二阶范数，在数值上等于“sum(fun(x).2)”；参数 residual 则表示优化求解后的残数；参数 lambda 则表示在最优解处的拉格朗日数值；其他参数和其他优化命令中含义相同.

提示：在上面的命令格式中，并不是所有的参数都是必须输入的. 在参数输入部分，只有 fun，x0 是必须输入的，而在输出参数部分，则只有 x 是必须的. MATLAB之

所以提供上面的许多参数，是为了方便用户自行研究和比较优化的属性.

下面看一个非线性最小二乘问题实例.

例 7.5.1 以函数 $f(\boldsymbol{x})=\dfrac{1}{1+8\boldsymbol{x}^2}$ 为基准函对其进行非线性最小二乘运算，同时以最小二乘为目标进行数据拟合.

解 （1）选择命令窗口编辑栏中得“File”—“New”—“M-File”命令，打开 M 文件编辑器，在其中输入下面的程序代码：

```
function F = flq(a)
xx = -2 + [0:200]/50;
F = polyval(a, xx) - 1./(1 + 8 * xx. * xx);
```

在输入上面的程序代码后，将上面的程序代码保存为“flq. m”文件.

（2）进行非线性最小方差求解. 在 MATLAB 的命令窗口中输入下面的程序代码：

```
N = 5;
a0 = zeros(1, N);
lb = -1 * ones(1, N);
ub = ones(1, N);
options = optimset('Display', 'iter', 'TolFun', 1e-18, 'Gradobj', 'on');
[x, resnorm, residual, exitflag, output, lambda] = lsqnonlin('flq', a0, lb, ub,
options);
```

（3）查看程序结果. 在输入上面的程序代码后，按“Eenter”键，得到的结果如下：

```
x
resnorm
exitflag
output
```

7.6 乘子法求解约束优化问题

例 7.6.1 $\min\limits_{x\in\mathbf{R}^2} f(\boldsymbol{x})=(x_1-2)^2+(x_2-1)^2,$

s. t. $x_1-2x_2+1=0,$

$$0.25x_1^2 + x_2^2 \leqslant 1.$$

取初始点为 $\boldsymbol{x}_0 = (3, 3)^{\mathrm{T}}$，该问题有精确解

$$\boldsymbol{x}^* = \left(\frac{1}{2}(\sqrt{7}-1), \frac{1}{4}(\sqrt{7}+1)\right)^{\mathrm{T}} \approx (0.82288, 0.91144)^{\mathrm{T}},$$

$$f(\boldsymbol{x}^*) = \frac{1}{4}(\sqrt{7}-5)^2 + \frac{1}{16}(\sqrt{7}-3)^2 \approx 1.39346.$$

解　先编写目标函数“f1. m”如下：

```
function y = f1(x)
y = (x(1) - 2.0)^2 - (x(2) - 1.0)^2;
```

等式约束函数文件“hf1. m”如下：

```
function y = hf1(x)
y = x(1) - 2.0 * x(2) + 1.0;
```

不等式约束函数文件“gf1. m”如下：

```
function y = gf1(x)
y = - 0.25 * x(1)^2 - x(2)^2 + 1
```

目标函数的梯度函数文件“df1. m”如下：

```
function y = df1(x)
y = [2.0 * (x(1) - 2.0), 2.0 * (x(2) - 1.0)]';
```

等式约束函数的 Jacobi 矩阵文件“dhf1. m”如下：

```
Function y = dhf1(x)
y = [1.0, - 2.0]';
```

等式约束函数文件“dgf1. m”如下：

```
function y = dgf1(x)
y = [ - 0.5 * x(1), - 2.0 * x(2)]';
```

编写 F-R 共轭梯度法 MATLAB 程序，在 MATLAB 窗口输入：

```
x0 = [3, 3]';
[x, mu, lambda, fval, iter] = multphr('f1', 'hf1', 'gf1', 'df1', 'dhf1', 'dgf1',
x0)
```

MATLAB 结果输出：

```
x =
0.8229
0.9114
mu =
  - 1.5945
Lambda =
  1.8465
mu =
  - 1.5945
fval=
1.3934
Iter =
   23
```

附乘子法 MATLAB 程序:

```
function [x, mu, lambda, fval, iter] = multphr(fun, hf, gf, dfun, dhf, dgf, x0)
% 功能:用乘子法解一般约束问题:min f(x), s.t. h(x) = 0, g(x)>=0
% 输入:x0 是初始点,fun, dfun 分别是目标函数及其梯度
% hf, dhf 分别是等式约束函数及其 Jacobi 矩阵的转置
% gf, dgf 分别是不等式约束函数及其 Jacobi 矩阵的转置
% 输出:x 是近似最优点,mu, lambda 分别是相应于等式约束和不等式约束的乘子向量
% fval 是目标函数值
% iter 是迭代步数

maxit = 500; % 最大迭代步数
sigma = 2.0; % 罚因子
eta = 2.0; theta = 0.8; % PHR 算法中的实参数
it=0;ink=0;   % it, ink 分别是外迭代和内迭代的次数
epsilon = 1e-6; % 终止误差值
x=x0; he=feval(hf, x); ge=feval(gf, x);
n=length(x);
l=length(he);
m=length(ge);
% 选取乘子向量的初始值
```

```
    mu = 0.1 * ones(1, 1);
    lambda = 0.1 * ones(m, 1);
    btak = 10;
    btaold = 10; % 用来检验终止条件的两个值
    for it = 1:maxit
        % 调用BFGS算法程序求解无约束子问题

    [x, ival, ik]= bfgs('mpsi', 'dmpsi', x0, fun, hf, gf, dfun, dhf, dgf, mu, lamb-
da, sigma);
    ink = ink + ik;
    he=feval(hf, x); ge=feval(gf, x);
    btak = 0.0;
    for i=1:l
    btak = btak+he(i)^2;
    end
    for i=1:m
    temp = min(ge(i), lambda(i)/sigma);
    btak = btak + temp^2;
    end
    btak = sqrt(btak);
    if btak>epsilon
    if (it >=2 &btak> theta * btaold)
    sigma = eta * sigma;
    end
            % 更新乘子向量
    for i=1:l
    mu(i) =mu(i) - sigma * he(i);
    end
    for i=1:m
    lambda(i) =max(0.0, lambda(i) - siigma * gi(i));
    end

    break;
    end
    btaold=btak;
```

```
x0 = x;
end
fval = feval(fun, x);


%%% 增广拉格朗日函数  %%%%
function psi = mpsi(x, fun, hf, gf, dfun, dhf, dgf, mu, lambda, sigma)
f = feval(fun, x);
he = feval(hf, x);
ge = feval(gf, x);
l = length(he);
m = length(ge);
psi = f;
s1 = 0.0;
fori = 1:l
psi = psi - he(i) * mu(i) ;
    s1 = s1 + he(i) ^2;
end
psi = psi + 0.5 * sigma * s1;
s2 = 0.0;
fori = 1:m
    s3 = max(0.0, lambda(i) - sigma * gi(i));
    s2 = s2 + s3^2 - lambda9i)^2;
end
psi = psi + s2/(2.0 * sgma);


%%% 增广拉格朗日函数的梯度  %%%%
function dpsi = dmpsi(x, fun, hf, gf, dfun, dhf, dgf, mu, lambda, sigma)
dpsi = feval(dfun, x);
he = feval(hf, x);
ge = feval(gf, x);
dhe = feval(dhf, x);
dge = feval(dgf, x);
l = length(he);
```

```
m = length(ge);
psi = f;

fori = 1:l
dpsi = dpsi + (sigma * he(i) - mu(i) ) * dhe(:, i);
end

fori = 1:m
dpsi = dpsi + (sigma * ge(i) - lambda(i) ) * dge(:, i);
end
```

7.7　最小最大值的优化问题

最小最大值的优化问题函是比较特殊的问题，其表示的是从一系列最大值中选取最小的数值，相当于求解下面的优化问题：

$$\min_x \max_i \{F_i(x)\},$$

约束条件为：

$$\begin{cases} c(\boldsymbol{x}) \leqslant 0, \\ ce(\boldsymbol{x}) = 0, \\ \boldsymbol{Ax} \leqslant \boldsymbol{b}, \\ \boldsymbol{Aex} = \boldsymbol{be}, \\ \boldsymbol{lb} \leqslant \boldsymbol{x} \leqslant \boldsymbol{ub}. \end{cases}$$

在上面的目标函数中，$F(x) = (F_1(x), F_2(X), \cdots, F_m(x))^{\mathrm{T}}$. MATLAB 提供了函数 fminmax 来求解最小最大值优化问题，该函数的参数和使用方法和前面介绍的 fmincon 完全相同，这里不重复介绍. 下面使用简单的实例来介绍如何使用该函数命令.

例 7.7.1　求解函数 $F(\boldsymbol{x}) = (F_1(x), F_2(X), \cdots, F_5(x))$ 的最小最大值，其中各分量函数依次为 $F_1(x) = 2x_1^2 + x_2^2 - 48x_1 - 40x_2 + 125$，$F_2(x) = -x_1^2 - 3x_2^2$，$F_3(x) = x_1^2 + 3x_2^2 - 18$，$F_4(x) = -x_1 - x_2$ 和 $F_5(x) = x_1 + x_2 - 8$.

解　(1) 选择命令窗口中的“File”—“New”—“M-File”命令，打开 M 文件编辑器，在其中输入下面的程序代码：

```
function f = mnmax(x)
f(1) = 2 * x(1)^2 + x(2)^2 - 48 * x(1) - 40 * x(2) + 125;
f(2) = - x(1)^2 - 3 * x(2)^2;
f(3) = x(1) + 3 * x(2) - 18;
f(4) = - x(1) - x(2);
f(5) = x(1) + x(2) - 8;
```

在输入上面的程序代码后，将该代码保存为“mnmax. m”文件.

(2) 求解最小最大值的优化问题，在 MATLAB 的命令窗口中输入下面的程序代码：

```
x0 = [0.1; 0.1];
[x, fval] = fminimax(@mnmax, x0)
```

在上面的求解过程中，首先设置了初值条件，然后直接调用函数求解优化问题.

附录　球约束下非凸二次优化的一个注记

考虑以下球约束下非凸二次全局优化问题 P：

$$\min Q(\boldsymbol{x}) = \frac{1}{2}\boldsymbol{x}^{\mathrm{T}}\boldsymbol{A}\boldsymbol{x} - \boldsymbol{f}^{\mathrm{T}}\boldsymbol{x}, \tag{1}$$

$$\text{s. t. } \boldsymbol{x}^{\mathrm{T}}\boldsymbol{x} \leqslant 1.$$

其中 $\boldsymbol{A}=\boldsymbol{A}^{\mathrm{T}}$，$\boldsymbol{f}\neq \boldsymbol{0}$. 并设 $\boldsymbol{A}$ 至少有一个特征根 λ 小于零. 这样 $Q(\boldsymbol{x}) = \frac{1}{2}\boldsymbol{x}^{\mathrm{T}}\boldsymbol{A}\boldsymbol{x} - \boldsymbol{f}^{\mathrm{T}}\boldsymbol{x}$ 在 $\|\boldsymbol{x}\| \leqslant 1$ 的极小点只能在 $\|\boldsymbol{x}\| = 1$ 上取到，否则 $\boldsymbol{A}\geqslant \boldsymbol{0}$. 取定：$h^* = -\min\limits_{\lambda<0}\lambda$，$\alpha^* = \dfrac{h^*}{1+h^*}$，则有 $h^*>0$，$0<\alpha^*<1$.

回顾第 4 章的讨论，与上述二次全局优化问题等价的关于 α^* 的摄动变换为

$$(P_1)：\min_{\boldsymbol{x}^{\mathrm{T}}\boldsymbol{x}\leqslant 1} Q_{\alpha^*}(\boldsymbol{x}) = (1-\alpha^*)\left(\frac{1}{2}\boldsymbol{x}^{\mathrm{T}}\boldsymbol{A}\boldsymbol{x} - \boldsymbol{f}^{\mathrm{T}}\boldsymbol{x}\right) + \frac{\alpha^*}{2}\boldsymbol{x}^{\mathrm{T}}\boldsymbol{x}. \tag{2}$$

由于 $\boldsymbol{f}\neq\boldsymbol{0}$，第 4 章给出了矩阵与最小特征根的秩条件：

$$\operatorname{rank}(\boldsymbol{A} + (-\min_{\lambda<0}\lambda)\boldsymbol{I}) \neq \operatorname{rank}(\boldsymbol{A} + (-\min_{\lambda<0}\lambda)\boldsymbol{I},\ \boldsymbol{f}) \tag{3}$$

由上述秩条件可知 $Q_{\alpha^*}(\boldsymbol{x})$ 在 $\|\boldsymbol{x}\|\leqslant 1$ 上的最小点 $\boldsymbol{x}^*$ 必位于 $\|\boldsymbol{x}\|=1$ 上，若不然，则在 $\boldsymbol{x}^*$ 处有

$$((1-\alpha^*)\boldsymbol{A} + \alpha^*)\boldsymbol{x}^* = (1-\alpha^*)\boldsymbol{f}$$

$$\Rightarrow\left(\frac{1}{1+h^*}\boldsymbol{A} + \frac{h^*}{1+h^*}\boldsymbol{I}\right)\boldsymbol{x}^* = \frac{1}{1+h^*}\boldsymbol{f} \Rightarrow (\boldsymbol{A} + (-\min_{\lambda<0}\lambda)\boldsymbol{I})\boldsymbol{x}^* = \boldsymbol{f}$$

与式(3)矛盾. 同时，因 $\boldsymbol{A}$ 至少有一个特征根 λ 小于零，则 $Q(\boldsymbol{x}) = \frac{1}{2}\boldsymbol{x}^{\mathrm{T}}\boldsymbol{A}\boldsymbol{x} - \boldsymbol{f}^{\mathrm{T}}\boldsymbol{x}$ 在 $\|\boldsymbol{x}\|\leqslant 1$ 上的最小点位于 $\|\boldsymbol{x}\|=1$ 上. 于是由定理 4.5.2 可知 $Q_{\alpha^*}(\boldsymbol{x})$ 与 $Q(\boldsymbol{x})$ 在 $\|\boldsymbol{x}\|=1$ 上的有相同的最小点且都位于 $\|x\|=1$ 上.

在第 4 章中已证明了下述结果(参见定理 4.5.3).

定理 A　设 $\boldsymbol{A}=\boldsymbol{A}^{\mathrm{T}}$，$\boldsymbol{f}\neq\boldsymbol{0}$，并设 $\boldsymbol{A}$ 至少有一个特征根 λ 小于零. 在秩条件(3)

满足的情形下，$\boldsymbol{u}^*$ 是 $Q(\boldsymbol{x})=\frac{1}{2}\boldsymbol{x}^{\mathrm{T}}\boldsymbol{A}\boldsymbol{x}-\boldsymbol{f}^{\mathrm{T}}\boldsymbol{x}$ 在 $\|\boldsymbol{x}\|\leqslant 1$ 的最小点的充要条件是，

$$\|\boldsymbol{A}\boldsymbol{x}^*-\boldsymbol{f}\|>-\min_{\lambda<0}\lambda,\quad \boldsymbol{x}^*=\frac{-(\boldsymbol{A}\boldsymbol{x}^*-\boldsymbol{f})}{\|\boldsymbol{A}\boldsymbol{x}^*-\boldsymbol{f}\|}.\tag{4}$$

在假设(3)满足的情形下，$Q(\boldsymbol{x})=\frac{1}{2}\boldsymbol{x}^{\mathrm{T}}\boldsymbol{A}\boldsymbol{x}-\boldsymbol{f}^{\mathrm{T}}\boldsymbol{x}$ 在 $\|\boldsymbol{x}\|\leqslant 1$ 有最小点 $\boldsymbol{x}^*=(\boldsymbol{A}+\rho^*\boldsymbol{I})^{-1}\boldsymbol{f}$.

以下讨论秩条件(3.3)不满足时的情形，即此时有

$$\mathrm{rank}(\boldsymbol{A}+(-\min_{\lambda<0}\lambda)\boldsymbol{I})=\mathrm{rank}(\boldsymbol{A}+(-\min_{\lambda<0}\lambda)\boldsymbol{I},\ \boldsymbol{f}),\tag{5}$$

讨论在条件(5)下求解球约束下非凸二次全局优化问题(1). 以下记

$$\hat{Q}(\boldsymbol{x})=\frac{1}{2}\boldsymbol{x}^{\mathrm{T}}(\boldsymbol{A}-(\min_{\lambda<0}\lambda)\boldsymbol{I})\boldsymbol{x}-\boldsymbol{f}^{\mathrm{T}}\boldsymbol{x}.$$

命题 1 如果 $\boldsymbol{x}^*$ 是 P^*：$\min\limits_{\boldsymbol{x}^{\mathrm{T}}\boldsymbol{x}\leqslant 1}\hat{Q}(\boldsymbol{x})=\frac{1}{2}\boldsymbol{x}^{\mathrm{T}}(\boldsymbol{A}-(\min_{\lambda<0}\lambda)\boldsymbol{I})\boldsymbol{x}-\boldsymbol{f}^{\mathrm{T}}\boldsymbol{x}$ 的最优点，且 $\|\boldsymbol{x}^*\|=1$，则 $\boldsymbol{x}^*$ 也是问题(1)的最优点.

证明 由于 $\boldsymbol{x}^*$ 为 $\boldsymbol{P}^*$ 的最优点，则 $\forall\boldsymbol{x}\in\{\boldsymbol{x}|\ \|\boldsymbol{x}\|\leqslant 1\}$，有

$$\frac{1}{2}\boldsymbol{x}^{*\mathrm{T}}[\boldsymbol{A}-(\min_{\lambda<0}\lambda)\boldsymbol{I}]\boldsymbol{x}^*-\boldsymbol{f}^{\mathrm{T}}\boldsymbol{x}^*\leqslant\frac{1}{2}\boldsymbol{x}^{\mathrm{T}}[\boldsymbol{A}-(\min_{\lambda<0}\lambda)\boldsymbol{I}]\boldsymbol{x}-\boldsymbol{f}^{\mathrm{T}}\boldsymbol{x}.$$

因 ${\boldsymbol{x}^*}^{\mathrm{T}}\boldsymbol{x}^*=1$，则有

$$\frac{1}{2}{\boldsymbol{x}^*}^{\mathrm{T}}\boldsymbol{A}\boldsymbol{x}^*-\boldsymbol{f}^{\mathrm{T}}\boldsymbol{x}^*\leqslant\frac{1}{2}\boldsymbol{x}^{\mathrm{T}}\boldsymbol{A}\boldsymbol{x}-\boldsymbol{f}^{\mathrm{T}}\boldsymbol{x}+\frac{(\min\limits_{\lambda<0}\lambda)}{2}(1-\boldsymbol{x}^{\mathrm{T}}\boldsymbol{x}).$$

因此当 $\|\boldsymbol{x}\|\leqslant 1$ 时，有

$$\frac{1}{2}{\boldsymbol{x}^*}^{\mathrm{T}}\boldsymbol{A}\boldsymbol{x}^*-\boldsymbol{f}^{\mathrm{T}}\boldsymbol{x}^*\leqslant\frac{1}{2}\boldsymbol{x}^{\mathrm{T}}\boldsymbol{A}\boldsymbol{x}-\boldsymbol{f}^{\mathrm{T}}\boldsymbol{x},$$

这说明 $\boldsymbol{x}^*$ 也是原问题(1)的最优点，证毕.

以下取正交阵 $\boldsymbol{P}$，把 $\boldsymbol{A}$ 转换为对角阵 $\widetilde{\boldsymbol{A}}=\boldsymbol{P}^{\mathrm{T}}\boldsymbol{A}\boldsymbol{P}$，使得 $\widetilde{\boldsymbol{A}}$ 的对角线元素即为 $\boldsymbol{A}$ 的特征值 $\lambda_1,\lambda_2,\cdots,\lambda_n$. 由坐标变换 $\boldsymbol{x}=\boldsymbol{P}\boldsymbol{v}$，原问题(1)等价于：

$$\begin{aligned}\min Q(\boldsymbol{v})&=\frac{1}{2}(\boldsymbol{P}\boldsymbol{v})^{\mathrm{T}}\boldsymbol{A}(\boldsymbol{P}\boldsymbol{v})-\boldsymbol{f}^{\mathrm{T}}(\boldsymbol{P}\boldsymbol{v})=\frac{1}{2}\boldsymbol{v}^{\mathrm{T}}(\boldsymbol{P}^{\mathrm{T}}\boldsymbol{A}\boldsymbol{P})\boldsymbol{v}-(\boldsymbol{P}^{\mathrm{T}}\boldsymbol{f})^{\mathrm{T}}\boldsymbol{v}\\&=\frac{1}{2}\boldsymbol{v}^{\mathrm{T}}\widetilde{\boldsymbol{A}}\boldsymbol{v}-\widetilde{\boldsymbol{f}}^{\mathrm{T}}\boldsymbol{v}.\end{aligned}$$

s. t. $\boldsymbol{v}^{\mathrm{T}}\boldsymbol{v}\leqslant 1$.

$\widetilde{\boldsymbol{A}}=\boldsymbol{P}^{\mathrm{T}}\boldsymbol{A}\boldsymbol{P}=\begin{pmatrix}\lambda_1 & & \\ & \cdots & \\ & & \lambda_n\end{pmatrix}$, λ_1, …, λ_n 至少有一个小于 0；$\widetilde{\boldsymbol{f}}=\boldsymbol{P}^{\mathrm{T}}\boldsymbol{f}$,

$\widetilde{\boldsymbol{f}}=(\widetilde{f}_1, \widetilde{f}_2, \cdots, \widetilde{f}_n)^{\mathrm{T}}$.

命题 2 若对某个 $i\in\{1, 2, \cdots, n\}$, $\lambda_i-\min\limits_{\lambda<0}\lambda=0$, 则 $\widetilde{f}_i=0$.

证明 由(5)，进行初等变换，有

$$\begin{aligned}\operatorname{rank}(\boldsymbol{A}+(-\min_{\lambda<0}\lambda)\boldsymbol{I}) &= \operatorname{rank}(\boldsymbol{A}+(-\min_{\lambda<0}\lambda)\boldsymbol{I}, \boldsymbol{f}) \\ &= \operatorname{rank}(\boldsymbol{P}^{\mathrm{T}}(\boldsymbol{A}+(-\min_{\lambda<0}\lambda)\boldsymbol{I}, \boldsymbol{f})) \\ &= \operatorname{rank}(\boldsymbol{P}^{\mathrm{T}}(\boldsymbol{A}+(-\min_{\lambda<0}\lambda)\boldsymbol{I})\boldsymbol{P}, \boldsymbol{P}^{\mathrm{T}}\boldsymbol{f}) \\ &= \operatorname{rank}(\widetilde{\boldsymbol{A}}+(-\min_{\lambda<0}\lambda)\boldsymbol{I}, \widetilde{\boldsymbol{f}}).\end{aligned}$$

另一方面，

$$\operatorname{rank}(\boldsymbol{A}+(-\min_{\lambda<0}\lambda)\boldsymbol{I})=\operatorname{rank}[\boldsymbol{P}^{\mathrm{T}}(\boldsymbol{A}+(-\min_{\lambda<0}\lambda)\boldsymbol{I})\boldsymbol{P}]=\operatorname{rank}(\widetilde{\boldsymbol{A}}+(-\min_{\lambda<0}\lambda)\boldsymbol{I}).$$

于是得到

$$\operatorname{rank}(\widetilde{\boldsymbol{A}}+(-\min_{\lambda<0}\lambda)\boldsymbol{I})=\operatorname{rank}(\widetilde{\boldsymbol{A}}+(-\min_{\lambda<0}\lambda)\boldsymbol{I}, \widetilde{\boldsymbol{f}}).$$

由此可推出 $\widetilde{\boldsymbol{A}}+(-\min\limits_{\lambda<0}\lambda)\boldsymbol{I}$ 的对角线上零元素所在的行上，$\widetilde{\boldsymbol{f}}$ 的相应分量也为零，也就是说，若对某个 $i\in\{1, 2, \cdots, n\}$, $\lambda_i-\min\limits_{\lambda<0}\lambda=0$, 则 $\widetilde{f}_i=0$. 证毕.

由于 $\widetilde{\boldsymbol{A}}+(-\min\limits_{\lambda<0}\lambda)\boldsymbol{I}$ 是半正定的，至少有一个特征根为零. 不妨设对角阵 $\widetilde{\boldsymbol{A}}+(-\min\limits_{\lambda<0}\lambda)\boldsymbol{I}$ 的对角线上

$$\lambda_i+(-\min_{\lambda<0}\lambda)>0 \quad (i=1, \cdots, k<n),$$

而

$$\lambda_i+(-\min_{\lambda<0}\lambda)=0 \quad (i=k+1, \cdots, n).$$

由命题 2, $\widetilde{\boldsymbol{f}}_i=\boldsymbol{0}$ $(i=k+1, \cdots, n)$.

这样，问题 P^* 经过坐标变换 $\boldsymbol{x}=\boldsymbol{P}\boldsymbol{v}$ 后，转换为：

$$\min Q(\boldsymbol{v})=\frac{1}{2}\sum_{i=1}^{k}(\lambda_i+(-\min_{\lambda<0}\lambda))\nu_i^2-\sum_{i=1}^{k}\widetilde{f}_i\nu_i, \tag{6}$$

s. t. $\boldsymbol{v}^{\mathrm{T}}\boldsymbol{v}\leqslant 1$.

由命题 1，为求解球约束下非凸二次全局优化问题(1)，只要求得问题(6)最优点，且位于边界上.

算法 1：

(i) 对以上得到的问题(6)，求解以下球约束的正定二次全局优化问题

$$\min Q(\boldsymbol{v}) = \frac{1}{2}\sum_{i=1}^{k}(\lambda_i + (-\min_{\lambda<0}\lambda))\boldsymbol{v}_i^2 - \sum_{i=1}^{k}\widetilde{f}_i\boldsymbol{v}_i,$$

$$\text{s. t. } \sum_{i=1}^{k}\boldsymbol{v}_i^{\mathrm{T}}\boldsymbol{v}_i \leqslant 1.$$

得到最优解：如果 $\lim\limits_{\rho\to 0^+}\left(\sum\limits_{j=1}^{k}\dfrac{\widetilde{f}_i^2}{(\lambda_i + (-\min\limits_{\lambda<0}\lambda) + \rho)^2}\right) \leqslant 1$，则

$$(\boldsymbol{v}_1^*, \cdots, \boldsymbol{v}_k^*)^{\mathrm{T}} = ((\lambda_1 + (-\min_{\lambda<0}\lambda))^{-1}\widetilde{f}_1, \cdots, (\lambda_k + (-\min_{\lambda<0}\lambda))^{-1}\widetilde{f}_k)^{\mathrm{T}};$$

如果 $\lim\limits_{\rho\to 0^+}\left(\sum\limits_{i=1}^{k}\dfrac{\widetilde{f}_i^2}{(\lambda_i + (-\min\limits_{\lambda<0}\lambda) + \rho)^2}\right) > 1$，求取 $\bar{\rho} > 0$，$\sum\limits_{j=1}^{k}\dfrac{\widetilde{f}_j^2}{(\lambda_i + (-\min\limits_{\lambda<0}\lambda) + \bar{\rho})^2} = 1$，则

$$(\boldsymbol{v}_1^*, \cdots, \boldsymbol{v}_k^*)^{\mathrm{T}} = ((\lambda_1 + (-\min_{\lambda<0}\lambda) + \bar{\rho})^{-1}\widetilde{f}_1, \cdots, (\lambda_k + (-\min_{\lambda<0}\lambda) + \bar{\rho})^{-1}\widetilde{f}_k)^{\mathrm{T}}.$$

(ii) 如果 $\sum\limits_{i=1}^{k}\boldsymbol{v}_i^{*\mathrm{T}}\boldsymbol{v}_i^* = 1$，则 $\boldsymbol{v}^* = (\boldsymbol{v}_1^*, \cdots, \boldsymbol{v}_k^*, 0, \cdots, 0)^{\mathrm{T}}$ 是问题(6)的最优解.

(iii) 如果 $\sum\limits_{i=1}^{k}\boldsymbol{v}_i^{*\mathrm{T}}\boldsymbol{v}_i^* < 1$，则由方程 $\sum\limits_{i=1}^{k}\boldsymbol{v}_i^{*\mathrm{T}}\boldsymbol{v}_i^* + \sum\limits_{i=k+1}^{n}\boldsymbol{v}_i^{\mathrm{T}}\boldsymbol{v}_i = 1$ 得到 $(\boldsymbol{v}_{k+1}^*, \cdots, \boldsymbol{v}_n^*)^{\mathrm{T}}$，而 $\boldsymbol{v}^* = (\boldsymbol{v}_1^*, \cdots, \boldsymbol{v}_k^*, \boldsymbol{v}_{k+1}^*, \cdots, \boldsymbol{v}_n^*)^{\mathrm{T}}$ 是问题(6)的最优解(不唯一)，且位于边界上.

(iv) 解球约束下非凸二次全局优化问题(1)的最优解 $\boldsymbol{x}^* = \boldsymbol{P}\boldsymbol{v}^*$.

例 考虑以下二维的非凸的全局优化问题

$$Q^* = \min Q(\boldsymbol{x}) = -x_1^2 - x_2^2 - x_1x_2 + x_1 - x_2,$$

$$\text{s. t. } x_1^2 + x_2^2 \leqslant 1.$$

解 因 $\boldsymbol{A} = \begin{pmatrix} -2 & -1 \\ -1 & -2 \end{pmatrix} < \boldsymbol{0}$，最优点必在边界取得. 又有 $\boldsymbol{f} = \begin{pmatrix} -1 \\ 1 \end{pmatrix}$，$\min\lambda = -3$.

由于

$$\operatorname{rank}[\boldsymbol{A}+(-\min_{\lambda<0}\lambda)\boldsymbol{I}]=\operatorname{rank}\begin{pmatrix}-2+3 & -1\\ -1 & -2+3\end{pmatrix}=\operatorname{rank}\begin{pmatrix}1 & -1\\ -1 & 1\end{pmatrix}=1$$
$$=\operatorname{rank}\begin{pmatrix}1 & -1\\ -1 & 1\end{pmatrix}=(\boldsymbol{A}+(-\min_{\lambda<0}\lambda)\boldsymbol{I},\ \boldsymbol{f}),$$

所以这个问题满足条件(5).取正交矩阵：

$$\boldsymbol{P}=\begin{pmatrix}\frac{\sqrt{2}}{2} & \frac{\sqrt{2}}{2}\\ \frac{\sqrt{2}}{2} & -\frac{\sqrt{2}}{2}\end{pmatrix},$$

得到

$$\widetilde{\boldsymbol{A}}=\boldsymbol{P}^{\mathrm{T}}\boldsymbol{A}\boldsymbol{P}=\begin{pmatrix}-3 & 0\\ 0 & -1\end{pmatrix},\qquad \widetilde{\boldsymbol{f}}=\boldsymbol{P}^{\mathrm{T}}\boldsymbol{f}=\begin{pmatrix}0\\ -\sqrt{2}\end{pmatrix}.$$

由 $\boldsymbol{u}=\boldsymbol{P}\boldsymbol{v}$，$\widetilde{\boldsymbol{A}}+3\boldsymbol{I}=\begin{pmatrix}0 & 0\\ 0 & 2\end{pmatrix}$，$\widetilde{\lambda}_1=0$，$\widetilde{\lambda}_2=2$，原问题等价于以下球约束下的凸二次优化问题：

$$\min[\nu_2^2+\sqrt{2}\nu_2],$$
$$\text{s. t. }\ \nu_1^2+\nu_2^2\leqslant 1.$$

由于 $\lim\limits_{\rho\to 0^+}\dfrac{(-\sqrt{2})^2}{(2+\rho)^2}=\dfrac{1}{2}<1$，按算法 1 得到：

$$v_2^*=\lim_{\rho\to 0^+}\frac{-\sqrt{2}}{2+\rho}=\frac{-\sqrt{2}}{2},$$

又由 $(\nu_1^*)^2+(\nu_2^*)^2=1$，可得 $\boldsymbol{v}^*=(\nu_1^*,\ \ \nu_2^*)^{\mathrm{T}}=\left(\pm\dfrac{\sqrt{2}}{2},\dfrac{-\sqrt{2}}{2}\right)^{\mathrm{T}}$. 再由 $\boldsymbol{x}^*=\boldsymbol{P}\boldsymbol{v}^*$ 以及命题 1，得到原问题(1)的最优点：

$$\boldsymbol{x}^*=\boldsymbol{P}\boldsymbol{v}^*=\begin{pmatrix}\frac{\sqrt{2}}{2} & \frac{\sqrt{2}}{2}\\ \frac{\sqrt{2}}{2} & -\frac{\sqrt{2}}{2}\end{pmatrix}\begin{pmatrix}\pm\frac{\sqrt{2}}{2}\\ \frac{-\sqrt{2}}{2}\end{pmatrix}=\begin{pmatrix}\frac{\pm 1}{2}-\frac{1}{2}\\ \frac{\pm 1}{2}+\frac{1}{2}\end{pmatrix}=\begin{pmatrix}0\\ 1\end{pmatrix}\text{或}\begin{pmatrix}-1\\ 0\end{pmatrix}.$$

参考文献

[1] 袁亚湘,孙文瑜. 最优化理论与方法[M]. 北京:科学出版社,1997.

[2] 徐增堃. 数学规划导论[M]. 北京:科学出版社,2000.

[3] 朱经浩. 最优控制中的数学方法[M]. 北京:科学出版社,2011.

[4] Zhu Jinghao, Wu Dan, Gao David. Applying the canonical dual theory in optimal control problems[J]. Journal of Global Optimization, 2012, 54(2): 221-233.

[5] 朱经浩,陈硕晶. Gurman 摄动变换在非凸全局优化中的应用[J]. 同济大学学报:自然科学版,2013,41(5):788-791.

[6] 赵尚睿,朱经浩. 关于一类球约束下的 LQ 奇异最优控制问题[J]. 同济大学学报:自然科学版,2013,41(6):932-935.

[7] Zhu Jinghao, Xi Zhang. On global optimizations with polynomials[J]. Optimization Letters, 2008(2):239-249.